全国BIM技能等级考试

(二级结构)

考点专项突破及真题解析

主　编◎祖庆芝　王小漳　王　东
副主编◎梁俊勇　余　沛
　　　　康哲民　宋　强
主　审◎廖映华

内 容 简 介

本书围绕全国 BIM 技能等级考试（二级结构）考点专项突破和第八期～第二十三期经典试题解析展开，对中国图学学会组织的全国 BIM 技能等级考试（二级结构）考试往期试题进行分析，将全书分为四大专项考点，即结构族、内建模型和概念体量、钢筋模型、综合结构模型，并针对每个专项进行建模思路详细讲解。

本书精选第八期～第二十三期全国 BIM 技能等级考试（二级结构）试题中的前三道题目中的经典试题分专项进行详细解析；本书专项考点综合结构模型精选第十四期第四题作为项目案例，根据考试大纲规定的考点和题目的具体要求，完整地解析了建模流程和操作命令的综合使用，为读者梳理了知识点，以期帮助读者建立完整的 BIM 知识框架体系。

本书致力于帮助参加全国 BIM 技能等级考试（二级结构）的读者；通过本书的学习，读者可以快速掌握专项考点以及解题思路和建模步骤，有助于考取全国 BIM 技能等级考试（二级结构）考试证书。

本书可作为全国 BIM 技能等级考试（二级结构）培训教程，也可作为"1+X"职业技能等级证书和建筑信息模型（BIM）技术员培训教程系列教材之一。

图书在版编目（CIP）数据

全国 BIM 技能等级考试（二级结构）考点专项突破及真题解析 / 祖庆芝，王小漳，王东主编．—— 北京：北京大学出版社，2025.1

ISBN 978-7-301-33280-1

Ⅰ．①全… Ⅱ．①祖… ②王… ③王… Ⅲ．①建筑设计—计算机辅助设计—应用软件—资格考试—题解 Ⅳ．① TU201.4-44

中国版本图书馆 CIP 数据核字（2022）第 153271 号

书　　　名	全国 BIM 技能等级考试（二级结构）考点专项突破及真题解析 QUANGUO BIM JINENG DENGJI KAOSHI（ERJI JIEGOU）KAODIAN ZHUANXIANG TUPO JI ZHENTI JIEXI
著作责任者	祖庆芝　王小漳　王　东　主编
策划编辑	赵思儒
责任编辑	王莉贤　刘健军
数字编辑	蒙俞材
标准书号	ISBN 978-7-301-33280-1
出版发行	北京大学出版社
地　　　址	北京市海淀区成府路 205 号　100871
网　　　址	http://www.pup.cn　　新浪微博：@北京大学出版社
电子邮箱	编辑部 pup6@pup.cn　　总编室 zpup@pup.cn
电　　　话	邮购部 010-62752015　发行部 010-62750672　编辑部 010-62750667
印　刷　者	河北博文科技印务有限公司
经　销　者	新华书店
	889 毫米 × 1194 毫米　16 开本　15.25 印张　366 千字 2025 年 1 月第 1 版　2025 年 1 月第 1 次印刷
定　　　价	99.00 元

未经许可，不得以任何方式复制或抄袭本书之部分或全部内容。

版权所有，侵权必究

举报电话：010-62752024　电子邮箱：fd@pup.cn

图书如有印装质量问题，请与出版部联系，电话：010-62756370

前言

PREFACE

  本书针对中国图学学会组织的全国 BIM 技能等级考试（二级结构）的各个专项考点编写，精选第八期～第二十三期全国 BIM 技能等级考试（二级结构）中的经典试题进行详细解析，帮助读者在掌握各个专项考点的基础上进行相应真题实战演练，进而顺利通过全国 BIM 技能等级考试（二级结构）！

  想要预测考点，必须精研往期真题。计划顺利通过全国 BIM 技能等级考试（二级结构）的读者，只要把往期试题研究透彻，通过考试就不难。

  本书首先对中国图学学会组织的全国 BIM 技能等级考试（二级结构）做了简单的介绍，接着带领读者认识 Revit 软件；第 1～5 章，围绕中国图学学会组织的全国 BIM 技能等级考试（二级结构）大纲和试题要求，详细解析全国 BIM 技能等级考试（二级结构）第八期～第二十三期试题。

  本书知识点全面，语言通俗易懂。为了使软件命令更加容易理解、软件操作过程更加轻松愉悦，本书为每个建模步骤搭配操作界面截图与步骤注解，简洁明了，使每个建模步骤在操作过程中一目了然，大大减少了因文字描述带来的操作不明确等问题。专项考点讲解、真题解析和真题实战演练均配备同步教学操作视频，读者通过扫描二维码，可以观看配套教学视频，跟随视频操作，轻松掌握专项考点和建模思路。

  本书特色如下。

  （1）本书配有 300 多个高清同步配套教学视频，有助于提高读者的学习效率。

  为了便于读者高效率地掌握建模思路和步骤，本书最大的亮点就是针对每个题目、每个步骤进行了详细讲解，并且内容更新至 2024 年 6 月进行的第二十三期考试。这些视频通过扫描书中对应二维码即可观看。

  （2）本书免费提供每个案例及全国 BIM 技能等级考试（二级结构）试题的项目文件、族文件等，通过扫描书中对应二维码即可获得。

  （3）本书在对每个试题进行讲解的过程中，把建模步骤进行了分解，通过在图片上注解的方式让读者知道每一个步骤应该如何操作；同时针对建模过程中某些不容易用文字表述的内容用图片的形式来展现，更加通俗易懂、简洁明了。

  本书为高职院校和本科院校共建教材，适合作为本科院校、高职院校、企业培训 BIM 专业人才的学习用书。

  本书由祖庆芝（漳州职业技术学院）、王小漳（漳州职业技术）和王东（四川轻化工大学）担任主编，由梁俊勇（四川轻化工大学）、余沛（信阳学院）、康哲民（漳州职业技术学院）和宋强（青岛酒店管理职业技术学院）担任副主编，四川轻化工大学土木工程学院院长廖映华教授任主审。全书由祖庆芝统稿，并完成全部配套视频的录制工作。

本书在编写过程中得到了漳州职业技术学院和四川轻化工大学校领导的大力支持，在此向他们表示深深的感谢！

本书在编写过程中参考了大量文献，在此谨向这些文献的作者表示衷心的感谢。虽然编写过程中以科学、严谨的态度，力求叙述准确、完善，但由于编者水平有限，书中难免有疏漏和错误之处，恳请广大读者批评指正。

编者

2024 年 12 月

【考试真题】

【考试大纲】

【资源索引】

【经典试题解析和考试试题实战演练】

目　录

0　绪　论　1

1　Revit 结构设计基础　9

第一节　初识 Revit　10
第二节　Revit 的用户界面　15
第三节　图元选择、隐藏控制、Revit 族编辑器界面和概念体量界面　22
第四节　图元的编辑工具、快捷键、永久性尺寸标注和临时尺寸标注　27

2　结构族　35

第一节　族的创建　37
第二节　三维族的创建　50
第三节　剪切几何图形和连接几何图形　58
第四节　经典试题解析和考试试题实战演练　60

3　内建模型和概念体量　103

第一节　内建模型　104
第二节　概念体量　106
第三节　面模型　118
第四节　经典试题解析和考试试题实战演练　122

4 钢筋模型 133

第一节 钢筋工具和添加钢筋 134

第二节 钢筋混凝土剪力墙配筋 139

第三节 钢筋混凝土结构柱配筋 149

第四节 楼板配筋 154

第五节 基础配筋 158

第六节 钢筋混凝土梁配筋 163

第七节 经典试题解析和考试试题实战演练 167

5 综合结构模型 185

第一节 项目概况 187

第二节 新建项目 190

第三节 标高和轴网的创建 191

第四节 结构基础的创建 199

第五节 结构柱和结构墙的创建 207

第六节 结构梁 214

第七节 结构楼板 219

第八节 钢筋模型 222

第九节 明细表和图纸的创建 231

参考文献 235

绪 论

Autodesk 公司的 Revit 是一款三维参数化建筑设计软件，是有效创建建筑信息模型（Building Information Modeling，BIM）的设计工具。Revit 打破了传统二维设计中平面、立面、剖面视图各自独立互不相关的模式，以三维设计为基础理念，直接采用结构设计师熟悉的桩、承台、结构柱、结构梁、结构板、结构墙等构件作为命令对象，快速创建出项目的三维结构模型，同时自动生成所有的平面、立面、剖面、三维视图和明细表等，从而节省了大量绘制与处理图纸的时间，让结构设计师的精力能真正放在设计上而不是绘图上。

一、什么是 BIM？

　　BIM 是建筑信息模型的简称，是以建筑工程项目的各项相关信息数据为基础，建立三维的建筑模型，通过数字信息仿真模拟建筑物所具有的真实信息，如图 0.1 所示。它具有可视化、协调性、模拟性、优化性、可出图性、一体化性、参数化性等特点，可供建设单位、设计单位、施工单位、监理单位等项目参与方，在同一平台上共享同一建筑信息模型，有利于项目可视化、精细化建造。

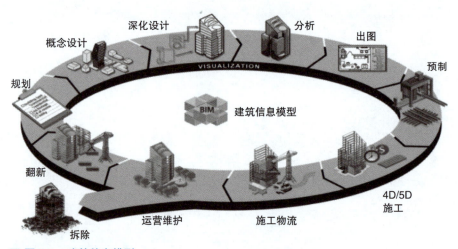

■ 图 0.1　建筑信息模型

　　（1）可视化。可视化即"所见即所得"的形式。BIM 提供了可视化的方法，将以往线条式的构件变成三维的立体实物图形展示在人们的面前。在 BIM 中，由于整个过程都是可视化的，所以 BIM 不仅可以用作效果图的展示及报表的生成，还可以使项目设计、建造、运营过程中的沟通、讨论、决策等都在可视化的状态下进行。

　　（2）协调性。在进行建筑设计时，由于各专业设计师之间的沟通不到位，容易出现不同专业之间的结构碰撞问题。例如由于暖通等专业的施工图纸是各自绘制的，故在实际施工过程中，可能会遇到梁等构件妨碍管线的布置的情况，这就是施工中常遇到的碰撞问题。BIM 的协调性就可以帮助处理这种问题，也就是说 BIM 可在建筑物建造前期对各专业的碰撞问题进行协调，生成并提供协调数据。

　　（3）模拟性。模拟性不仅仅指 BIM 能模拟设计出建筑模型，还指 BIM 可以模拟不能够在真实世界中进行操作的事物。

　　（4）优化性。整个设计、施工、运营的过程就是一个不断优化的过程，在 BIM 的基础上可以做更好的优化、更好地做优化。

　　（5）可出图性。BIM 通过对建筑进行可视化展示、协调、模拟、优化，可以帮助业主出综合管线图（经过碰撞检查和设计修改，消除了相应错误以后）、综合结构留洞图（预埋套管图）、碰撞检查侦错报告和建议改进方案。

（6）一体化性。BIM 技术可进行设计、施工、运营等贯穿工程项目全生命周期的一体化管理。BIM 的技术核心是一个由计算机三维模型形成的数据库，它不仅包含建筑的设计信息，还可以容纳从设计到建成使用，甚至是使用周期终结的全过程信息。

（7）参数化性。参数化性是指通过参数的建立和调整可进行模型分析，即输入和改变模型中的参数值就能建立和分析该模型。BIM 中图元以构件的形式出现，这些构件之间的不同，是通过参数的调整反映出来的，参数保存了图元作为数字化建筑构件的所有信息。

> **小贴士** ▶▶▶
>
> 21 世纪是信息时代，这个时代给我们的生活带来了翻天覆地的变化。信息技术的进步给建筑行业带来了革命性的发展：由手工绘图到 CAD 二维图纸，再到当前的 BIM（建筑信息模型）。建筑工程的各参与方都在追求用高效、可行、便捷的方案来实现自己的目的，参数化的理念随之诞生并越来越深入人心，应用也越来越广阔。何谓参数化？参数化就是指可以通过数值、公式或逻辑语言来改变对象属性，实现对象的可控变化，进而满足需求。通过参数化建模，可以大大提高模型的生成和修改速度，在产品设计阶段能通过参数调整实现多方案的对比，在后期亦能方便快捷地更改方案，如更改门窗尺寸、更改材质等。

二、全国 BIM 技能等级考试（二级结构）介绍

随着国内大型建筑项目越来越多地采用 BIM 技术，BIM 技术人员成为建筑企业急需的专业技术人才。在 BIM 技术引领建筑业信息化这一时代背景下，中国图学学会积极推动和普及 BIM 技术应用，适时开展了 BIM 技能等级培训与考评工作。中国图学学会举办全国 BIM 技能等级考试（二级结构），该考试要求能创建达到结构专业设计要求的结构 BIM 模型。

1. 中国图学学会全国 BIM 技能等级考试（二级结构）

中国图学学会全国 BIM 技能等级考试（二级结构），能同时满足受企业认可、含金量高、是具备一定难度的水平评价三个条件。

（1）具备以下条件之一者可申报本级别考试。

① 已取得本技能一级考核证书，且达到本技能二级所推荐的培训时间；② 连续从事 BIM 建模和应用相关工作 2 年以上者。

【考试介绍】

（2）报名时间：每年 3 月、9 月。

（3）考试费用：最高费用不超过 350 元。

（4）考试时间：一年 2 次，一般为 6 月、12 月的第二个周日举行。

（5）考试时长：180 分钟（3 小时）；上午 9：00—12：00。

（6）考试内容：现场技能操作。

（7）考试形式与注意事项：① 上机操作；② 无纸化考试，全部试题为加密电子版，开考时才可打开试卷；③ 不可携带纸笔，无需携带计算器，计算可在软件中进行；④ 迟到 15 分钟以上不得入场，开考 30 分钟内不得离场；⑤ 需携带准考证和身份证参加考试；⑥ 作弊者按 0 分处理；⑦ 考生答卷需保存到指定的考生文件夹中。

（8）合格分数：全国 BIM 技能等级考试（二级结构）采用 100 分制、60 分及格的方式；证书会根据个人的分数标注有合格、优良、优秀等。

（9）成绩查询：考后 3 个月。

（10）证书发放：考后 6 个月。

（11）发证单位：中国图学学会。

（12）证书效力：BIM 证书唯一编号可在中国图学学会官网查询；各企业人力资源部门和招标审核机构可查询以辨真伪。

（13）官网：https：//www.cgn.net.cn/cms/news/100000/index.shtml.

2. 适用人群

全国 BIM 技能等级考试（二级结构）适用人群如图 0.2 所示。

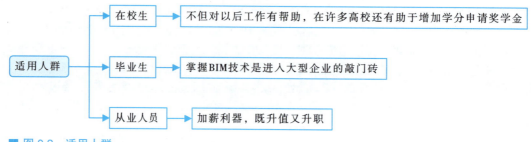

■ 图 0.2 适用人群

3. 取得 BIM 技能等级考试（二级结构）证书的优势

取得 BIM 技能等级考试（二级结构）证书（简称 BIM 证书）的优势，如图 0.3 所示。

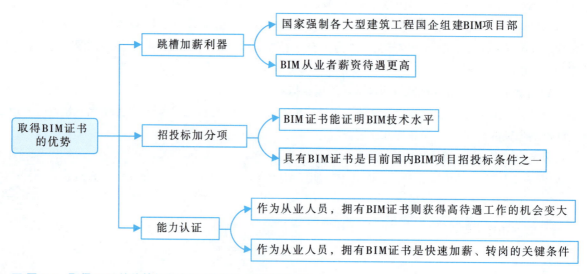

■ 图 0.3 取得 BIM 技能等级考试（二级结构）证书的优势

4. 考试内容

根据全国 BIM 技能等级考评工作指导委员会制定的《BIM 技能等级考评大纲》，BIM 高级建模师（结构设计专业）技能二级考评表如表 0.1 所示。

表 0.1　BIM 高级建模师（结构设计专业）技能二级考评表

考评内容（比重）	技能要求	相关知识
工程绘图和 BIM 建模环境设置（10%）	系统设置、新建 BIM 文件及 BIM 建模环境设置	（1）国家制图标准的基本规定（图纸幅面、格式、比例、图线、字体、尺寸标注式样等）； （2）BIM 建模软件的基本概念和基本操作（建模环境设置、项目设置、坐标系定义、标高及轴网绘制、命令与数据的输入等）； （3）基准样板的选择； （4）样板文件的创建（各项参数、构件、文档、视图、渲染场景、导入/导出以及打印设置等）
创建结构构件集（建族）（15%）	结构构件集（建族）的制作流程和技能	（1）参照设置（参照平面、定义原点）； （2）形状生成（拉伸、融合、旋转、放样、放样融合、空心形状）； （3）结构构件集的创建； （4）梁、柱构件集的制作技能
结构体系 BIM 建模（30%）	（1）结构体系的参数化 BIM 建模； （2）BIM 属性定义及编辑	（1）建筑结构构件 BIM 参数化建模，包括墙、板、柱、梁、楼梯、屋盖、基础等结构构件； （2）建筑结构体系整体模型构建； （3）利用 BIM 属性定义与编辑，生成结构体系的技术指标明细表
结构施工图绘制（30%）	（1）基于 BIM 的结构施工图绘制； （2）BIM 实体及图档智能关联与自动修改方法； （3）BIM 属性定义及编辑	（1）结构标准层设计，包括墙、板、柱、梁、楼梯、屋盖、基础等结构构件绘制； （2）结构整体模型构建； （3）平面、立面、剖面视图及详图处理； （4）BIM 实体及图档智能关联与自动修改： ① BIM 实体之间智能关联，当某个构件发生变化时，与之相关的构件能够自动修改； ② BIM 与图档之间的智能关联，根据 BIM 可自动生成各种图形和文档，当模型发生变化时，与之关联的图形和文档可自动更新； （5）利用 BIM 属性定义与编辑，生成结构施工图的技术指标明细表
创建图纸（10%）	（1）创建 BIM 属性表； （2）创建设计图纸	（1）创建 BIM 属性表，从模型属性中提取相关信息，以表格的形式进行显示，包括墙、柱等构件统计表及材料统计表等； （2）创建设计图纸； （3）定义图纸边界、图框、标题栏、会签栏； （4）直接向图纸中添加属性表
模型文件管理（5%）	模型文件管理与数据转换技能	（1）模型文件管理及操作； （2）模型文件导入/导出； （3）设置模型文件格式及格式转换

5. 考试题型和专项考点

为了帮助读者对试题考查深度和题量有所了解，编者深度解析第八期～第二十期（这里不再介绍第二十一期～第二十三期）全国 BIM 技能等级考试（二级结构）试题，将考试题型和专项考点进行了总结，如图 0.4 和图 0.5 所示。

【题型和考点】

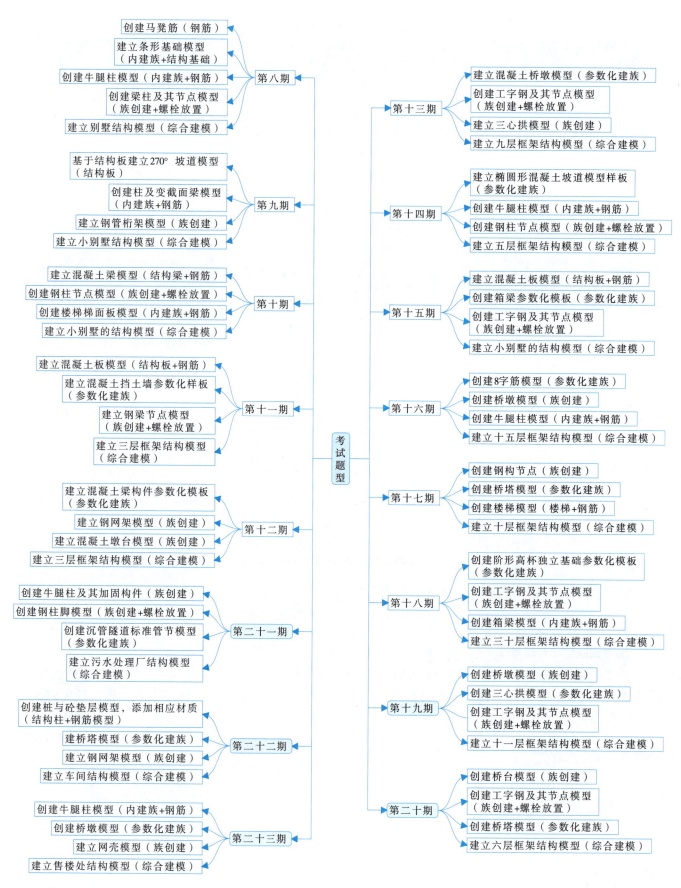

图 0.4 考试题型

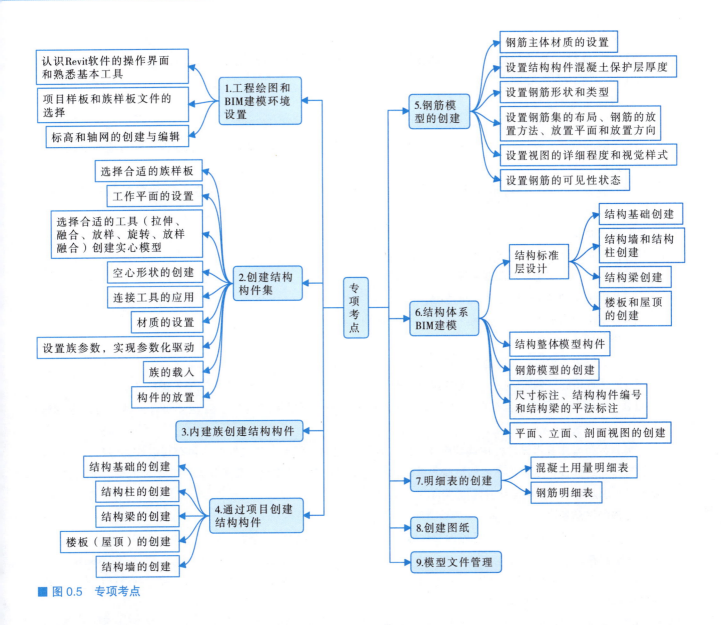

■ 图 0.5　专项考点

三、备考策略

俗话说"熟能生巧",实操类技能提升没有捷径,只能靠练习。如果想要提高全国 BIM 技能等级考试(二级结构)通过的概率,就要有选择性地多做题,特别是往期试题。将全国 BIM 技能等级考试(二级结构)试题作为案例进行 BIM 学习,是一种快捷的、针对性很强的学习方法。只要把往期全国 BIM 技能等级考试(二级结构)试题研究透彻,顺利通过考试是没有任何问题的。通过做往期试题,既能了解考题的命题规律,又能提升自己的建模速度。

【备考策略】

全国 BIM 技能等级考试(二级结构)以结构构件建模和参数化建族为主,考生应重点练习参数化建族、结构构件创建、钢筋模型创建和综合建模。

如何根据往期试题进行备考?编者根据自己多年的培训经验,把备考和应试策略分享给大家。

1. 备考前提

有专业基础，具备快速识图和建模能力，结构建模最重要的就是掌握 22G101—1、22G101—2、22G101—3 平法图集相关知识。

2. 考试要点

（1）题型分析：每期试题一共 4 道题，其中 3 道小题，1 道综合建模题。

（2）时间分析：考试时间为 180 分钟，综合把握时间，留足做第四题的时间，建议为综合建模题最少预留 60 分钟。

（3）作答分析：先快速做完熟悉的题目，后钻研有难度的题目；先做会做的，不浪费时间在不会的题目上。

3. 备考方法

（1）夯实基础，理解原理，举一反三。

（2）勤练习，熟悉考试形式和环境。

（3）挑重点题型和高频考点着重练习。

（4）使用看本书配套教学视频 + 看书 + 演练往期试题的方法学习。

4. 考试技巧

（1）阅卷按点给分，即使部分题不会做也不要全部放弃。

（2）注意审题，例如材质、创建方式的要求，尺寸标注是否需要创建（未做说明不需标注）。

（3）考试题目图纸上若有些尺寸没有标注，则未标明的尺寸不作要求，自定义即可，其不会作为判分依据。

（4）若有考生在考试过程中遇到电脑故障，则重启电脑，查看临时文件中是否有可以作为过程文件的模型，若有则继续往下绘制（不要刻意修改默认保存的备份数）；若电脑故障无法解决，之前的文件无法提取，应及时要求监考老师更换电脑并汇报情况。

5. 答题注意事项

（1）临时文件的处理：考完后临时文件要自己删除掉，删除之后一定要记得把回收站清空，避免被别人拷贝变为雷同卷。

（2）族是内建还是新建的判定：若题目无明确说明，二者皆可；若题目明确保存格式，则以题目为准；若出现构件集字眼，则用新建族来做。

（3）有不认识的字，可直接问监考老师，不要不好意思，时间更重要。

（4）明细表：不需要格式完全与题目相同，只要不缺项、漏项即可。

（5）文件放置位置一定要正确。

（6）考试过程中要及时保存文件（每次考试必然会有考生遇到电脑死机）。

（7）考试采用电子版试卷，平时练习就要习惯通过快捷键 Alt+Tab 切屏。

6. 高频专项考点

（1）参数化族的创建。

（2）结构基础、结构柱、结构墙、结构梁、结构板、屋顶等结构构件的创建。

（3）通过内建族的方式创建结构构件。

（4）钢筋模型的创建。

（5）混凝土用量明细表和钢筋明细表的创建。

（6）梁柱编号以及梁平法标注。

CHAPTER 1

Revit 结构设计基础

第一节 初识 Revit

一、Revit Structure 简介

Revit 软件的 Revit Structure 模块是专门为结构工程公司定制的 BIM 解决方案，拥有用于结构设计与分析的强大工具。Revit Structure 将多材质的物理模型与独立、可编辑的分析模型进行了集成，可实现高效的结构建模，并为常用的结构分析软件提供了双向链接。它可帮助用户在施工前对建筑结构进行更精确的管理，从而使相关人员在设计阶段早期做出更加明智的决策。

> **知识拓展** ▶▶▶
>
> 从 2013 版本开始，Autodesk 公司将原来的 Revit Architecture、Revit MEP 和 Revit Structure 三个独立的专业设计软件合为 Revit 一个行业设计软件，方便了全专业协同设计。在 Revit 2018 中，强大的建筑和结构设计工具可以帮助用户捕捉和分析概念，以及保持从设计到建模的各个阶段的一致性。

二、参数化

【参数化】

参数化是 Revit 的基本特性。Revit 会自动记录构件间的参数特征和相对关系，从而实现模型间自动协调和变更管理。例如，指定窗底部边缘至标高距离为 900mm，当修改标高位置时，Revit 会自动修改窗的位置，以确保变更后窗底部边缘至标高距离仍为 900mm。

三、Revit 的启动

【Revit 的启动】

Revit 2018 是标准的 Windows 应用程序，可以像 Windows 其他软件一样通过双击启动。

双击桌面的"Revit 2018"软件快捷启动图标，系统将打开图 1.1 所示的软件应用界面。界面中间黑色细线的上部为项目区域，下部为族区域，分别用于打开或新建项目以及打开或新建族。Revit 2018 中已整合了建筑、结构、机电各专业的功能，因此，项目区域提供了建筑、结构、

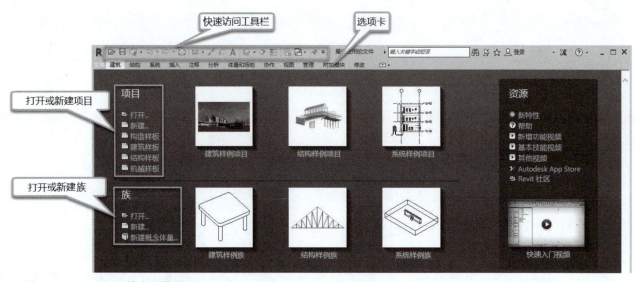

■ 图 1.1 Revit 2018 的应用界面

机械、构造等项目创建的快捷方式。单击不同类型的项目快捷方式，将采用各项目默认的项目样板进入新项目创建环境。若是用户有自己的样板文件，则新建项目时直接浏览选择其样板文件即可。在应用界面中单击"项目→新建"按钮，将弹出"新建项目"对话框，如图1.2所示。在该对话框中可以指定新建项目要采用的样板文件，除可以选择已有的样板文件之外，还可以单击"浏览"按钮选择其他样板文件。在该对话框下方，若选择"新建→项目"，则通过该样板文件新建一个项目，若是选择"新建→项目样板"，则通过该样板文件创建了一个项目样板。

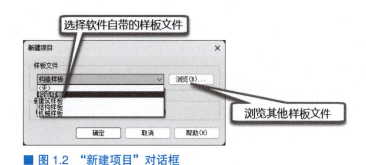

■ 图1.2 "新建项目"对话框

小贴士 ▶▶▶

项目样板的格式为".rte"，是Revit工作的基础。在项目样板中预设了新建项目的所有默认设置，包括长度单位、轴网标高样式、楼板类型等。项目样板仅仅为项目提供默认预设工作环境，在项目创建过程中，Revit允许用户在项目中自定义和修改这些默认设置。

默认的样板文件分不同专业。"构造样板"对应于通用的项目；"建筑样板"对应于建筑专业；"结构样板"对应于结构专业；"机械样板"对应于机电全专业（水、电、暖）。

四、Revit的基本术语

要掌握Revit软件，必须先理解软件中的几个重要概念和专用术语。Revit中的大多数术语来自工程项目，比如结构墙、结构基础、门、窗、楼板和楼梯等。但是软件中还包含几个专用术语，读者务必掌握。

除了前面介绍的参数化、项目样板，常用的专用术语还包括项目，族与族样板，类别、类型和实例，类型参数与实例参数，图元行为。

【基本术语】

1. 项目

Revit Structure中的项目类似于一个实际的结构工程项目。在一个实际工程项目中，所有的文件（包括图纸、三维视图、明细表、造价估算等）都是紧密相连的。同样，Revit Structure的项目既包含了二维结构建模的内容，也包含了参数化的文件信息，从而形成了一个完整的项目，并存储于一个文件中，以方便用户的调用。

小贴士 ▶▶▶

在Revit中，可以简单地将项目理解为Revit的默认存档格式文件。项目以".rvt"的数据格式保存。

再学一招 ▶▶▶

初学者非常容易混淆项目文件和样板文件，经常出现要创建项目文件却错误地创建成了样板文件的问题。发生这种情况时，只需要重新创建一个项目，把已创建的样板文件作为新项目的样板文件，然后按照正确格式保存项目文件即可。

2. 族与族样板

族是组成 Revit 三维模型的基础，可以说，没有族就没有模型的产生，模型中的每一个构件都是族。

Revit 族是一个包含通用属性（称作参数）的集和用相关图形表示的图元组。每个族图元能够在其内定义多种类型，每种类型可以具有不同的尺寸、形状、材质或其他参数变量。属于一个族的不同图元的部分或全部参数可能有不同的值，但是参数（其名称与含义）的集合是相同的。

族文件格式为".rfa"。族样板是创建族的初始文件，当需要族时可找到对应的族样板，里面已设置好对应的参数；族样板一般在安装软件时自动下载到安装目录下，其格式为".rft"。

Revit 包含三种族，分别为可载入族、系统族和内建族。

（1）可载入族：指单独保存为".rfa"格式，且可以随时载入到项目中的族。Revit 提供了族样板文件，允许用户自定义任意形式的族。在 Revit 中，门、窗、结构柱、卫浴装置等均为可载入族。

（2）系统族：已经在项目中预定义且只能在项目中进行创建和修改的族（如墙、楼板、天花板等）。它们不能作为外部文件载入或创建，但可以在项目和样板之间复制、粘贴或者传递。

（3）内建族：在项目中直接创建的族。内建族仅能在本项目中使用，既不能保存为单独的".rfa"格式的族文件，也不能通过"项目传递"功能传递给其他项目。

第 2 章将深入、全面地讲述族的概念、功能和创建方法。

3. 类别、类型和实例

在 Revit 中，所有图元都是按照一定的层级关系来进行储存和管理的，图元的层级关系为类别、族、类型、实例。每个图元都有自己所属的类别，如结构柱、结构框架、结构基础就是三个不同的类别。每个类别包含不同的族对象，根据材质和形状的不同，可分为若干个族，如结构框架类别中包含混凝土结构框架族、钢结构框架族、木结构框架族等。

根据不同的参数值，每个族划分成不同类型，如混凝土矩形梁的族中，就包含了"300mm×600mm"和"400mm×800mm"两种类型。放置在项目中的每一个该类型的构件，就称为该类型的一个实例。

族的层级关系如图 1.3 所示。

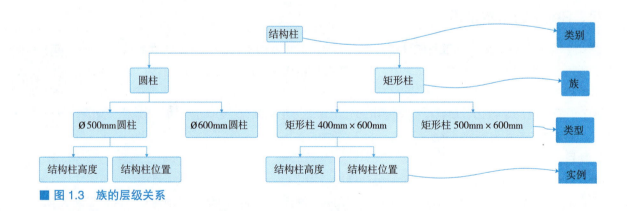

■ 图 1.3 族的层级关系

小贴士 ▶▶▶

① 类别就是建筑、结构构件，如门、窗、阳台、楼梯、坡道、扶手栏杆、散水、屋顶、墙、柱、梁、楼板等；族就是对象的样式，如门窗的单开双开、门窗的开启方式（推拉、平开）、柱的截面形状（矩形、圆形）、墙的样式（剪力墙、填充墙）等；类型就是具体的尺寸，如双扇平开门有 1200mm 宽、1500mm 宽等。实例是放置在项目中的每一个实际的图元。每一个实例都是一个族，且在该族中属于特定类型。例如在项目中的轴网交点位置放置了 10 根 600mm×750mm 的矩形柱，那么每一根柱子都是"矩形柱"族中"600mm×750mm"类型的一个实例。

② 建族时，建一个类型就可以了，若需要其他类型（尺寸），可以通过调整其尺寸而得到。更改族，就是更改对象的样式，项目中所有样式都随之变化。学习 Revit 一定记住一句关键的话："Revit 就是一个一个族堆起来的！"在 Revit 中的核心操作就是建族。

③ 更改类型，如更改尺寸，则同一类型的尺寸都随之变化。

4. 类型参数与实例参数

实例参数是每个放置在项目中实际图元的参数。以柱子为例，选中一个图元，其"属性"对话框，如图 1.4 所示。"属性"对话框里的参数就是这个柱子的实例参数，如果我们更改其中的参数，只是这个柱子变化，其他的柱子不会变化。比如把"顶部偏移"改为"1200.0"，如图 1.5 所示，另一个柱子不会跟着改变。实例参数只会改变当前图元。

类型参数是调整这一类构件的参数。单击图 1.4 中的"编辑类型"按钮，在弹出的"类型属性"对话框中可修改类型参数，如图 1.6 所示。例如，将图 1.6 中截面参数"b"和"h"分别更改为"600"和"600"，则两个柱子都跟着调整，如图 1.7 所示。

■ 图 1.4 "属性"对话框

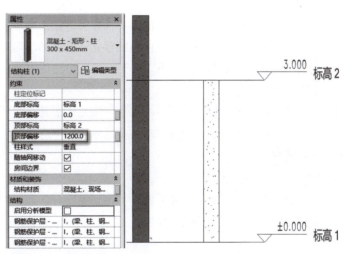

■ 图 1.5 实例参数

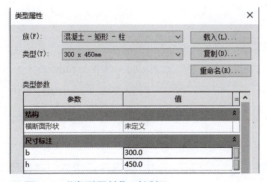

■ 图 1.6 "类型属性"对话框

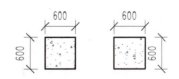

■ 图 1.7 更改类型参数

小 贴 士 ▶▶▶

实例参数是某一个族实例自己的独有参数。对实例参数进行修改时，只会影响该族实例在项目中的表现形式，而不会影响其他同类族。

类型参数是同一种类型的族所具有的共有参数。对类型参数进行修改时，项目中所有属于该类型的族都会发生变化。

5. 图元行为

图元是构成模型的基本单位。Revit 中包含三种图元，如图 1.8 所示。

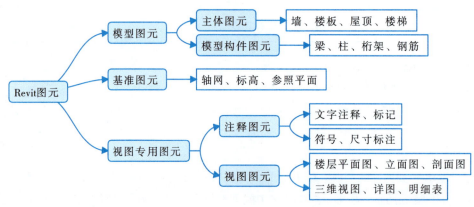

■ 图 1.8　Revit 图元

1）主体图元

主体图元（包括墙、楼板、屋顶、楼梯等）代表实际建筑物中的主体构件，可以用来放置别的图元，如楼梯配筋、楼板开洞。主体图元的参数是软件系统预先设置好的，用户不能添加，只能在原有参数的基础上加以修改，创建出新的主体类型。如楼板，可以在类型属性中设置构造层、厚度、材质等参数。

2）模型构件图元

模型构件图元（包括梁、柱、桁架、钢筋等）和主体图元一样，都是模型图元，是建模最基本最重要的图元。不同的是，模型构件图元的参数设置较为灵活多变，用户可以根据自己的需求，设置各种参数类型，以满足参数化设计的需求。

3）基准图元

基准图元（包括轴网、标高、参照平面等）为模型图元的放置和定位提供了框架。其中参照平面在轴网和标高的基础上加以辅助定位，方便结构建模。

小 贴 士 ▶▶▶

① 轴网：可以在立面视图中拖拽其范围，使其与标高线相交或不相交。轴网可以是直线，也可以是弧线。

② 标高：用作屋顶、楼板和天花板等以层为主体的图元的参照。大多用于定义建筑内的垂直高度或楼层。要放置标高，必须处于剖面或立面视图中。

③ 参照平面：精确定位、绘制轮廓线条等的重要辅助工具。参照平面对于族的创建非常重要，有二维参照平面和三维参照平面，其中三维参照平面显示在概念设计环境（公制体量）中。在项目中，参照平面能出现在各楼层平面和立面视图（或者剖面视图）中，但在三维视图中不显示。参照平面在族的创建过程中最常用，是辅助绘图的重要工具。

4）注释图元

注释图元（包括尺寸标注、文字注释、标记、符号等）是为了满足不同的图纸设计需求，对模型进行详细的描述和解释。注释图元可由用户自行设计，同时，它与注释对象之间是相互关联的，当注释对象的尺寸、材质等参数被修改时，注释图元会相应地自动改变，从而提高了出图效率。

5）视图图元

视图图元（包括楼层平面图、立面图、剖面图、三维视图、详图、明细表等）是基于模型生成的视图表达，视图图元之间既是相互独立，又是相互关联的。每个视图都可以设置其显示的构件的可见性、详细程度和比例，以及该视图所能显示的视图范围。

五、四种基本文件格式

（1）".rte 格式"：Revit 的项目样板文件格式。
（2）".rvt 格式"：Revit 生成的项目文件格式。
（3）".rft 格式"：创建 Revit 可载入族的样板文件格式。
（4）".rfa 格式"：Revit 可载入族的文件格式。

这四类文件不能通过更改后缀名来更改文件类型。要在理解文件具体类型的基础上，通过相应操作得到需要的文件。

【文件格式】

第二节　Revit 的用户界面

单击"项目→结构样板"按钮，直接进入 Revit 用户界面，如图 1.9 所示。

【用户界面】

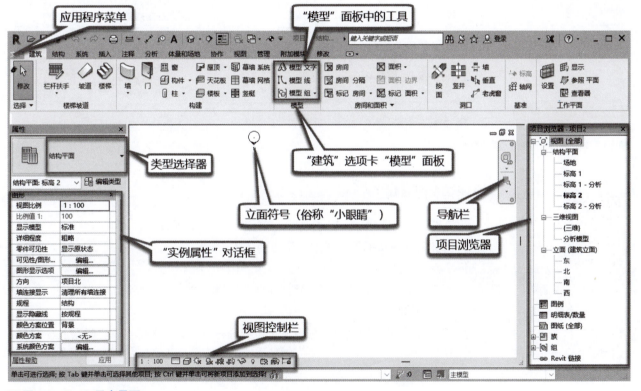

■ 图 1.9　Revit 用户界面

一、应用程序菜单

Revit 2018 的应用程序菜单其实就是 Revit 文件菜单，如图 1.10 所示。

应用程序菜单包括新建、保存、打印、退出 Revit 等命令。在应用程序菜单中，可以单击各命令右侧的箭头查看每个命令项的展开选择项，然后再单击列表中各选项执行相应的操作。

单击应用程序菜单下拉列表右下角的"选项"按钮，可以打开"选项"对话框，单击"用户界面→快捷键"右侧的"自定义"按钮 自定义(C)... ，可以打开"快捷键"对话框，或者单击"视图"

【应用程序菜单】

选项卡"窗口"面板"用户界面"下拉列表"快捷键"按钮,也可以打开"快捷键"对话框,如图 1.11 所示。用户可根据自己的工作需要自定义出现在功能区域的选项卡命令,并自定义快捷键。

■ 图 1.10 应用程序菜单

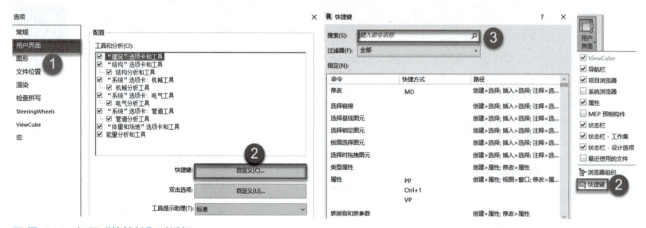

■ 图 1.11 打开"快捷键"对话框

二、快速访问工具栏

【快速访问工具栏】

快速访问工具栏显示文件保存、撤销、粗细线切换等选项,如图 1.12 所示。

(1)将工具添加到快速访问工具栏中:在功能区内浏览以显示要添加的工具,在该工具上右击,然后选择"添加到快速访问工具栏"选项,如图 1.13 所示。

(2)从快速访问工具栏中删除工具:在快速访问工具栏浏览以显示要删除的工具,在该工具上右击,然后选择"从快速访问工具栏中删除"选项,如图 1.14 所示。

(3)移动快速访问工具栏:在快速访问工具栏上的任意一个工具旁右击,然后选择"在功能区下方显示快速访问工具栏"选项。

■ 图 1.12 快速访问工具栏

■ 图 1.13 将工具添加到快速访问工具栏中

■ 图 1.14 从快速访问工具栏中删除工具

（4）自定义快速访问工具栏：单击快速访问工具栏最右侧的 ▼ 按钮，展开下拉列表（图1.15），可以修改快速访问工具栏中的工具。选择底部的"自定义快速访问工具栏"选项，在打开的"自定义快速访问工具栏"对话框中，可以调整工具的先后顺序、删除工具、添加分隔符等，如图1.16所示。

图1.15　下拉列表

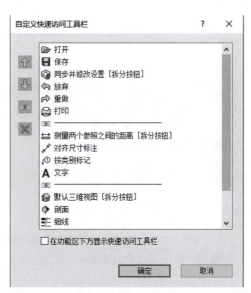

图1.16　"自定义快速访问工具栏"对话框

三、功能区

功能区如图1.17所示，是用户调用工具的界面，集中了 Revit 中的操作命令。

【功能区】

图1.17　功能区

1. 选项卡

选项卡位于功能区最上方，从左至右各选项卡功能如下。

① 建筑：包含创建建筑模型的工具。

② 结构：包含创建结构模型的工具。

③ 系统：包含创建设备模型的工具。

④ 插入：包含插入或管理辅助数据文件的工具。

⑤ 注释：为模型添加文字、尺寸标注、符号等注释。

⑥ 分析：包含分析结构模型的工具。

⑦ 体量和场地：包含创建体量和场地图元的工具。

⑧ 协作：包含同其他设计人员协作完成项目的工具。

⑨ 视图：包含调整和管理视图的工具。

⑩ 管理：包含定义参数、添加项目信息、进行设置等的工具。

⑪ 附加模块：包含可在 Revit 中使用的外部安装工具。

⑫ 修改：对模型中的图元进行修改。

2. 最小化

单击功能区上方，选项卡右侧的 ▭▾ 按钮，或双击任何一个选项卡，将依次进行如下操作。

最小化为面板按钮：显示每个面板的第一个按钮，如图 1.18 所示。

最小化为面板标题：显示面板的名称，如图 1.19 所示。

最小化为选项卡：显示选项卡标签，如图 1.20 所示。

功能区提供了创建项目或族时所需要的全部工具。功能区主要由选项卡、工具面板和工具组成。

■ 图 1.18　最小化为面板按钮

■ 图 1.19　最小化为面板标题

■ 图 1.20　最小化为选项卡

> **小贴士** ▶▶▶
> 单击工具命令按钮可以进入绘制或编辑状态。如果同一个工具图标中有其他工具命令，则会在图标下方显示下拉箭头，单击下拉箭头，可以将这些命令全部显示出来。同样，在工具面板中存在未显示的其他工具时，会在面板下方显示下拉箭头。

3. 拖拽

功能区面板可以放置在任意位置，将光标放置在图示位置，按住鼠标左键拖动即可，如图 1.21 所示。

■ 图 1.21　基础面板拖拽

面板移至功能区外时，单击图 1.22 所示按钮 ▭，可使面板返回原功能区。

4. 上下文选项卡

当使用命令或选定图元时，功能区的"修改"选项卡处会转变为上下文选项卡，此时该选项卡中的工具仅与所对应的命令或图元相关联。例如单击"结构"选项卡"基础"面板"独立"按钮，会显示图 1.23 所示选项卡。

■ 图 1.22　将面板返回到功能区

■ 图 1.23　"修改 | 放置 独立基础"上下文选项卡

四、选项栏

单击"结构"选项卡"结构"面板"梁"按钮时,选项栏如图 1.24 所示。大多数情况下,选项栏与上下文选项卡同时出现、退出,选项栏中将显示与该命令或图元相关的选项,可以进行相应参数的设置和编辑。在选项栏里设置参数后,下一次会默认采用该次设置的参数。

【选项栏】

选项栏默认位于功能区下方。在选项栏上,右击,选择"固定在底部"选项,可以将选项栏固定在 Revit 窗口的底部(状态栏上方)。

■ 图 1.24　选项栏

五、项目浏览器

项目浏览器用于显示当前项目中的所有视图、明细表、图纸、族、组、Revit 链接以及其他部分的逻辑层次,如图 1.25 所示。单击这些层次前的"十"可以展开分支,"一"可以折叠分支。项目浏览器是建模过程中最经常使用的工具,要提高建模的速度,必须熟悉其基本布局和使用。

【项目浏览器】

通过项目浏览器可以切换不同的视图界面,打开明细表、图纸,查看该项目包含的所有族构件信息等。

> **再学一招** ▶▶▶
>
> 在利用项目浏览器切换视图的过程中,Revit 将在新视图窗口中打开相应的视图。如切换的视图次数过多,系统会因视图窗口过多而消耗较多的计算机内存资源。此时,可以根据实际情况及时关闭不需要的视图,或者利用系统提供的"关闭隐藏对象"工具,一次性关闭除当前窗口外的其他所有活动视图窗口。切换至"视图"选项卡,在"窗口"面板中单击"关闭隐藏对象"按钮,即可关闭除当前窗口外的其他所有视图窗口。

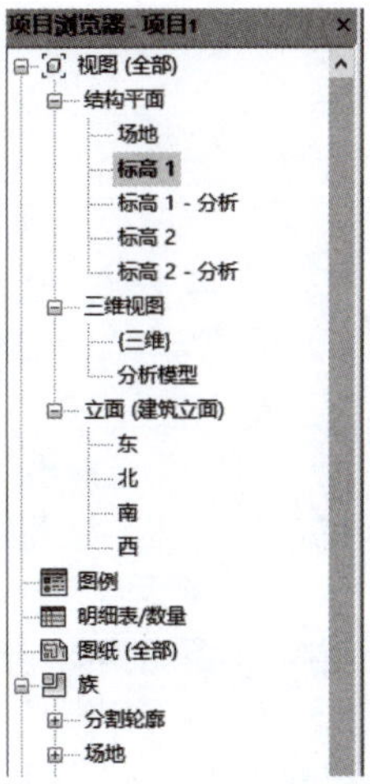

如果不小心关闭了项目浏览器,可以勾选"视图"选项卡"工具"面板"用户界面"下拉列表中"项目浏览器"复选框,即可重新显示项目浏览器。

在项目浏览器面板的标题栏上按住鼠标左键不放,移动光标至屏幕适当位置并松开鼠标,可拖动该面板至新位置。当项目浏览器面板靠近屏幕边界时,会自动吸附于边界位置。用户可以根据自己的操作习惯定义适合自己的项目浏览器位置。

单击项目浏览器右上角的"关闭"按钮,可以关闭项目浏览器面板,以获得更多的屏幕操作空间。

在 Revit 中,可以在项目浏览器对话框任意栏目名称上右击,在弹出的菜单中选择"搜索"选项,打开"在项目浏览器中搜索"对话框,如图 1.26 所示。可以使用该对话框在项目浏览器中对视图、族及族类型名称进行查找定位。

■ 图 1.25　项目浏览器

选中某视图右击,打开相关下拉菜单,可以对该视图进行"复制视图""删除""重命名"和"查找相关视图"等相关操作。

六、"属性"对话框

Revit 默认将"属性"对话框显示在界面左侧。通过"属性"对话框,可以查看和修改定义图元属性的参数。"属性"对话框各部分的功能,如图 1.27 所示。当选择图元对象时,"属性"对话框将显示当前所选择对象的实例属性;如果未选择任何图元,则"属性"对话框上将显示活动视图的属性。

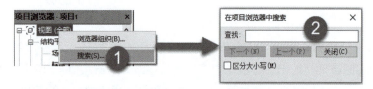

■ 图1.26 打开"在项目浏览器中搜索"对话框

【"属性"对话框】

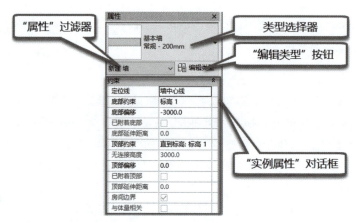

■ 图1.27 "属性"对话框各部分的功能

> **小贴士** ▶▶▶
> ① "属性"对话框：是查看和修改图元参数的主要渠道，是获取模型中建筑信息的主要来源，也是模型修改的主要工具。在任何情况下，按键盘"Ctrl+1"，均可打开或关闭"属性"对话框。
> ② 类型选择器："属性"对话框上面一行的预览框和类型名称。用户可以单击右侧的下拉箭头，从列表中选择已有的合适的构件类型直接替换现有类型，而不需要反复修改图元参数。
> ③ "实例属性"对话框："属性"对话框下面的各种参数列表，显示了当前选择图元的限制条件类、图形类、尺寸标注类、标识数据类、阶段类等实例参数及其参数值。用户可以方便地通过修改参数值来改变当前选择图元的外观尺寸等。
> ④ "编辑类型"按钮：单击该按钮，系统将打开"类型属性"对话框。用户可以在"类型属性"对话框中复制、重命名对象类型，并可以通过编辑其中的类型参数值来改变与当前选择图元同类型的所有图元的外观尺寸等。

七、绘图区域

【绘图区域】

绘图区域显示了当前视图，是用户创建模型的界面。在Revit中，每当切换至新视图时，都将在绘图区域创建新的视图窗口，且保留所有已打开的其他视图。在默认情况下，绘图区域的背景颜色为白色。使用"视图"选项卡，"窗口"面板中的"平铺"或者"层叠"工具，可设置所有已打开视图的排列方式为"平铺"或者"层叠"。

八、视图控制栏

【视图控制栏】

视图控制栏位于窗口底部，状态栏右上方，通过单击相应的按钮，可以快速对影响绘图区域功能的选项进行控制。视图控制栏的命令从左至右分别是：①视图比例，②详细程度，③视觉样式，④打开/关闭日光路径，⑤打开/关闭阴影，⑥显示/隐藏渲染对话框（仅当绘图区域显示三维视图时才可用），⑦是否裁剪视图，⑧显示/隐藏裁剪区域，⑨解锁/锁定的三维视图，⑩临时隐藏/隔离，⑪显示隐藏的图元，等等，如图1.28所示。

图 1.28　视图控制栏

> **小贴士**
>
> 由于在 Revit 中各视图均采用独立的窗口显示，因此，在任何视图中进行视图控制栏的设置，均不会影响其他视图的设置。
>
> 视图比例用于控制模型尺寸与当前视图显示大小之间的关系。单击视图控制栏"视图比例"按钮，在比例列表中选择比例值即可修改当前视图的比例（无论视图比例如何调整，均不会修改模型的实际尺寸，仅会影响当前视图中添加的文字、尺寸标注等注释信息的相对大小。Revit 允许为项目中的每个视图指定不同比例，也可以创建自定义视图比例）。
>
> Revit 提供了三种视图详细程度：粗略、中等、精细。Revit 中的图元可以在族中定义其在不同视图详细程度下要显示的样式。Revit 通过视图详细程度满足各种出图的要求。例如，在平面布置图中，平面视图中的窗可以显示为四条线；但在窗安装大样中，平面视图中的窗将显示为真实的窗截面。
>
> 视图裁剪区域定义了视图中用于显示项目的范围，由两个工具组成："是否裁剪视图"及"显示/隐藏剪裁区域"。可以单击"显示裁剪区域"按钮在视图中显示裁剪区域，再通过"裁剪视图"按钮将视图裁剪功能启用，通过拖拽裁剪边界，对视图进行裁剪。裁剪后，裁剪框外的图元不显示。

九、状态栏

状态栏位于用户界面的左下方，显示与命令操作有关的提示。例如，当在视图中选择某一构件时，状态栏左侧显示相关命令的提示，右侧放置了方便用户选择的工具。

【状态栏】

十、View Cube

View Cube 位于绘图区域右上角，如图 1.29 所示，供用户快捷地调节视图。用户可以利用 View Cube（视觉方块）旋转或重新定向视图。

View Cube 只在三维视图中显示。用户将光标放在 View Cube 上，按住鼠标左键并拖动，可以转动视角。

【View Cube】

> **再学一招**
>
> 用户也可以在三维视图中通过按住"Shift+鼠标中键"来使用 View Cube，不必每次都将光标移动到 View Cube 上拖动。

十一、导航栏

Revit 提供了导航栏工具条。勾选"视图"选项卡"用户界面"下拉列表"导航栏"复选框，可以关闭导航栏。默认情况下，导航栏位于视图右侧 View Cube 下方，如图 1.29 所示。在任意视图中，都可通过导航栏对视图进行控制。

【导航栏】

导航栏主要提供两类工具：全导航控制盘（图 1.30）和视图缩放工具。单击导航栏中上方第一个圆盘图标，将进入全导航控制盘（简称导航盘）控制模式，导航盘将跟随光标的移动而移动。导航盘中提供缩放、平移、动态观察（视图旋转）等命令，移动光标至导航盘中命令位置，按住鼠标左键不动即可执行相应的操作。

导航栏中提供的另外一个工具为视图缩放工具，用于修改窗口中的可视区域。单击视图缩放工具下拉箭头，可以查看 Revit 提供的缩放选项，如图 1.31 所示。勾选下拉列表中的缩放模式，就能实现缩放。在实际操作中，最常使用的缩放工具为"区域放大"，使用该缩放命令时，Revit 允许用户选择任意的窗口区域范围，将该区域范围内的图元放大至充满窗口显示。

■ 图1.29 View Cube 和导航栏

■ 图1.30 全导航控制盘

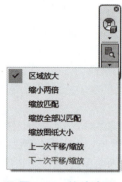
■ 图1.31 缩放选项

任何时候使用"缩放全部以匹配"选项，都将可以缩放显示当前视图中全部图元。在 Revit 中，双击鼠标中键，也会执行该操作。

> **再学一招** ▶▶▶
>
> 　　可以通过鼠标、View Cube 和导航栏来实现对 Revit 视图进行平移、缩放等操作。在平面、立面或三维视图中，通过滚动鼠标可以对视图进行缩放；按住鼠标中键并拖动，可以实现视图的平移。在默认三维视图中，按住键盘 Shift 键并按住鼠标中键拖动鼠标，可以实现对三维视图的旋转（视图旋转仅对三维视图有效）。
> 　　视图可通过项目浏览器进行快速切换；同一个界面可用快捷键"WT"（平铺工具）同时打开多个视图；若要在平面中查看三维视图，在快速访问工具栏中单击"三维视图"按钮" 🏠 "即可。若想查看局部三维，需打开三维视图，然后勾选"属性"对话框→"范围"→"剖面框"复选框。

第三节　图元选择、隐藏控制、Revit 族编辑器界面和概念体量界面

【图元选择】

一、图元选择

在 Revit 中，选择图元是对图元进行编辑和修改的基础，也是建模工作中最常用的操作。在 Revit 中可以使用 5 种方式进行图元的选择，即点选、框选、按过滤器选择、选择全部实例、Tab 键选择图元。

1. 点选

移动光标至任意图元上，Revit 将高亮显示该图元并在状态栏中显示有关该图元的信息，单击，选择被高亮显示的图元。

> **再学一招** ▶▶▶
>
> 　　在选择时如果多个图元彼此重叠，可以移动光标至图元位置，按 Tab 键，Revit 将循环高亮显示各图元，当要选择的图元高亮显示后，单击选择该图元。

选择多个图元时，按住 Ctrl 键，逐个单击要选择的图元。取消选择时，按住 Shift 键，单击已选择的图元，可以将该图元从选择集中删除。

2. 框选

按住鼠标左键，从右下角向左上角拖拽光标，则虚线矩形范围内的图元和被矩形边界碰触的图元被选中。或者按住鼠标左键，从左上角向右下角拖拽光标，则仅有实线矩形范围内的图元被选中。在框选过程中，按住 Ctrl 键，可以继续用框选或其他方式选择图元。按住 Shift 键，可以用框选或其他方式将已选择的图元从选择集中删除。

3. 按过滤器选择

选中不同图元后，进入"修改|选择多个"上下文选项卡，单击"选择"面板"过滤器"按钮，可在"过滤器"对话框中勾选或者取消勾选图元类别，可过滤已选择的图元，只选择所勾选的类别，如图 1.32 所示。

4. 选择全部实例

点选某个图元，然后右击，从右键下拉列表中单击"选择全部实例→在视图中可见（或在整个项目中）"按钮，如图 1.33 所示，软件会自动选中当前视图或整个项目中所有相同类型的图元实例。这是编辑同类图元最快速的选择方法。

5. Tab 键选择图元

用 Tab 键可快速选择相连的一组图元，移动光标到其中一个图元附近，当图元高亮显示时，按 Tab 键，相连的一组图元会高亮显示，再单击即选中了相连的这组图元。

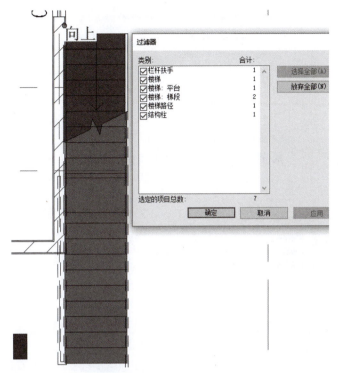

■ 图 1.32 按过滤器选择图元

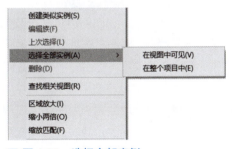

■ 图 1.33 选择全部实例

二、隐藏控制

当项目中图元较多，结构布置较为复杂时，为了界面的整洁，方便继续建模，可以隐藏某些内容的显示。隐藏控制有下列几种方法。

【隐藏控制】

1. 可见性/图形

单击"视图"选项卡"图形"面板"可见性/图形"按钮，打开"可见性/图形替换"对话框，对话框按照"模型类别""注释类别""分析模型类别""导入的类别""过滤器"的分类来控制图元的显示，如图 1.34 所示。

通过勾选和取消勾选图元类别前的复选框，可以打开和关闭这一类别的图元显示。各类别说明如下。

① 模型类别：控制模型构件的可见性和线样式。

② 注释类别：控制标记、符号、轴网、尺寸标注等注释图元的可见性。

③ 分析模型类别：控制所有结构构件分析模型的可见性。

④ 导入的类别：控制导入的外部 CAD 文件的可见性和线样式。

⑤ 过滤器：创建过滤器后，可以设置相关图元的可见性和线样式等。

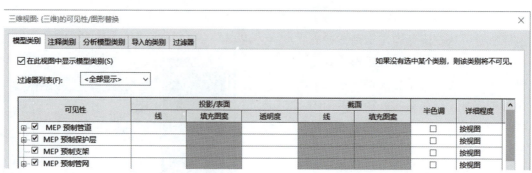

图 1.34 "可见性/图形替换"对话框

图 1.35 "临时隐藏/隔离"列表

2. 临时隐藏/隔离

当创建的结构模型较为复杂时，为防止误选构件，可以利用 Revit 提供的"临时隐藏/隔离"工具进行图元的显示控制操作。

选中图元后，单击视图控制栏的"临时隐藏/隔离"按钮" "，打开上拉列表，如图 1.35 所示。

① 隔离类别：在当前视图中只显示与该图元类别相同的所有图元，隐藏不同类别的其他所有图元。

② 隐藏类别：在当前视图中隐藏与该图元类别相同的所有图元。

③ 隔离图元：在当前视图中只显示该图元，其他图元均不显示。

④ 隐藏图元：在当前视图中隐藏所选图元。

视图中临时隐藏或隔离图元后，视图周边将显示蓝色边框。此时，再次单击"临时隐藏/隔离"按钮，可以选择上拉列表"重设临时隐藏/隔离"选项恢复被隐藏的图元。选择"将隐藏/隔离应用到视图"选项，视图周边蓝色边框消失，将永久隐藏不可见图元，即无论何时图元都将不再显示。

要查看项目中隐藏的图元，可以单击视图控制栏中"显示隐藏的图元"按钮，如图 1.36 所示。Revit 将会显示彩色边框，所有被隐藏的图元均会显示为亮红色。

单击选择被隐藏的图元，单击"显示隐藏的图元"面板"取消隐藏图元"按钮（图 1.37），可以恢复图元在视图中的显示。注意恢复图元显示后，务必单击"切换显示隐藏图元模式"按钮，或再次单击视图控制栏中"显示隐藏的图元"按钮，返回正常显示模式。

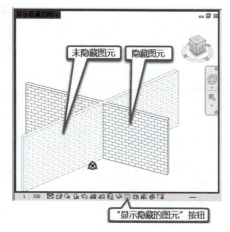

图 1.36 "显示隐藏的图元"按钮

图 1.37 "取消隐藏图元"按钮

1 CHAPTER
Revit 结构设计基础

> **再学一招** ▶▶▶
> 可以在选择隐藏的图元后右击，在右键快捷菜单中选择"取消在视图中隐藏"子菜单中的"图元"选项，取消图元的隐藏。
> 当用户设置过"临时隐藏／隔离"后，上拉列表中"将隐藏／隔离应用到视图"选项会变为可选状态。
> 隐藏或隔离相应的图元后，再次单击"临时隐藏／隔离"按钮，在打开的上拉列表中选择"重设临时隐藏／隔离"选项，系统即可重新显示所有被临时隐藏的图元。

3. 永久隐藏

选中图元后，右击，在弹出的菜单中选择"在视图中隐藏→图元／类别"选项，如图 1.38 所示；或者单击"视图"面板"在视图中隐藏"下拉列表"隐藏图元／隐藏类别"按钮，如图 1.39 所示，即可把选中的图元或者同一类别的图元永久隐藏。

■ 图 1.38　永久隐藏（1）

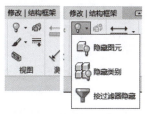

■ 图 1.39　永久隐藏（2）

常用的图元隐藏控制方法，如表 1.1 所示。

表 1.1　图元隐藏控制方法

隐藏种类	操作步骤	屏幕状态以及特征	恢复方法	互相转换
临时隐藏	▣→隔离／隐藏图元／类别	有蓝框，不与视图的可见性／图形替换同步	▣→重设临时隐藏／隔离	▣→将隐藏／隔离应用到视图
永久隐藏	右击→在视图中隐藏→图元／类别	无蓝框，与视图的可见性／图形替换同步	▣→右击→取消在视图中隐藏→图元／类别	

三、Revit 族编辑器界面

单击 Revit 应用界面"族→新建"按钮，在弹出的"新族 - 选择样板文件"对话框中双击合适的族样板后，便进入族编辑器界面，如图 1.40 所示，默认进入"参照标高"楼层平面视图，通过创建形状来创建相应的族文件。

> **小贴士** ▶▶▶
> 族编辑器界面会随着族类别或族样板的不同有所区别，主要是"创建"面板中的工具以及"项目浏览器"中的视图等会有所不同。族编辑器是 Revit 中的一种图形编辑模式，能够创建并修改可载入到项目中的族。

四、概念体量界面

单击 Revit 应用界面"族→新建概念体量"按钮，在弹出的"新概念体量 - 选择样板文件"对话框中双击"公制体量"后，便进入概念体量界面，如图 1.41 所示。该界面是 Revit 创建体量族的特殊环境，其特征是默认进入三维视图，在三维视图绘制，也可以单击"标高 1"，进入"标高 1"楼层平面视图，在"标高 1"楼层平面视图绘制，其形体创建的工具也与常规模型有所不同。

【族编辑器界面】

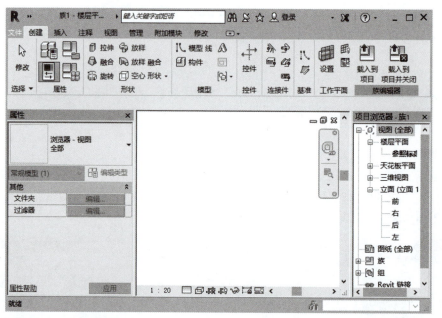

■ 图 1.40　族编辑器界面

【概念体量界面】

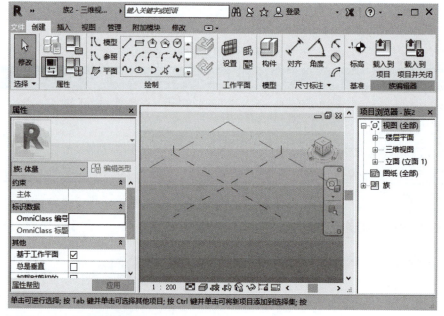

■ 图 1.41　概念体量界面

> 小 贴 士 ▶▶▶
> 　　通过概念体量可以很方便地创建各种复杂的概念形体。Revit 提供了两种创建体量模型的方式，即内建体量和体量族。

第四节 图元的编辑工具、快捷键、永久性尺寸标注和临时尺寸标注

一、图元的编辑工具

选择图元之后，可以对图元进行编辑，可以进行移动、复制、镜像、旋转等编辑操作。如图 1.42 所示，通过"修改"选项卡或相对应的上下文选项卡，可以方便地使用这些编辑工具。相关工具的具体解释见表 1.2。

图 1.42 编辑工具

表 1.2 编辑工具的相关介绍

命令（对应图标）	操作方法
移动	在单击"移动"按钮之前，先选中所要移动的对象，然后单击"移动"按钮，选择移动的起点，再选择移动的终点或者直接输入移动距离的数值，完成移动操作
复制	先单击需要复制的对象，再单击"复制"按钮，先选择复制的移动起点，再选择移动的终点，也可以直接输入复制移动的距离。选中选项栏"多个"复选框，可以完成多个对象的复制
阵列	选择图元，再单击"阵列"按钮，在选项栏中项目数文本框中输入需要阵列的个数值，如果"移动到"后边的"第二个"单选按钮被选中，则将光标移动到第二个图元的位置单击，即可以完成阵列。如果选中的是"最后一个"单选按钮，则移动到最后一个图元位置单击完成阵列
对齐	单击"对齐"按钮前，先选择需要被对齐的线，再选择要对齐的实体上的一条边，后选的实体上的一条边就会移动到先选的对齐的线上，完成对齐操作
旋转	选择需要旋转的图元，单击"旋转"按钮，选择旋转的起始线，输入角度或者再选择旋转的结束线，完成旋转操作
偏移	单击"偏移"按钮，会出现与该命令对应的选项栏。在偏移值框内填写需要偏移的距离值，选中选项栏的"复制"复选框可以保留原来的构件。在原构件附近移动光标，确认偏移的方向。再次单击即可以完成偏移操作
镜像	该命令有两个对应的图标，其中，![]适用于有镜像轴的情况，而![]适用于需要绘制镜像轴的情况。先选择需要镜像的图元，再单击"镜像"按钮，选择或绘制镜像轴就可以复制出对称镜像。也可以在操作时取消选中选项栏中的"复制"选项，则原来的图元就不会再保留了
修剪/延伸	![]功能为修剪/延伸到角部；![]功能为沿着一个图元的边界修剪/延伸另一个图元；![]功能为沿着一个图元的边界修剪/延伸多个图元。操作时先选择边界参照，再选择需要修剪/延伸的图元

1. 移动

移动命令能将一个或多个图元从一个位置移动到另一个位置。移动的时候，可以选择图元上某点或某条线来移动，也可以在空白处随意移动。该操作是图元编辑命令中使用最多的操作之一。

用户可以通过以下几种方式对图元进行相应的移动操作。

（1）单击拖拽：在功能区的"修改"工具下，单击"选择"展开下拉菜单，单击"选择时拖拽图元"按钮，然后在平面视图上单击选择相应的图元，并按住鼠标左键不放，此时拖动光标即可移动该图元。

【移动】

> 再学一招 ▶▶▶
> 在拖拽图元的同时按住 Shift 键，即可沿水平或者垂直方向移动该图元。

（2）方向箭头键：单击选择某图元后，用户可以通过按方向箭头键来移动该图元。

（3）移动工具：单击选择某图元后，单击"移动"按钮，然后在平面视图中选择一点作为移动的起点，并输入相应的距离参数，或指定移动终点，即可完成该图元的移动操作。

> **小贴士** ▶▶▶
> 激活"移动"工具后，系统将打开"移动"选项栏。如启用"约束"复选框，则只能在水平或垂直方向进行移动。

【复制】

2. 复制

使用复制命令可复制一个或多个选定图元，并生成副本。点选图元后使用复制命令时，选项栏如图1.43所示，可以通过勾选"多个"复选框实现连续复制图元，"约束"的含义是只能正交复制。结束复制命令可以右击，在弹出的快捷菜单中单击"取消"，或者连续按键Esc键两次结束复制命令。

【阵列】

3. 阵列

阵列命令用于创建一个或多个相同图元的线性阵列或半径阵列。在族中使用阵列命令，可以方便地控制阵列图元的数量和间距，如百叶窗的百叶数量和间距。激活阵列命令时，选项栏如图1.44所示。

■ 图1.43 激活复制命令时的选项栏

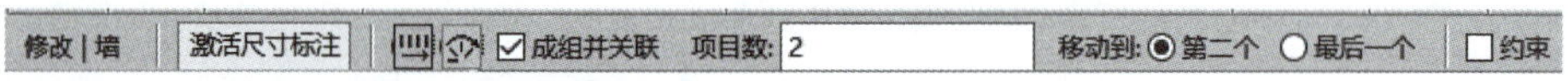

■ 图1.44 激活阵列命令时的选项栏

> **小贴士** ▶▶▶
> 如勾选选项栏"成组并关联"选项，阵列后的图元将自动成组，需要编辑该组才能调整图元的相应属性；"项目数"为包含被阵列对象在内的图元个数；勾选"约束"选项，可保证正交。

【对齐】

4. 对齐

对齐命令用于将一个或多个图元与选定位置对齐。使用对齐工具时，要求先单击选择对齐的目标位置，再单击选择要移动的对象图元，选择的对象将自动对齐至目标位置。对齐工具可以以任意的图元或参照平面为目标；当将多个对象对齐至目标位置时，勾选选项栏中的"多重对齐"复选框即可。图1.45所示为对齐工具的应用。

【旋转】

5. 旋转

旋转命令可使图元绕指定轴旋转。默认旋转中心位于图元中心。如图1.46所示，移动光标至旋转中心标记位置，按住鼠标左键不放将其拖拽至新的位置，松开鼠标左键，即可设置旋转中心的位置。然后单击确定起点旋转角边，再确定终点旋转角边，就能确定图元旋转后的位置。在执行旋转命令时，可以勾选选项栏中的"复制"复选框，以在旋转时创建所选图元的副本，而在原来位置上保留原始对象。

【偏移】

6. 偏移

偏移命令可以对选择的模型线、详图线、墙或梁等图元进行复制，或在与其长度垂直的方向移动指定的距离。可以在选项栏中选择以"图形方式"或"数值方式"来偏移图元。不勾选选项栏的"复制"复选框，生成偏移后的图元时将删除原图元。

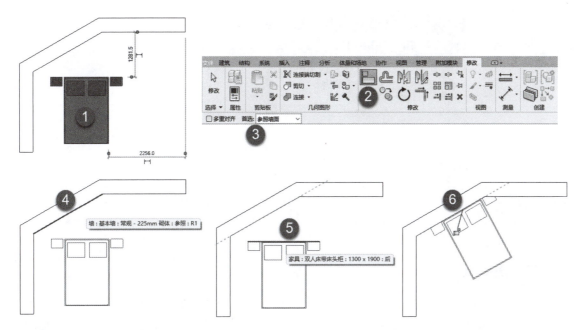

■ 图 1.45 对齐工具的应用

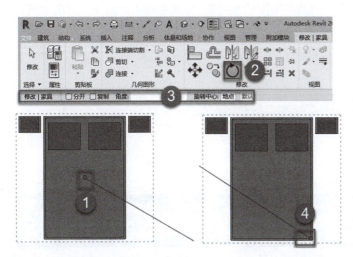

■ 图 1.46 旋转中心调整

7. 镜像

镜像工具使用一条线作为镜像轴，对所选模型图元进行镜像（反转其位置）。确定镜像轴时，既可以拾取已有图元作为镜像轴，也可以绘制临时轴。"镜像-拾取轴"命令是指在拾取已有对称轴线后，可以得到与原像轴对称的镜像；而"镜像-绘制轴"命令则需要自己绘制对称轴线。通过勾选选项栏"复制"复选框，可以在进行镜像操作时复制原对象。

【镜像】

8. 修剪 / 延伸

修剪/延伸共有三个工具，从左至右分别为"修剪/延伸为角""修剪/延伸单个图元"和"修剪/延伸多个图元"，如图 1.47 所示。使用修剪/延伸工具时必须先选择修剪或延伸的目标位置，再选择要修剪或延伸的对象。使用"修剪/延伸多个图元"工具时，可以在选择目标后，多次选择要修改的图元，这些图元都将延伸至所选择的目标位置。修剪/延伸的三个工具可用于墙、线、梁或支撑等图元的编辑。

【修剪/延伸】

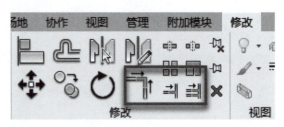

■ 图 1.47 修剪/延伸工具

> **小贴士**
> 在使用修剪/延伸工具时，单击拾取的图元位置将被保留。

【快捷键】

二、快捷键

在使用编辑图元命令的时候，往往需要进行多次操作，那就需要用鼠标多次点击不同命令进行操作，这是很麻烦的。通过键盘输入快捷键直接访问指定工具可以提高建模效率。例如要执行"对齐尺寸标注"命令，可以直接按键盘上的"DI"键即可激活此命令。

Revit 默认所有快捷键由两个字母组成，输入两个字母后不用按 Enter 键，如果字母不足两个，则由空格补齐。在 Revit 运行界面中，光标移动到某个指令图标上停留，会出现相关提示信息，其中文指令名称之后括号内的两个英文字母，即为该指令的快捷键。

> **小贴士**
> 在 Revit 中使用快捷键时，直接按键盘上对应的字母键即可，输入完成后无须输入空格按 Enter 键。

（1）Revit 使用频率较高的几类快捷键见表 1.3。

表 1.3 Revit 使用频率较高的几类快捷键

建模与绘图工具		编辑修改工具		捕捉替代		视图控制	
命令	快捷键	命令	快捷键	命令	快捷键	命令	快捷键
墙	WA	图元属性	PP 或 Ctrl+1	捕捉远距离对象	SR	区域放大	ZR
门	DR	删除	DE	象限点	SQ	缩放配置	ZF
窗	WN	移动	MV	垂足	SP	上一次缩放	ZP
放置构件	CM	复制	CO	最近点	SN	动态视图	F8 或 Shift+W
房间	RM	旋转	RO	中点	SM	线框显示模式	WF
房间标记	RT	定义旋转中心	R3 或空格	交点	SI	隐藏线显示模式	HL
轴线	GR	阵列	AR	端点	SE	带边框着色显示模式	SD
文字	TX	镜像-拾取轴	MM	中心	SC	细线显示模式	TL
对齐尺寸标注	DI	创建组	GP	捕捉到云点	PC	视图图元属性	VP
标高	LL	锁定位置	PN	点	SX	可见性图形	VV/VG
高程点标注	EL	解锁位置	UP	工作平面网格	SW	临时隐藏图元	HH
参照平面	RP	匹配对象类型	MA	切点	ST	临时隔离图元	HI

续表

建模与绘图工具		编辑修改工具		捕捉替代		视图控制	
命令	快捷键	命令	快捷键	命令	快捷键	命令	快捷键
按类别标记	TG	线处理	LW	关闭替换	SS	临时隐藏类别	HC
模型线	LI	填色	PT	形状闭合	SZ	临时隔离类别	IC
详图线	DL	拆分区域	SF	关闭捕捉	SO	重设临时隐藏	HR
		对齐	AL			隐藏图元	EH
		拆分图元	SL			隐藏类别	VH
		修剪/延伸	TR			取消隐藏图元	EU
		偏移	OF			取消隐藏类别	VU
		在整个项目中选择全部实例	SA			切换显示隐藏图元模式	RH
		重复上一个命令	RC 或 Enter			渲染	RR
		恢复上一次选择集	Ctrl+←			快捷键定义窗口	KS

（2）除系统保留的快捷键外，Revit 允许用户根据自己的习惯修改其中的大部分工具的键盘快捷键。

下面以给"参照平面"工具自定义快捷键"29"为例，来说明如何在 Revit 中自定义快捷键。

① 单击"视图"选项卡"窗口"面板"用户界面"下拉列表"快捷键"按钮，或者直接输入快捷键命令"KS"，或者单击应用程序菜单下拉列表右下角的"选项"按钮，可以打开"选项"对话框，单击"用户界面→快捷键"右侧的"自定义"按钮 自定义(C)...，可以打开"快捷键"对话框，如图 1.48 所示。

② 在"搜索"文本框中，输入要定义快捷键的命令的名称，如"参照平面"，将列出名称中所有包含"参照平面"的命令，如图 1.49 所示。

③ 在"指定"列表中，选择所需命令"参照平面"，同时，在"按新键"文本框中输入快捷键字符"29"，然后单击"指定"按钮。新定义的快捷键将显示在选定命令的"快捷方式"列，如图 1.50 所示。

■ 图 1.48 "快捷键"对话框

图1.49 "搜索"文本框

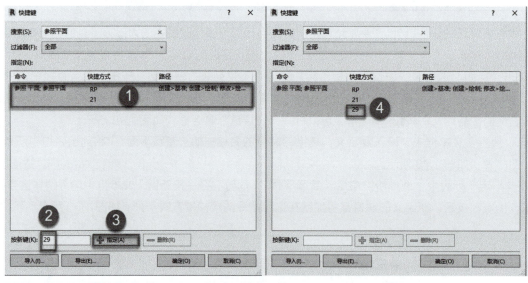

图1.50 定义快捷键"29"

三、永久性尺寸标注和临时尺寸标注

1. 永久性尺寸标注

（1）永久性尺寸标注的种类与功能。

【永久性尺寸标注】

与CAD一样，永久性尺寸标注包括对齐尺寸标注、线性尺寸标注、角度尺寸标注、半径尺寸标注、直径尺寸标注等，其功能包括以下3方面。

① 记录尺寸功能。

② 参数化功能：通过设置标签，实现从常量到变量。

③ 锁定与驱动功能：配合基准图元（如参照平面）进行锁定与驱动。

> 小贴士 ▶▶▶
> ① 尺寸标注的限制条件：在放置永久性尺寸标注时，可以锁定这些尺寸标注，锁定尺寸标注就是创建了限制条件。
> ② 相等限制条件：选择一个多段尺寸标注时，相等限制条件会在尺寸标注线附近显示一个"EQ"符号。如果选择尺寸标注线的一个参照（如墙），则会出现"EQ"符号，在参照的中间会出现一条蓝色虚线，如图 1.51 所示。"EQ"符号表示应用于图元尺寸标注参照的相等限制条件。当此限制条件处于活动状态时，参照（以图形表示的墙）之间会保持相等的距离。如果选择其中一面墙并移动它，则所有墙都将随之移动一段固定的距离。

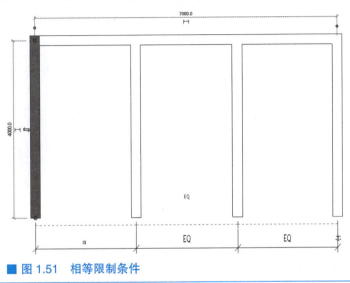

■ 图 1.51　相等限制条件

（2）尺寸标注样式。

尺寸标注样式设置的内容包括：族类型命名，线宽，尺寸界线长度，文字的宽度系数、大小、偏移、字体、背景、单位格式等，如图 1.52 所示。

（3）尺寸标注的操作要点。

可以通过拖动中间小圆点改变尺寸标注界线；若配合 Tab 键，可添加构件细节的尺寸标注。连续标注的尺寸，可以在选中后，进行添加或删除局部。单击尺寸数值可以对其进行编辑，如以文字替换，加前缀或后缀，等等，如图 1.53 所示。

■ 图 1.52　尺寸标注样式设置

图1.53 对尺寸数值进行编辑的样例

2. 临时尺寸标注

临时尺寸标注是相对最近的垂直构件进行创建的，并按照设置值进行递增。选择项目中的图元，图元周围就会出现蓝色的临时尺寸标注，修改尺寸标注上的数值，就可以修改图元位置。可以通过移动尺寸标注界线来修改临时尺寸标注。临时尺寸标注如图1.54所示。

单击临时尺寸标注附近出现的尺寸标注符号"⊢⊣"，即可将临时尺寸标注修改为永久性尺寸标注。

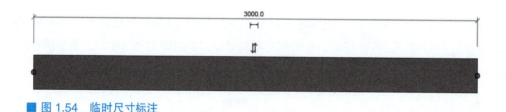

图1.54 临时尺寸标注

> **小贴士** ▶▶▶
>
> 临时尺寸标注属性的设置路径："管理"选项卡→"设置"面板→"其他设置"下拉列表"临时尺寸标注"按钮→"临时尺寸标注属性"对话框（图1.55）。临时尺寸标注文字外观的设置路径："应用程序"菜单→"选项"按钮→"选项"对话框→"图形"选项→"临时尺寸标注文字外观"对话框，如图1.56所示。
>
>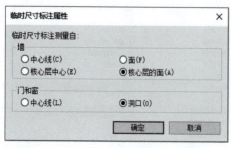
>
> 图1.55 "临时尺寸标注属性"对话框 　　　图1.56 "临时尺寸标注文字外观"对话框

结构族

CHAPTER 2

【模型文件下载】

Revit 中的所有图元都需基于族创建。软件自带丰富的族库，同时也提供了新建族的功能，用户可根据实际需要自定义参数化图元。

全国 BIM 技能等级考试（二级结构）中，专项考点——结构族的创建是必考内容，考试不仅要求会建立一般的族模型，同时还要求族模型能参数化驱动。

从第八期～第二十三期的试题来看，考试往往考两个结构族的创建的题目，第一个题目占 10 分，第二个题目占 20 分。这两个题目往往是先通过内建模型工具创建结构构件模型，再使用钢筋工具根据题目要求创建钢筋模型。

专项考点数据统计

全国 BIM 技能等级考试（二级结构）试题，是纯粹的族创建考查，大致有四种题型：一是创建普通的族（试题中要求创建构件集，实质就是创建族）；二是参数化建族；三是创建钢结构梁柱及其节点模型（包括螺栓放置）；四是钢桁架、钢网架模型的创建（与第一种题型，即创建普通的族没有实质的区别，创建方法基本一样）。专项考点——结构族数据统计见表 2.1。

表 2.1 专项考点——结构族数据统计（创建配筋的结构构件模型题目除外）

期数	题目	题目数量	难易程度	备注
第八期	第二题：利用基础墙和矩形截面条形基础，建立条形基础模型	2	中等	考查创建结构基础专用工具
	第四题：创建梁柱及其节点模型		困难	题量很大，细节很多，识图是关键；创建钢结构梁柱及其节点模型（包括螺栓放置）
第九期	第一题：基于结构板建立 270°坡道模型	2	中等	基于结构板建立模型，跟创建族无关
	第三题：建立钢管桁架模型		困难	建立钢管桁架模型
第十期	第二题：创建钢柱节点模型	1	困难	题量很大，细节很多，识图是关键；创建钢柱节点模型（包括螺栓放置）
第十一期	第二题：建立混凝土挡土墙参数化样板	2	中等	参数化驱动
	第三题：建立钢梁节点模型		困难	题量很大，细节很多，识图是关键；建立钢梁节点模型（包括螺栓放置）
第十二期	第一题：建立混凝土梁构件参数化模板	3	中等	参数化驱动
	第二题：建立钢网架模型并创建钢材用量明细表		困难	建立钢网架模型；创建明细表
	第三题：建立混凝土墩台模型		困难	识图是关键
第十三期	第一题：建立混凝土桥墩模型	3	中等	参数化驱动
	第二题：创建工字钢及其节点模型		中等	创建工字钢及其节点模型（包括螺栓放置）
	第三题★：建立三心拱模型，并输出工程量明细表		中等	建立明细表
第十四期	第一题★：建立椭圆形混凝土坡道模型样板	2	困难	参数化驱动
	第三题：创建钢柱节点模型		中等	题量很大，细节很多，识图是关键；创建钢柱节点模型（包括螺栓放置）
第十五期	第二题：创建箱梁参数化模板	2	中等	参数化驱动
	第三题：创建工字钢及其节点模型		中等	创建工字钢及其节点模型（包括螺栓放置）
第十六期	第一题★：创建 8 字筋模型	2	困难	参数化驱动
	第二题：创建桥墩模型		中等	

续表

期数	题目	题目数量	难易程度	备注
第十七期	第一题：创建钢构节点	2	困难	
	第二题：创建桥塔模型		中等	参数化驱动
第十八期	第一题：创建阶形高杯独立基础参数化模板	2	中等	参数化驱动
	第二题：创建工字钢及其节点模型		中等	创建工字钢及其节点模型（包括螺栓放置）
第十九期	第一题：创建桥墩模型	3	中等	
	第一题★：建立三心拱模型，并添加参数 W、h、t		困难	参数化驱动；此题与第十三期第三题高度相似，请读者务必重视历年考试试题的训练和学习
	第三题：创建工字钢及其节点模型		中等	创建工字钢及其节点模型（包括螺栓放置）
第二十期	第一题：创建桥台模型	3	困难	
	第二题：创建工字钢及其节点模型		中等	创建工字钢及其节点模型（包括螺栓放置）
	第三题：创建桥塔模型，将 $d1$、$d2$、D 设置为参数		困难	参数化驱动
第二十一期	第一题：创建牛腿柱及其加固构件	3	中等	
	第二题：创建钢柱脚模型		中等	
	第三题：创建沉管隧道标准管节模型		困难	参数化驱动
第二十二期	第二题：创建桥塔模型，将 $d1$、$d2$、D 设置为参数	2	困难	参数化驱动
	第三题：建立钢网架模型		困难	此题与第十二期第二题高度相似，请读者务必重视历年考试试题的训练和学习
第二十三期	第二题：创建桥墩模型，将 $h1$、$h2$ 设置为参数	2	困难	参数化驱动
	第三题：建立网壳模型		困难	

说明：全国 BIM 技能等级考试（二级结构）第八期~第二十三期试题中，结构族的题目（创建配筋的结构构件模型题目除外）共有 36 道，每期必考 1~3 道，故掌握结构族创建对于通过考试十分关键。此外上述表格中题目前加★的考试试题，除了用常规的族创建工具来建立模型，还可以用概念体量工具来创建模型，下一专项考点，我们将详细介绍概念体量的创建方法。

通过本专项考点的学习，掌握用拉伸、融合、旋转、放样、放样融合工具创建结构族。

第一节 族的创建

本节首先介绍族的基本知识，方便读者对族的概念及操作有初步的认识，接着介绍族的创建。

一、族的基本介绍

族是 Revit 中一个功能强大的概念，是一个包含通用属性集和用相关图形表示的图元组。每个族的图元能够在其内定义多种类型，每个类型可以具有不同的尺寸、形状、材质等属性。Revit 项目是通过族的组合来实现的，族是其核心所在，贯穿于整个设计项目，是项目模型最基础的构筑单元。

族有三种类型，分别是系统族、内建族、可载入族。

【族的基本介绍】

系统族，是已在Revit中预定义且保存在样板和项目中的，用于创建项目的基本图元，如梁、楼板、柱等。系统族不能从外部加载，只能在项目中进行设置和修改。

内建族，是创建当前项目专有的独特构件时，所创建的独特图元。创建内建族时，该族包含单个族类型。内建族只能通过"构件"下拉菜单中的"内建模型"来创建，不能在其他项目中使用；内建族常用于当前项目特有图元的建模，例如室外台阶、散水、集水坑等。

可载入族，是可加载的独立的族文件，用户可通过相应的族样板创建，根据自身需要向族中添加参数，如尺寸、材质。创建完成后，用户可将其保存为独立的".rfa"格式的族文件，并可加载到任意所需要的项目中。Revit提供了族编辑器，允许用户自定义任何类别、任何形式的可载入族。可载入族是用户使用和创建最多的族文件。

> **小贴士** ▶▶▶
> 在创建族文件时，将一个族文件加载进来，则创建了新的族文件，加载进来的族称为嵌套族。

二、族的创建

下面简单介绍应用族编辑器创建构件族的流程。

1. 选择族样板

构件族的创建均基于样板文件，样板文件中定义了族的一些基本设置。单击"文件→新建→族"按钮，在打开的"新族-选择样板文件"对话框中选择族样板，如图2.1所示。

【选择族样板】

■ 图2.1 "新族－选择样板文件"对话框

> **小贴士** ▶▶▶
> 用于结构构件族创建的族样板有公制常规模型、公制结构桁架、公制结构基础、公制结构加强板、公制结构框架－梁和支撑、公制结构框架－综合体和桁架、公制结构柱等。
> 族样板一般根据自己要创建的构件来选择。例如，要创建一根结构柱，就选择"公制结构柱"族样板。固定了构件名的族样板，都会根据构件情况做一些预先设置；如果想要抛开这些限制，可以选择"公制常规模型"族样板。

在打开的"新族-选择样板文件"对话框中选择族样板，单击"打开"按钮关闭"新族-选择样板文件"对话框，以"公制常规模型"为例，进入族编辑器界面，如图2.2所示。

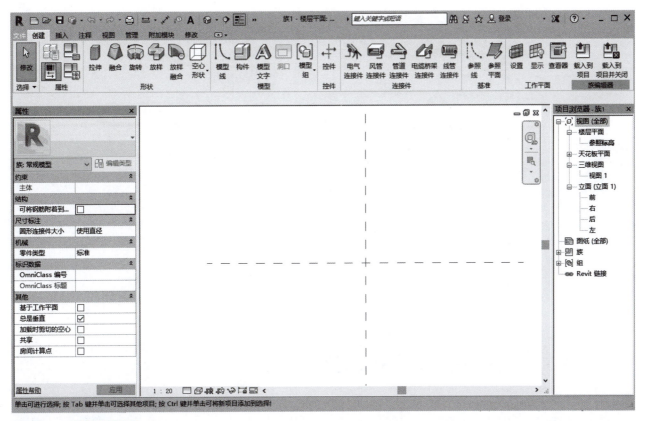

■ 图 2.2 族编辑器界面

小 贴 士 ▶▶▶

① 通常在大多数的族样板中已经画有三个参照平面，它们分别为 X，Y 和 Z 平面，其交点是（0，0，0）。这三个参照平面被固定锁住，并且不能被删除。通常情况下不要去解锁和移动这三个参照平面，否则可能导致所创建的族原点不在（0，0，0），使其无法在项目文件中正确使用。

② 在"参照标高"楼层平面视图绘图区域可以看到有两条绿色的虚线，移动光标靠近水平的那条以后，可以看到它会加粗并蓝色高亮显示，光标附近还有提示信息，它并不是一条线，而是一个参照平面，因为与当前视图是互相垂直的关系，所以投影后看上去是一条线；单击选中它，在一端会显示这个参照平面的名称，同时有一个锁定符号，表示这个平面已经是锁定在当前位置的状态，取消锁定后就可以移动了。

族插入点就是坐标原点，在族编辑器界面（"参照标高"楼层平面视图）中，中心（前/后）和中心（左/右）参照平面的交点就是族的插入点，通常情况不要去移动和解锁中心（前/后）和中心（左/右）参照平面。

---

2. 设置族类别和族参数

单击"创建"选项卡"属性"面板"族类别和族参数"按钮，打开"族类别和族参数"对话框，如图 2.3 所示。每个族样板文件系统会默认一个族类别，例如，打开"公制结构柱"样板文件，族类别默认为"结构柱"，用户也可根据需要进行更改。

3. 设置族类型和参数

单击"创建"选项卡"属性"面板"族类型"按钮，打开"族类型"对话框，如图 2.4 所示。单击"族类型"对话框"类型名称"一栏中的右侧"新建类型"按钮，可以创建不同的族类型，每个族类型可以有不同的尺寸、形状、材质等参数，但都属于同一类族。如结构柱族根据尺寸的不同，可以新建"400mm×450mm""600mm×600mm"等类型。用户可以使用"新建类型"按钮旁边的"重命名"和"删除"按钮，对已建的族类型进行重命名和删除操作。

【族类别和族参数】

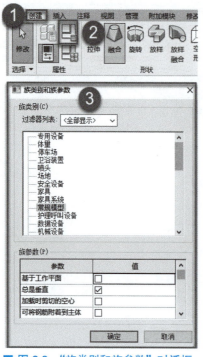

■ 图 2.3 "族类别和族参数"对话框

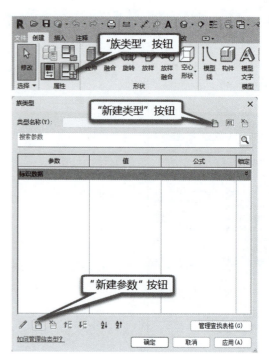

■ 图 2.4 "族类型"对话框

单击"族类型"对话框"新建参数"按钮，打开"参数属性"对话框，如图 2.5 所示。用户可以在此添加不同的参数，如新建工字形截面钢柱族，向其中添加腹板厚度这一参数。

【族类型和参数】

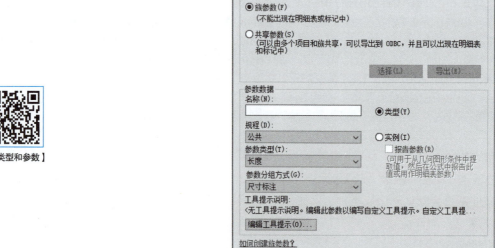

■ 图 2.5 "参数属性"对话框

> 小 贴 士 ▶▶▶
>
> （1）在"参数类型"一栏中，用户可以选择参数的类型，即是族参数还是共享参数。
> ① 族参数：载入项目文件后不能出现在明细表或标记中。

② 共享参数：从族或项目中提取出信息并存于文本文件的参数，可方便项目或族引用，也方便明细表的操作。载入项目文件后可以出现在明细表或标记中。

(2) 在"参数数据"一栏中，用户可以设置名称、规程、参数类型、参数分组方式，还可以选择是将参数设为类型参数还是实例参数。

① 参数"名称"区分大小写，可以任意输入，但在同一族内不能相同。

② "规程"有"公共"和"结构"两种。"公共"可用于所有族参数的定义；"结构"用于结构族中结构分析相关参数的定义。

③ 类型参数与实例参数的区别：当同一个族的多个相同的类型被载入项目中时，若类型参数的值被修改，则所有该类型的图元都会相应变化；若实例参数的值被修改，则只有当前被修改的图元会发生变化，其余该类型的图元不发生改变。

(3) 参数生成后，"参数数据"中的"规程"和"参数类型"不能再修改，其他可修改或删除。与参数对应的参数值和相应的公式可根据要求进行设置，设置完后可按照用户的习惯统一进行排序管理，通过"上移""下移""升序""降序"按钮操作即可。

4. 参照平面和参照线

创建族三维模型之前的一个重要操作是绘制参照平面和参照线。用户可以通过改变参照平面的位置来驱动锁定在参照平面上的实体的尺寸和形状，参照线则主要用于实现角度参变及创建构件的空间放样路径，是辅助绘图的重要工具和定义参数的重要参照。

单击"创建"选项卡"基准"面板"参照平面"或者"参照线"按钮，如图2.6所示，在绘图区域绘制参照平面或者参照线。

【参照平面和参照线】

■ 图2.6 "参照平面"和"参照线"按钮

> **小贴士** ▶▶▶
>
> 参照线与参照平面相比，除了多端点的属性，还多了两个工作平面，如图2.7所示。切换到三维视图，将光标移到参照线上，可以看到水平和垂直的两个工作平面。在建模时，可以选择参照线的一个平面作为工作平面，这样创建的实体位置可以随参照线的位置而改变。如果实体只需要进行角度参变，应先绘制参照线，把角度参数标注在参照线上，然后选择参照线的一个平面作为工作平面，再绘制所需要的实体，这样可以避免一些潜在的过约束。

5. 设置工作平面

Revit中的每个视图都与工作平面关联，所有的实体都在某一个工作平面上。Revit用户可以设置当前的工作平面，方便建模。

工作平面设置方法：单击"创建"选项卡"工作平面"面板"设置"按钮，打开"工作平面"对话框，如图2.8所示。

> **小贴士** ▶▶▶
>
> "工作平面"对话框中"指定新的工作平面"下选项的用法如下。
>
> ① 单击"名称"，在后边的下拉菜单中选择已有的参照平面。
>
> ② 单击"拾取一个平面"，在绘图区域拾取一个参照平面或一个实体表面，可以拾取参照线的水平或垂直的平面。
>
> ③ 单击"拾取线并使用绘制该线的工作平面"，拾取任意一条线并将这条线的所在平面设为当前工作平面。

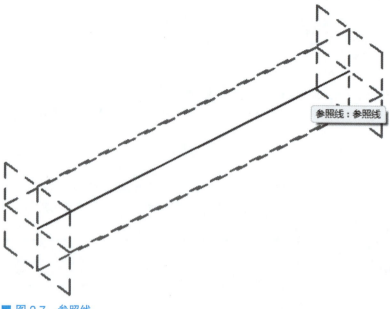
图 2.7 参照线

【设置工作平面】

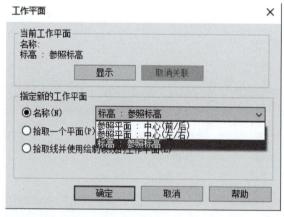
图 2.8 "工作平面"对话框

> **再学一招** ▶▶▶
> 单击功能区中"创建"选项卡"工作平面"面板"显示"按钮,可显示或隐藏工作平面。工作平面默认是隐藏的。

6. 三维模型的创建工具

使用三维模型的创建工具,可以完成实心模型和空心模型的创建。单击"创建"选项卡,在"形状"面板可看到"拉伸""融合""旋转""放样""放样融合""空心形状"6 个建模按钮,如图 2.9 所示。前 5 个建模按钮对应的工具面板如图 2.10 所示。实心模型创建工具的逻辑构架如图 2.11 所示。

本章第二节将详细学习如何应用上述 6 个建模工具创建三维模型。

【三维模型的创建工具】

图 2.9 三维模型的创建工具

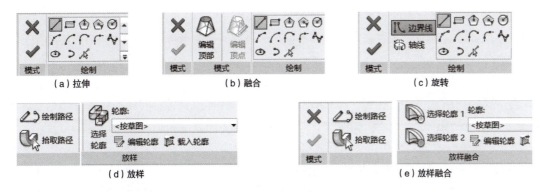

图 2.10 三维模型创建工具面板

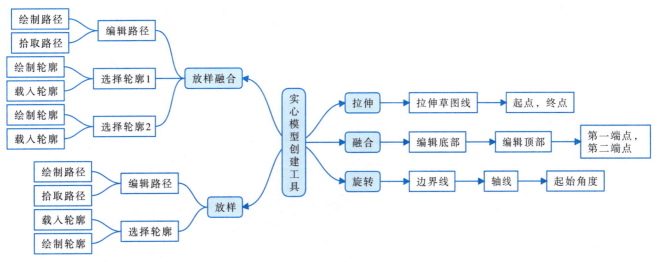

图 2.11 实心模型创建工具的逻辑构架

小贴士 ▶▶▶

（1）"空心形状"下拉列表中包含"空心拉伸""空心融合""空心旋转""空心放样""空心放样融合"5 个工具，如图 2.12 所示，用于创建空心模型，各命令的使用方法与对应的实心模型基本相同。

（2）选中模型，"属性"对话框中的"实心／空心"选项可将实心模型与空心模型进行转换，如图 2.13 所示。

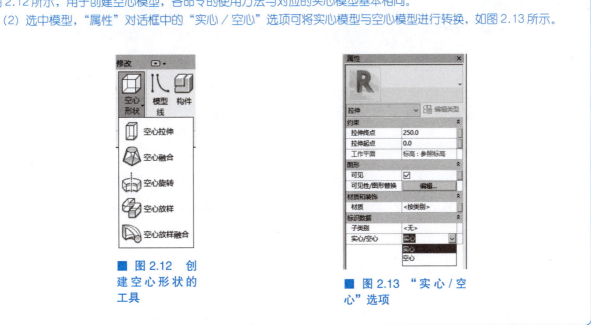

图 2.12 创建空心形状的工具

图 2.13 "实心／空心"选项

7. 模型形状与参照平面的对齐锁定

【对齐锁定】

任何创建的模型都要对齐并锁定在参照平面上，才可通过参照平面上的参数来驱动模型形状尺寸改变。

下面通过一个简单的例子，来说明模型形状与参照平面的对齐锁定。

单击"文件→新建→族"按钮，在打开的"新族-选择样板文件"对话框中选择"公制常规模型"族样板，单击"打开"按钮关闭"新族-选择样板文件"对话框，进入族编辑器界面。

单击"创建"选项卡"属性"面板"族类型"按钮，在打开的"族类型"对话框中单击"新建参数"按钮，打开"参数属性"对话框；在打开的"参数属性"对话框"参数数据"下"名称"后输入"长度"，单击"确定"按钮关闭"参数属性"对话框，回到"族类型"对话框，如图 2.14 所示。同理，添加参数"宽度"，单击"确定"按钮关闭"参数属性"对话框，添加的参数如图 2.15 所示。

单击"创建"选项卡"基准"面板"参照平面"按钮，系统切换到"修改 | 放置 参照平面"上下文选项卡；单击"绘制"面板"线"按钮，在绘图区域绘制图 2.16 所示的参照平面 1 和 2，并且单击"注释"选项

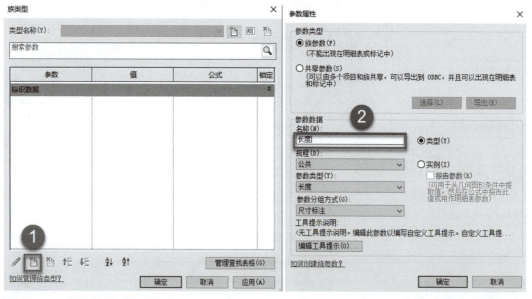

■ 图 2.14 添加参数"长度"

■ 图 2.15 参数"长度"和"宽度"

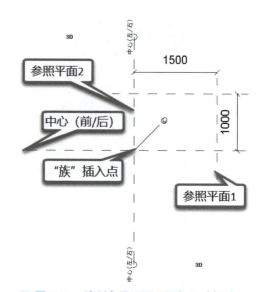

■ 图 2.16 绘制参照平面且添加尺寸标注

卡"尺寸标注"面板"对齐"按钮,为参照平面1和参照平面2添加尺寸标注。

选中数值为"1500"的尺寸标注,在"修改|尺寸标注"上下文选项卡"标签尺寸标注"面板"标签"下拉列表中选择"长度=0",则该标注便与参数"长度"相关联。将两个尺寸标注分别关联"长度""宽度"参数,如图2.17所示。

单击"创建"选项卡"形状"面板"拉伸"按钮,系统自动切换到"修改|创建拉伸"上下文选项卡;单击"绘制"面板"矩形"按钮,在绘图区域绘制一个矩形,如图2.18中①所示。单击"修改"选项卡"修改"面板"对齐"按钮,先单击参照平面,再单击矩形上的边,则矩形的边便和选择的参照平面对齐,同时在绘图区域出现一个打开的锁形图标,如图2.18中②所示;单击此图标,使其变为锁上的锁形图标,那么该边便被固定在参照平面上了,如图2.18中③所示。同理,将矩形四边固定在参照平面上,如图2.18中④所示。单击"模式"面板"完成编辑模式"按钮"√",便完成了拉伸模型的创建。

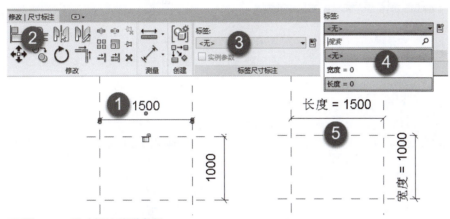

■ 图2.17 尺寸标注关联参数

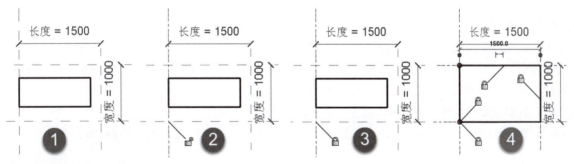

■ 图2.18 拉伸草图线

> **小贴士** ▶▶▶
>
> 锁定🔒与锁住📌的区别:锁定为图元与图元(参照图元)之间的锁定,而锁住为图元与图纸视图空间的锁住;锁定可以实现参数化驱动,而锁住仅为防止图元构件被意外移动。

此时,单击"创建"选项卡"属性"面板"族类型"按钮,在打开的"族类型"对话框中修改参数,如图2.19所示,会发现图形的相应尺寸也发生了变化。

8. 参数化建族

参数化建族即通过参照平面驱动物体变化、角度参数化、径向(半径)参数化、阵列参数化、材质参数化和可见参数化等。

【通过参照平面驱动物体变化】

1）通过参照平面驱动物体变化

通过参照平面驱动物体变化，就是先设置参照平面，再将模型锁定在参照平面上，最后对参照平面的尺寸标注添加参数，从而间接驱动模型改变。

在"参照标高"楼层平面视图绘制参照平面，且给参照平面设置族参数；用"拉伸"工具创建拉伸模型；水平及垂直移动一下模型边界，使模型边界与参照平面都锁定，如图 2.20 所示；则族参数驱动参照平面，改变拉伸模型形状。

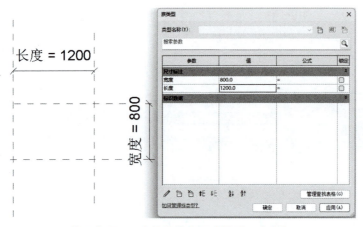

■ 图 2.19 使用参照平面上的参数来驱动模型尺寸改变

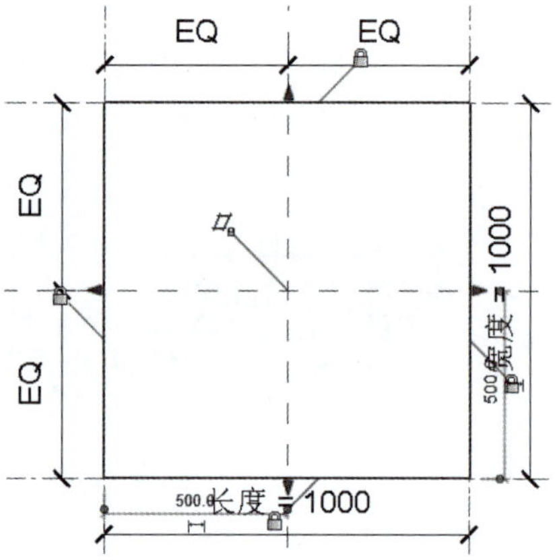

■ 图 2.20 模型边界与参照平面都锁定

小 贴 士 ▶▶▶

首先对两端参照平面与中间参照平面进行连续标注，选中连续尺寸标注，出现"EQ"并单击；然后对两端参照平面单独标注，对该尺寸标注设置族参数，则族参数驱动参照平面，模型两端同步变化。

2）角度参数化

在"参照标高"楼层平面视图绘制参照线（参照线是有端点的，所以可以旋转；参照平面可以无限延伸，所以没有端点）；选中参照线端点，在水平和竖直两个方向同时锁定，如图 2.21 中①所示；单击"注释"选项卡"角度"按钮，再单击两个边，进行角度注释；对角度注释设置参数，如图 2.21 中②、③所示；在参照线边界，做贴合参照线的拉伸模型，移动边界，锁定到参照线，如图 2.21 中④所示；然后改变角度，会出现"不满足约束"警告对话框，如图 2.21 中⑤、⑥所示，说明不可使用该方法对模型进行角度参数化设置。

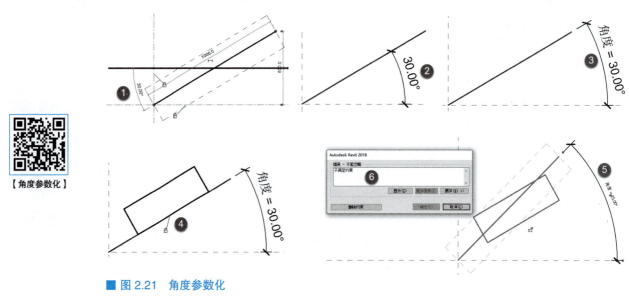

■ 图 2.21 角度参数化

这就需要用另外一种添加族参数的方式，即在拉伸草图线上添加参数。单击"取消"按钮关闭警告对话框；双击拉伸模型，系统自动切换到"修改 | 编辑拉伸"上下文选项卡，在拉伸模型的草图模式，单击"修改 | 编辑拉伸"上下文选项卡"修改"面板"对齐"按钮，先单击参照线，再单击草图边，锁定，如图 2.22 所示；对齐尺寸标注，添加参数 A、B 和 C；单击"完成编辑模式"按钮，完成拉伸模型的编辑；然后更改角度，模型就会随参照线在平面内移动。

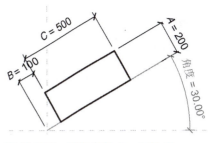

■ 图 2.22　添加参数 A、B 和 C

- 小贴士 ▶▶▶

添加三个方向的尺寸标注，即添加参数 A、B 和 C；然后更改角度，拉伸模型就会随参照线在平面内移动，且可以通过参数 A、B 和 C 改变拉伸模型的大小，这就是典型的参数化建模。

3）径向（半径）参数化

半径注释的参数化和角度注释参数化一样，是需要在草图内设置参数的。

在"参照标高"楼层平面视图中，单击"创建"选项卡"形状"面板"拉伸"按钮，系统自动切换到"修改 | 创建拉伸"上下文选项卡，使用"圆形"绘制方式绘制圆形草图线；在草图模式下，添加半径注释，选中半径注释，设置参数"半径"，如图 2.23 中①所示。

【径向（半径）参数化】

单击"完成编辑模式"按钮，完成拉伸模型的创建；改变参数数值，半径自动更改；双击进入拉伸模型的草图模式，选中圆形草图线，勾选左侧"属性"对话框"图形"项"中心标记可见"复选框，如图 2.23 中②、③所示。

单击"修改 | 编辑拉伸"上下文选项卡"修改"面板"对齐"按钮，先单击中心（前 / 后）参照平面，再单击圆形草图线的中心点，则圆形草图线的中心点移动到中心（前 / 后）参照平面，锁定，如图 2.23 中④、⑤、⑥所示；同理，先单击中心（左 / 右）参照平面，再单击圆形草图线的中心点，则圆形草图线的中心点移动到中心（左 / 右）参照平面，锁定，如图 2.23 中⑦所示。

单击"完成编辑模式"按钮，完成拉伸模型的创建；这时，就可以在确定位置的前提下，以参数"半径"驱动模型，如图 2.23 中⑧所示。

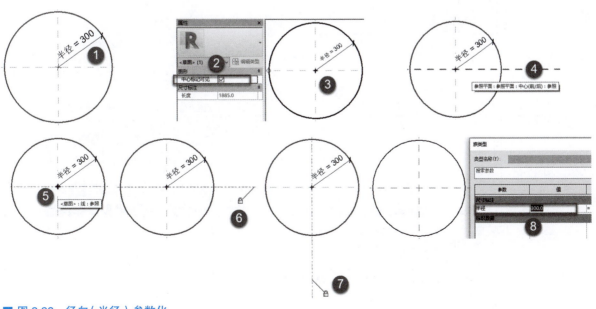

■ 图 2.23　径向（半径）参数化

【阵列参数化】

4）阵列参数化

在"参照标高"楼层平面视图中，单击"创建"选项卡"形状"面板"拉伸"按钮，系统自动切换到"修改|创建拉伸"上下文选项卡，绘制草图线；单击"完成编辑模式"按钮，完成拉伸模型的创建。

选中创建的拉伸模型，单击"修改"面板"阵列"按钮；设置选项栏阵列方式为"线性"，勾选"成组并关联"，其他选项设置如图 2.24（a）所示。

然后单击第一点和第二点，自动出现两个相同模型；选中其中一个模型，出现成组数量，成组数量可以更改；选中成组数量，出现"标签"标题栏；对其添加参数，将"名称"设置为"阵列个数"，如图 2.24（b）所示。

单击"属性"面板"族类型"按钮，在弹出的"族类型"对话框中，设置"阵列个数"为 3，发现拉伸模型数量自动改变，如图 2.24（c）所示。

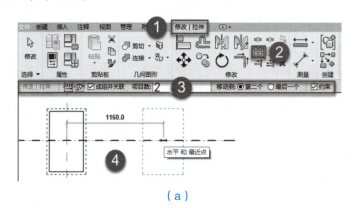

（a）

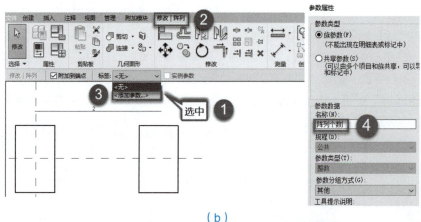

（b）

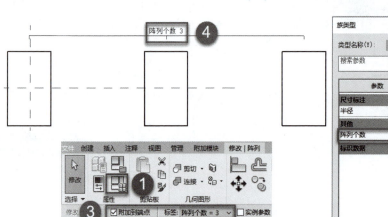

（c）

■ 图 2.24 阵列参数化

5)材质参数化

在"参照标高"楼层平面视图中,单击"创建"选项卡"形状"面板"拉伸"按钮,系统自动切换到"修改|创建拉伸"上下文选项卡,绘制草图线;单击"完成编辑模式"按钮,完成拉伸模型的创建。

选中创建的拉伸模型,单击左侧"属性"面板"材质和装饰"项"材质"右边小方块关联族参数,如图2.25(a)所示。

在弹出的"关联族参数"对话框中单击"新建参数"按钮,如图2.25(b)所示;然后在弹出的"参数属性"对话框中设置参数名称为"材质参数",如图2.25(c)所示,接着单击"确定"按钮关闭"参数属性"对话框,发现"关联族参数"对话框中出现了"材质参数",单击"确定"按钮关闭"关联族参数"对话框,如图2.25(d)所示;则"材质参数"创建完成了,该参数可对材质进行修改,如图2.25(e)所示。

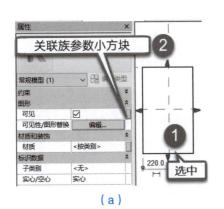

(a)

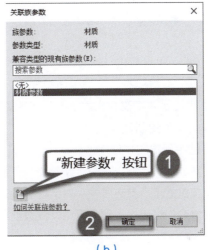

(b)

【材质参数化】

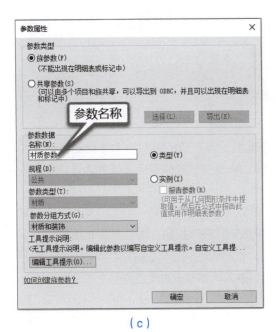

(c)

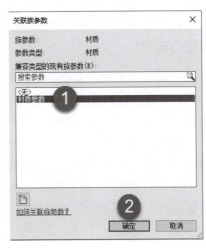

(d)

■ 图2.25 材质参数化

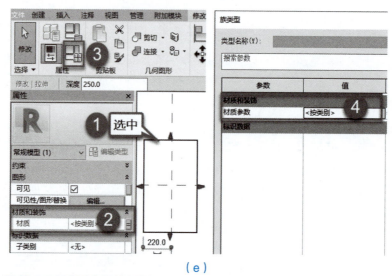

■ 图 2.25　材质参数化（续）

6）可见参数化

在"参照标高"楼层平面视图中，单击"创建"选项卡"形状"面板"拉伸"按钮，系统自动切换到"修改|创建拉伸"上下文选项卡，绘制草图线，单击"完成编辑模式"按钮，完成拉伸模型的创建。

【可见参数化】

选中创建的拉伸模型，单击左侧"属性"面板"图形"项"可见"右边小方块关联族参数。在弹出的"关联族参数"对话框中单击"新建参数"按钮；然后在弹出的"参数属性"对话框中设置"可见"；接着单击"确定"按钮关闭"参数属性"对话框，发现"关联族参数"对话框中出现了"可见"，单击"确定"按钮关闭"关联族参数"对话框，则"可见"参数创建完成了。

第二节　三维族的创建

一、拉伸和空心拉伸

【拉伸和空心拉伸】

实心或空心拉伸是最容易创建的形状。拉伸模型创建方法：绘制一个二维封闭截面（轮廓），沿垂直于截面所在工作平面的方向进行拉伸，精确控制拉伸深度（或者通过"属性"对话框设置拉伸起点和拉伸终点），而后得到拉伸模型。

»STEP 01　打开软件，在应用界面中单击"族"下"新建"按钮，打开"新族-选择样板文件"对话框，选择"公制常规模型"族样板，单击"打开"按钮，进入族编辑器界面，系统默认进入"参照标高"楼层平面视图。

»STEP 02　单击"创建"选项卡"形状"面板"拉伸"按钮，进入"修改|创建拉伸"上下文选项卡，选择"绘制"面板中的"线"，绘制一个二维轮廓，如图 2.26 所示。

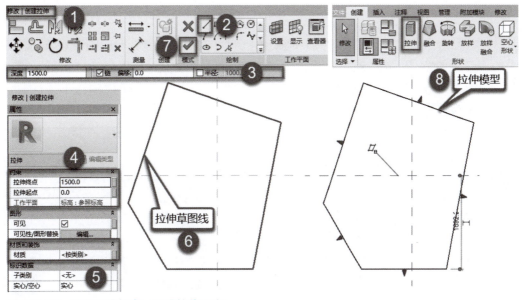

■ 图2.26 绘制二维轮廓，设置拉伸深度

- 小贴士 ▶▶▶

在绘制线段的过程中，移动光标的同时会显示临时尺寸标注，用户通过观察尺寸标注的变化，控制所绘线段的长度。或者直接输入距离参数，同样可以精确地绘制线段。轮廓线必须是一个闭合的环，否则不能执行拉伸建模操作。

STEP 03 在选项栏设置"深度"为"1500.0"，或者在"属性"对话框"约束"项下设置"拉伸起点：0.0""拉伸终点：1500.0"，单击"模式"面板"完成编辑模式"按钮"√"。

STEP 04 在项目浏览器中切换到三维视图，显示三维模型。

STEP 05 创建拉伸模型后，若发现拉伸厚度不符合要求，可以在"属性"对话框"约束"项下重新设置拉伸起点和拉伸终点值，也可以在三维视图中拖拽造型操纵柄来调整其拉伸深度，如图2.27中①所示。

STEP 06 创建空心拉伸形状有以下两种方法。

方法一：与创建实心拉伸模型思路相似，进入族编辑器界面，系统默认进入"参照标高"楼层平面视图；单击"创建"选项卡"形状"面板"空心形状"下拉列表"空心拉伸"按钮，选择合适的绘制方式绘制二维轮廓；在选项栏设置深度值，单击"模式"面板"完成编辑模式"按钮"√"，完成空心拉伸形状的创建。

方法二：先创建实心拉伸模型，选择实心拉伸模型，在"属性"对话框中，将"标识数据"项下"实心/空心"下拉列表选项设置为"空心"，如图2.27中的②、③所示。

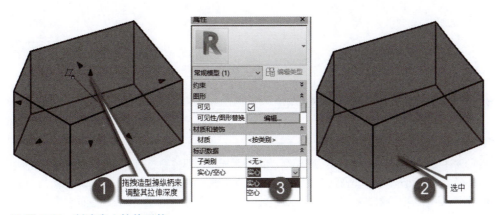

■ 图2.27 创建空心拉伸形状

二、融合

【融合】

融合工具适用于将两个平行平面上的形状（实际上也是端面）进行融合建模。融合跟拉伸所不同的是，拉伸的端面是相同的，而且不会扭转；融合的端面可以是不同的，因此要创建融合就要绘制两个封闭截面图形。

STEP 01 打开软件，在应用界面中单击"族"下"新建"按钮，打开"新族 - 选择样板文件"对话框，选择"公制常规模型"族样板，单击"打开"按钮，进入族编辑器界面，系统默认进入"参照标高"楼层平面视图。

STEP 02 单击"创建"选项卡"形状"面板"融合"按钮，进入"修改|创建融合底部边界"上下文选项卡，选择"绘制"面板中的"矩形"，绘制一个矩形，如图 2.28 中④所示。

STEP 03 单击"修改|创建融合底部边界"上下文选项卡"模式"面板"编辑顶部"按钮，选择"绘制"面板中的"圆"，绘制一个圆，如图 2.28 中⑦所示。

STEP 04 在选项栏设置"深度"为"12000.0"（或者在"属性"对话框"约束"项下设置"第一端点：0.0""第二端点：12000.0"），单击"模式"面板"完成编辑模式"按钮"√"，完成融合模型的创建，如图 2.28 中⑨所示。

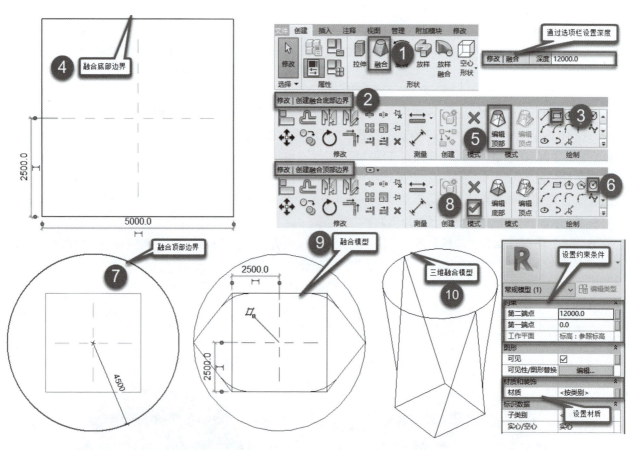

■ 图 2.28　绘制底部矩形和顶部圆，设置融合约束条件

小贴士 ▶▶▶

在"属性"对话框中"约束"项下"第二端点"的值表示模型顶部轮廓线的位置，也就是顶部位置相对工作平面的偏移量，"第一端点"的值表示模型底部轮廓线的位置，就是底部位置相对工作平面的偏移量。设置参数后，单击"应用"按钮，观察视图中融合模型的变化效果。在"修改融合"选项栏中修改"深度"选项参数，也可以更改融合模型的高度。

> **STEP 05** 在项目浏览器中切换到三维视图,显示三维模型,如图2.28中⑩所示。

> **STEP 06** 创建融合模型后,可以在三维视图中拖拽造型操纵柄来改变形体的高度。

> **STEP 07** 从图2.28中⑩可以看出,矩形的4个角点两两与圆上2点融合,没有得到扭曲的效果,需要重新编辑一下圆形截面(默认圆上有2个端点)。接下来需要再添加2个新点与矩形一一对应。

> **STEP 08** 切换到"参照标高"楼层平面视图,选择融合模型,单击"模式"面板"编辑顶部"按钮,进入"修改|编辑融合顶部边界"上下文选项卡,单击"修改"面板"拆分图元"按钮,在圆上放置4个拆分点,即可将圆拆分成4部分;单击"模式"面板"完成编辑模式"按钮"√",完成融合模型的修改;在项目浏览器中切换到三维视图,显示三维模型,如图2.29所示。

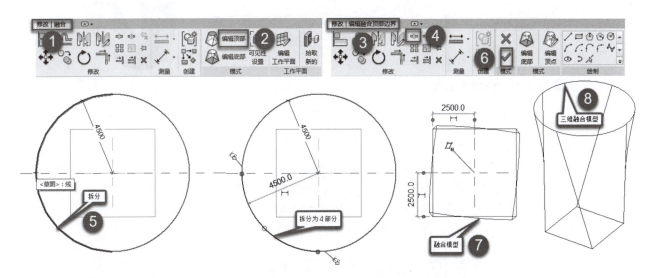

■ 图2.29 融合模型的修改

三、旋转

旋转工具可以用来创建由一根旋转轴旋转封闭二维轮廓而得到的三维模型。二维轮廓必须是封闭的,而且必须绘制旋转轴。通过设置二维轮廓旋转的起始角度和旋转角度来创建模型。旋转轴若与二维轮廓相交,则产生一个实心三维模型;旋转轴若与二维轮廓有一定距离,则产生一个圆环三维模型。

【旋转】

> **STEP 01** 打开软件,在应用界面中单击"族"下"新建"按钮,打开"新族-选择样板文件"对话框,选择"公制常规模型"族样板,单击"打开"按钮,进入族编辑器界面,系统默认进入"参照标高"楼层平面视图。

> **STEP 02** 单击"创建"选项卡"基准"面板"参照平面"按钮,绘制新的参照平面,如图2.30中①所示。

> **STEP 03** 单击"创建"选项卡"形状"面板"旋转"按钮,自动切换至"修改|创建旋转"上下文选项卡;激活"边界线"按钮,单击"绘制"面板"圆"按钮,绘制图2.30中②所示圆;激活"轴线"按钮,单击"绘制"面板"线"按钮,绘制图2.30中③所示旋转轴;单击"模式"面板"完成编辑模式"按钮"√",完成旋转模型的创建,切换到三维视图,查看创建的三维模型显示效果,结果如图2.30中⑤所示。

> 小贴士 ▶▶▶
> 选择三维模型,在"属性"对话框中修改"结束角度"和"起始角度"的参数,可以影响旋转建模的效果。例如,在"结束角度"选项中修改参数为"180.00°",单击"应用"按钮,三维模型发生相应的变化。

> **STEP 04** 打开软件,在应用界面中单击"族"下"新建"按钮,打开"新族-选择样板文件"对话框,选

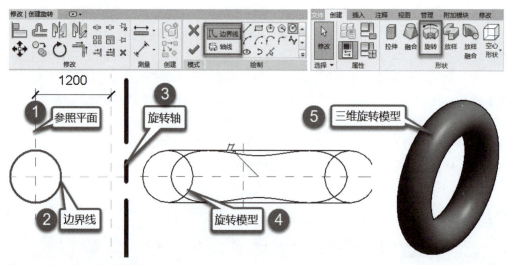

■ 图 2.30 创建旋转模型

择"公制常规模型"族样板,单击"打开"按钮,进入族编辑器界面,系统默认进入"参照标高"楼层平面视图。

>> STEP 05 切换到前立面视图,单击"创建"选项卡"形状"面板"旋转"按钮,自动切换至"修改|创建旋转"上下文选项卡;激活"边界线"按钮,单击"绘制"面板"矩形"按钮,绘制图2.31中①所示矩形;激活"轴线"按钮,单击"绘制"面板"线"按钮,绘制图2.31中②所示旋转轴;单击"模式"面板"完成编辑模式"按钮"√",完成旋转模型的创建,结果如图2.31中③所示。

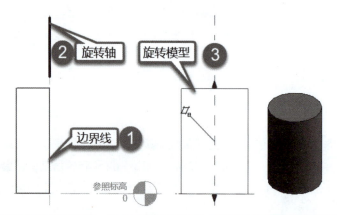

■ 图 2.31 绘制边界线和旋转轴,生成三维旋转模型(二维轮廓与旋转轴之间没有一定的距离)

重复上述 >> STEP 04、>> STEP 05,但让旋转轴与二维轮廓之间有一定距离,如图 2.32 中①、②所示,单击"模式"面板"完成编辑模式"按钮"√",完成旋转模型的创建,结果如图 2.32 中③所示。

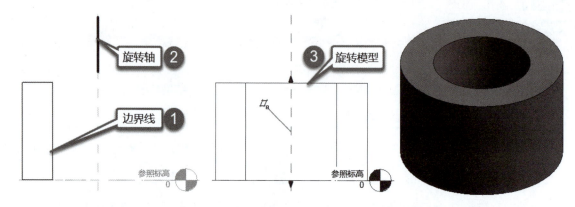

■ 图 2.32 绘制边界线和旋转轴,生成三维旋转模型(二维轮廓与旋转轴之间有一定的距离)

四、放样

放样工具用于创建沿路径拉伸一个二维轮廓的族。要创建放样三维模型，就需要绘制路径和轮廓。路径可以是开放的也可以是封闭的，但是轮廓必须是封闭的。需要注意的是轮廓必须在与路径垂直的平面上才行。

【放样】

» STEP 01 打开软件，在应用界面中单击"族"下"新建"按钮，打开"新族 - 选择样板文件"对话框，选择"公制常规模型"族样板，单击"打开"按钮，进入族编辑器界面，系统默认进入"参照标高"楼层平面视图。

» STEP 02 单击"创建"选项卡"形状"面板"放样"按钮，自动切换至"修改 | 放样"上下文选项卡；单击"放样"面板中的"绘制路径"按钮，自动切换至"修改 | 放样 > 绘制路径"上下文选项卡，单击"绘制"面板"样条曲线"按钮绘制路径，软件自动在垂直于路径的一个点上生成一个工作平面，如图 2.33 中⑤所示。

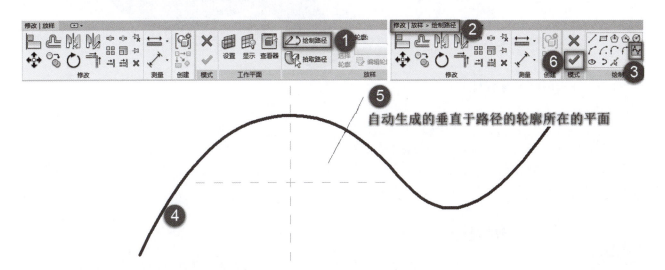

■ 图 2.33 绘制放样路径

» STEP 03 单击"模式"面板"完成编辑模式"按钮"√"，退出路径编辑模式。

» STEP 04 单击"编辑轮廓"按钮，在弹出的"转到视图"对话框中选择"立面：前"，单击"打开视图"按钮，关闭"转到视图"对话框且自动打开前立面视图。

» STEP 05 在前立面视图中利用绘制工具绘制放样轮廓，如图 2.34 中⑥所示（这里选择前立面视图是用来观察绘制截面的情况，也可以不选择前立面视图，关闭此对话框，直接在项目浏览器中选择三维视图来绘制放样轮廓，如图 2.35 中④所示）。

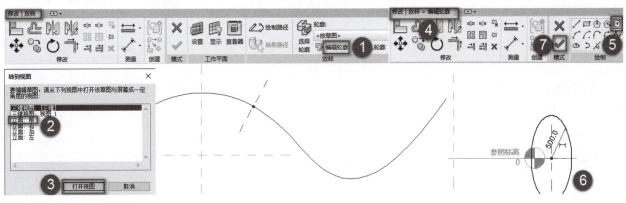

■ 图 2.34 绘制放样轮廓

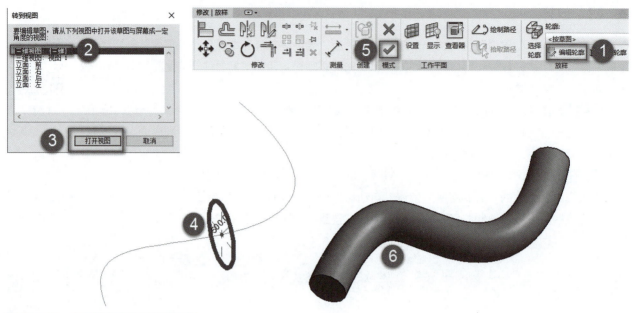

图 2.35 在三维视图绘制放样轮廓

》STEP 06 单击"修改 | 放样 > 编辑轮廓"上下文选项卡"模式"面板"完成编辑模式"按钮"√",退出轮廓编辑模式;单击"修改 | 放样"上下文选项卡"模式"面板"完成编辑模式"按钮"√",完成放样模型的创建,结果如图 2.35 中⑥所示。

五、放样融合

使用放样融合工具,可以创建具有两个不同轮廓截面的融合模型,可以创建沿指定路径进行放样的放样模型。该工具实际上兼备了放样和融合工具的特性。放样融合的造型由绘制或拾取的二维路径以及绘制或载入的两个轮廓确定。

》STEP 01 打开软件,在应用界面中单击"族"下"新建"按钮,打开"新族 - 选择样板文件"对话框,选择"公制常规模型"族样板,单击"打开"按钮,进入族编辑器界面,系统默认进入"参照标高"楼层平面视图。

》STEP 02 单击"创建"选项卡"形状"面板"放样融合"按钮,软件自动切换至"修改 | 放样融合"上下文选项卡。

》STEP 03 单击"放样融合"面板中的"绘制路径"按钮,软件自动切换至"修改 | 放样融合 > 绘制路径"上下文选项卡,单击"绘制"面板"样条曲线"按钮绘制路径,软件自动在垂直于路径的起点和终点上各生成一个工作平面,如图 2.36 所示。

》STEP 04 单击"修改 | 放样融合 > 绘制路径"上下文选项卡"模式"面板"完成编辑模式"按钮"√",退出路径编辑模式。

》STEP 05 激活"修改 | 放样融合"上下文选项卡"放样融合"面板"选择轮廓 1"按钮,单击"编辑轮廓"按钮,在弹出的"转到视图"对话框中选择"三维视图:视图 1",在三维视图中绘制截面轮廓,如图 2.37 中⑥所示。

》STEP 06 激活"修改 | 放样融合"上下文选项卡"放样融合"面板"选择轮廓 2"按钮,单击"编辑轮

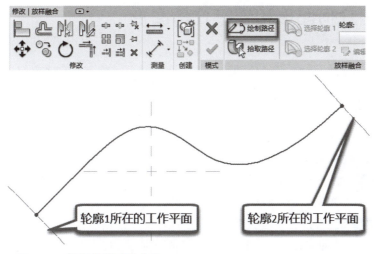

■ 图 2.36 绘制放样融合路径

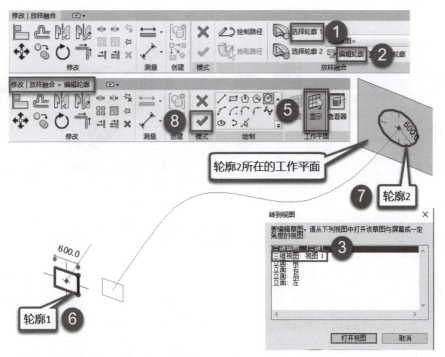

■ 图 2.37 绘制融合放样轮廓

廓"按钮,在弹出的"转到视图"对话框中选择"三维视图:视图 1",在三维视图中绘制截面轮廓,利用拆分工具将绘制的轮廓 2(圆)拆分成 4 部分,如图 2.37 中⑦所示。

> STEP 07 单击"修改|放样融台 > 编辑轮廓"上下文选项卡"模式"面板"完成编辑模式"按钮"√",退出轮廓编辑模式。

> STEP 08 单击"修改|放样融合"上下文选项卡"模式"面板"完成编辑模式"按钮"√",完成放样融合模型的创建。

第三节 剪切几何图形和连接几何图形

一、剪切几何图形

【剪切几何图形】

剪切几何图形的操作过程如下。

>> STEP 01 通过拉伸工具分别创建实心形体和空心形体。

>> STEP 02 在族编辑器界面中单击"修改"选项卡"几何图形"面板"剪切"按钮,在弹出的下拉列表中选择"剪切几何图形"选项,如图 2.38 所示。

>> STEP 03 观察左下角状态栏上关于操作步骤的提示,系统提示"首先拾取:选择要被剪切的实心几何图形或用于剪切的空心几何图形"。将光标置于空心圆柱体上,高亮显示模型边界线,如图 2.39 所示,单击拾取圆柱体。

>> STEP 04 此时,状态栏更新提示文字,提示用户"其次拾取:选择要被所选空心几何图形剪切的实心几何图形"。将光标置于长方体上,高亮显示模型边界线,如图 2.40 所示。单击拾取长方体,剪切几何图形的效果如图 2.41 所示。

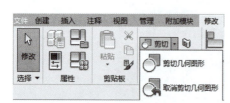
图 2.38 剪切几何图形

图 2.39 选中空心形体

图 2.40 选中实心形体

图 2.41 剪切效果

> **小贴士** ▶▶▶
>
> 再来描述一下剪切过程。启用"剪切几何图形"选项后,首先选取要用于剪切的空心几何图形,即圆柱体。圆柱体在操作结束后是要被删除的。其次选取被剪切的实心几何图形,即长方体。长方体被圆柱体剪切,结果是圆柱体被删除,在长方体上留下剪切痕迹,即一个圆形洞口。

二、取消剪切几何图形

【取消剪切几何图形】

在"剪切"下拉列表中选择"取消剪切几何图形"选项,如图 2.38 所示,可以恢复已执行"剪切几何图形"操作的模型的原始状态。

>> STEP 01 启用"取消剪切几何图形"选项后,状态栏提示"首先拾取:选择要停止被剪切的实心几何图形或要停止剪切的空心几何图形"。将光标置于长方体上,高亮显示模型边界线,如图 2.42 所示。

>> STEP 02 拾取长方体后,状态栏提示"其次拾取:选择剪切所选实心几何图形后要保留的空心几何图形"。将光标置于圆形洞口上,高亮显示圆柱体的轮廓线,如图 2.43 所示。单击后已被删除的圆柱体恢复显示,圆形洞口被圆柱体填满,如图 2.44 所示。

> **小贴士** ▶▶▶
>
> 再来描述一下取消剪切过程。启用"取消剪切几何图形"选项后,先选择要终止剪切的几何图形,这里选择长方体,即所选择的模型是要终止对其产生剪切效果的。长方体被剪切后留下一个圆形洞口,终止剪切后可以删除圆形洞口。接着选择终止剪切后要保留的几何图形。圆形洞口由剪切圆柱体得到,将光标置于圆形洞口上,可以预览圆柱体,单击后恢复显示圆柱体。

■ 图 2.42　选择长方体

■ 图 2.43　预览圆柱体

■ 图 2.44　取消剪切的效果

三、连接几何图形

启用"连接几何图形"选项，可以在共享公共面的两个或者更多主体图元之间创建连接。执行操作后，连接图元之间的可见边缘被删除，并可以共享相同的图形属性，如线宽和填充样式。

【连接几何图形】

» STEP 01　在"几何图形"面板上单击"连接"按钮，在弹出的下拉列表中选择"连接几何图形"选项。

» STEP 02　状态栏提示"首先拾取：选择要连接的实心几何图形"。将光标置于五边体上，高亮显示模型边界线，如图 2.45 所示，单击选中模型。

» STEP 03　此时，状态栏提示"其次拾取：选择要连接到所选实体上的实心几何图形"。将光标置于椭圆体上，高亮显示模型边界线，如图 2.46 所示。单击拾取模型，即可执行连接操作。

» STEP 04　操作完毕后，五边体与椭圆体成为一个整体，如图 2.47 所示。

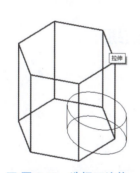
■ 图 2.45　选择五边体

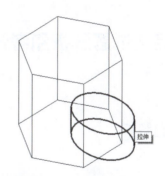
■ 图 2.46　选择椭圆体

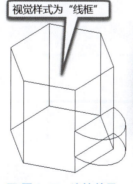

■ 图 2.47　连接效果

> **小贴士** »»»
> 首先指定连接主体模型。选择五边体，表示五边体即将与一个待定的模型连接。接着选择另一个实心模型，该模型要连接到主体模型上。选择椭圆体，表示椭圆体要与五边体连接。

四、取消连接几何图形

执行"连接几何图形"的操作后,得到一个并集的效果。在"连接"下拉列表中选择"取消连接几何图形"选项,可以取消并集效果。

启用"取消连接几何图形"选项后,状态栏提示"单一拾取:选择要与任何对象取消连接的实心几何图形"。选择椭圆体,结果是取消椭圆体与五边体的连接。在平面视图中观察操作效果,五边体与椭圆体连接的边缘恢复显示,如图2.48所示。

【取消连接几何图形】

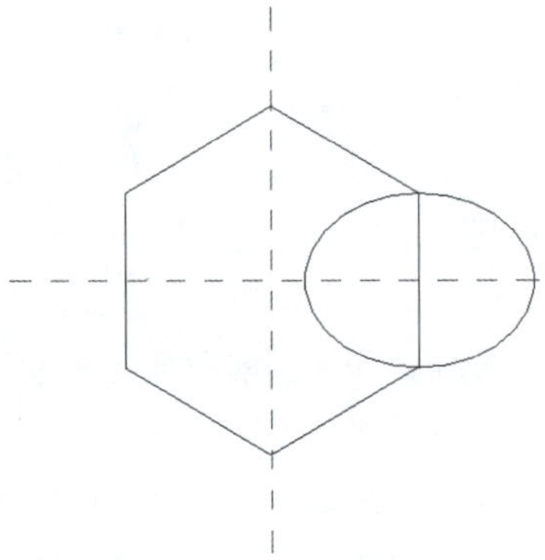

■ 图2.48 取消连接的效果

第四节 经典试题解析和考试试题实战演练

一、经典试题解析

1. 创建普通族

【第八期第二题】

根据图2.49给出的剖面图及尺寸,利用基础墙和矩形截面条形基础,建立条形基础模型,并将材料设置为C15混凝土,基础长度取合理值。结果以"条形基础.×××"为文件名保存在考生文件夹中。(10分)

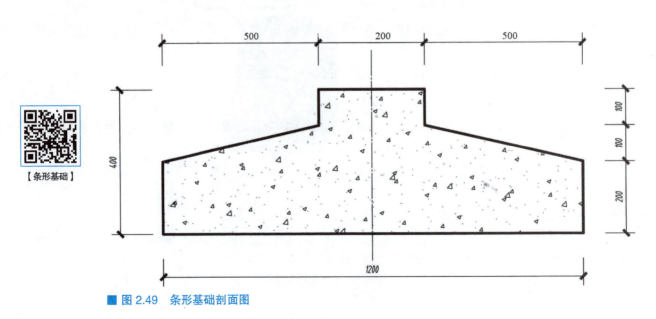

■ 图2.49 条形基础剖面图

【建模思路】

建模思路如图 2.50 所示。

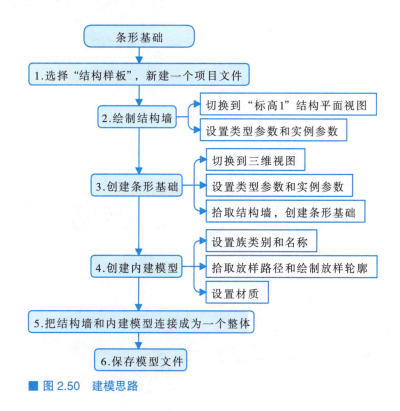

■ 图 2.50　建模思路

【建模步骤】

>> STEP 01　打开软件 Revit 2018；单击"项目→结构样板"按钮，新建一个项目文件，系统自动切换到"标高 2"结构平面视图。

>> STEP 02　切换到"标高 1"结构平面视图；单击"结构"选项卡"结构"面板"墙"下拉列表"墙：结构"按钮，系统切换到"修改 | 放置 结构墙"上下文选项卡。

>> STEP 03　选中左侧"属性"对话框类型选择器下拉列表中的"常规 -200mm"，接着单击"编辑类型"按钮，在弹出的"类型属性"对话框中单击"构造"项下"结构"右侧"编辑"按钮，在弹出的"编辑部件"对话框中设置"结构 [1]"层的"材质"为"混凝土，现场浇注 -C15"（为和软件保持一致，这里使用浇注，实际应该是浇筑），如图 2.51 中①所示；连续单击两次"确定"按钮关闭"编辑部件"对话框和"类型属性"对话框。

>> STEP 04　设置选项栏参数，如图 2.51 中②所示；绘制一段长度为 2000mm 的结构墙，如图 2.51 中③所示。

>> STEP 05　切换到三维视图。

>> STEP 06　单击"结构"选项卡"基础"面板"墙"按钮，系统自动切换到"修改 | 放置 条形基础"上下文选项卡。

>> STEP 07　设置条形基础的类型为"承重基础 -900×300"，单击"编辑类型"按钮，在弹出的"类型属性"对话框中设置"结构材质"为"混凝土，现场浇注 -C15"，"尺寸标注"项下"宽度"为"1200.0"，"基础厚度"为"200.0"，单击"确定"按钮关闭"类型属性"对话框，如图 2.52 中①、②所示。

>> STEP 08　不勾选左侧"属性"对话框"结构"项下"启用分析模型"；根据左下侧状态栏提示"选择墙以便将条形基础放置在其下。"拾取结构墙，放置条形基础，如图 2.52 中③、④所示。

>> STEP 09　将视觉样式设置为"着色"，查看创建的结构墙和矩形截面条形基础的三维显示效果。

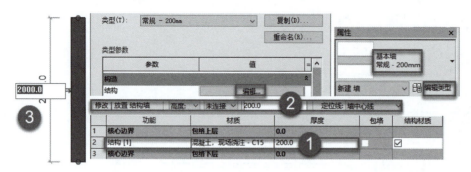

图 2.51 绘制一段长度为 2000mm 的结构墙

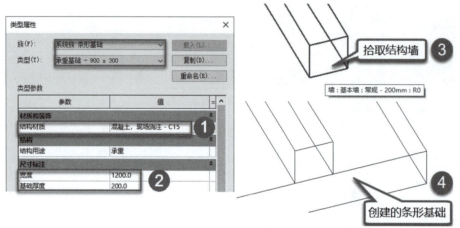

图 2.52 放置条形基础

STEP 10 单击"建筑"选项卡"构建"面板"构件"下拉列表"内建模型"按钮，在系统弹出的"族类别和族参数"对话框中设置"族类别"为"结构基础"，单击"确定"按钮，退出"族类别和族参数"对话框，在弹出的"名称"对话框中输入"结构基础 1"，单击"确定"按钮，退出"名称"对话框，系统进入族编辑器界面。

STEP 11 设置左侧"属性"对话框"结构"项下"用于模型行为的材质"为"混凝土"。

STEP 12 单击"创建"选项卡"形状"面板"放样"按钮，系统切换到"修改 | 放样"上下文选项卡；单击"放样"面板"拾取路径"按钮，系统切换到"修改 | 放样 > 拾取路径"上下文选项卡，确认"拾取"面板"拾取三维边"按钮亮显，拾取放样路径，如图 2.53 中①所示；单击"模式"面板"完成编辑模式"按钮"√"，完成放样路径的拾取。

STEP 13 通过 View Cube 变换观察方向为"前"。

STEP 14 单击"修改 | 放样"上下文选项卡"放样"面板"编辑轮廓"按钮，系统自动切换到"修改 | 放样 > 编辑轮廓"上下文选项卡；选择"线"绘制方式绘制放样轮廓，如图 2.53 中②所示。

STEP 15 设置左侧"属性"对话框中"材质和装饰"项下"材质"为"混凝土，现场浇注 -C15"；单击"模式"面板"完成编辑模式"按钮"√"，完成放样轮廓的绘制，再次单击"修改 | 放样"上下文选项卡"模式"面板"完成编辑模式"按钮"√"，完成放样模型的创建；单击"修改 | 放样"上下文选项卡"在位编辑器"面板"完成模型"按钮"√"，完成内建模型的创建。

STEP 16 单击"修改"选项卡"几何图形"面板"连接"下拉列表"连接几何图形"按钮，首先选中内建模型，再选中结构墙，则结构墙和内建模型连接成为一个整体。

STEP 17 单击快速访问工具栏中"保存"按钮，以"条形基础.×××"为文件名保存在考生文件夹中。

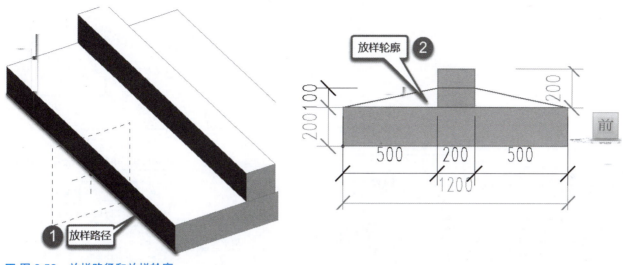

图 2.53　放样路径和放样轮廓

【第十六期第二题】

根据图 2.54 创建桥墩模型，未标明尺寸不作要求，混凝土强度取 C40。请将模型文件以"桥墩 + 考生姓名.×××"为文件名保存到考生文件夹中。（15 分）

【桥墩】

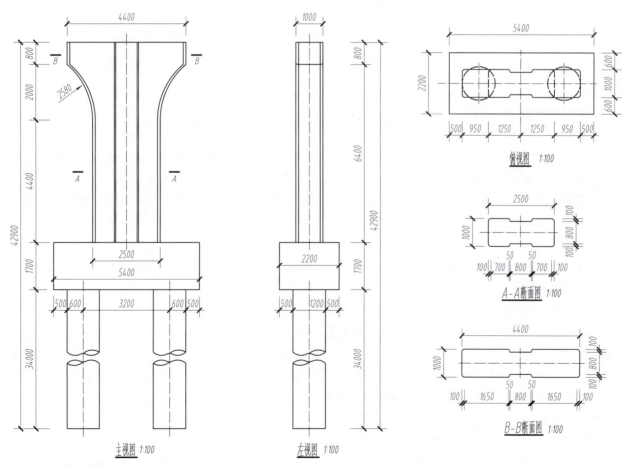

图 2.54　桥墩模型

【建模思路】

本题建模思路如图 2.55 所示。

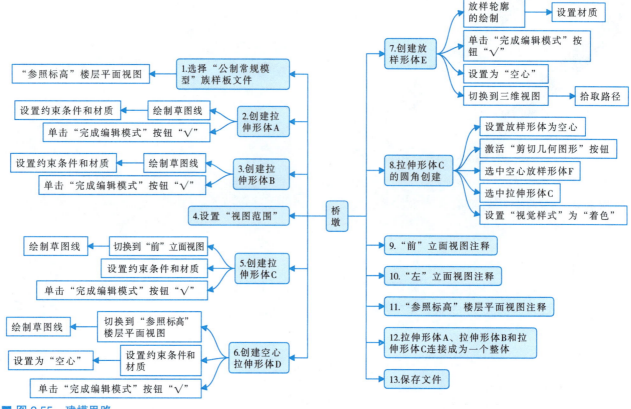

图 2.55 建模思路

【建模步骤】

>> STEP 01 打开软件 Revit 2018。

>> STEP 02 单击"族→新建"按钮，在打开的"新族-选择样板文件"对话框中选中"公制常规模型"族样板文件，如图 2.56 所示，接着单击"打开"按钮，退出"新族-选择样板文件"对话框，系统自动切换到族编辑器建模界面的"参照标高"楼层平面视图。

>> STEP 03 单击"创建"选项卡"形状"面板"拉伸"按钮，系统自动切换到"修改|创建拉伸"上下文选项卡；单击"绘制"面板"圆形"按钮，绘制拉伸形体 A 的草图线，如图 2.57 所示；设置左侧"属性"对话框中"约束"项下"拉伸起点"为"0.0"，"拉伸终点"为"34000.0"，设置"工作平面"为"标高：参照标高"；设置左侧"属性"对话框中"材质和装饰"项下"材质"为"混凝土 C40"；单击"模式"面板"完成编辑模式"按钮"√"，完成拉伸形体 A 的创建。

>> STEP 04 单击"创建"选项卡"形状"面板"拉伸"按钮，系统自动切换到"修改|创建拉伸"上下文选项卡；单击"绘制"面板"矩形"按钮，绘制拉伸形体 B 的草图线，如图 2.58 所示；设置左侧"属性"对话框中"约束"项下"拉伸起点"为"34000.0"，"拉伸终点"为"35700.0"，设置"工作平面"为"标高：参照标高"；设置左侧"属性"对话框中"材质和装饰"项下"材质"为"混凝土 C40"；单击"模式"面板"完成编辑模式"按钮"√"，完成拉伸形体 B 的创建。

>> STEP 05 拉伸形体 B 创建完成之后，发现"参照标高"楼层平面视图中并没有显示拉伸形体 B；单击左侧属性过滤器下拉列表中的"楼层平面：参照标高"选项，如图 2.59 中①所示；单击左侧"属性"对话框中的"范围"项下"视图范围→编辑"按钮，如图 2.59 中②所示，在弹出的"视图范围"对话框中设置"主

图 2.56 选择"公制常规模型"族样板文件

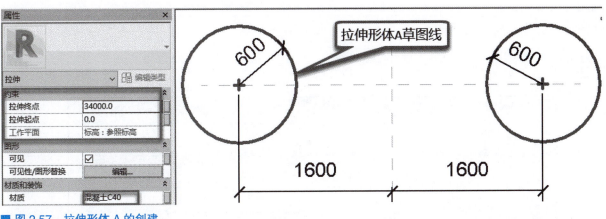

图 2.57 拉伸形体 A 的创建

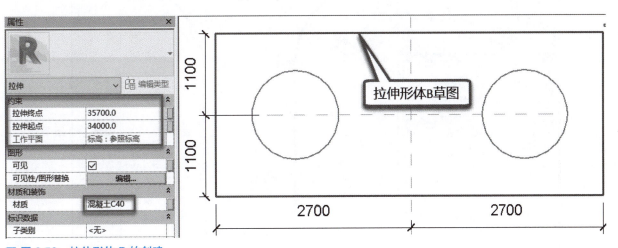

图 2.58 拉伸形体 B 的创建

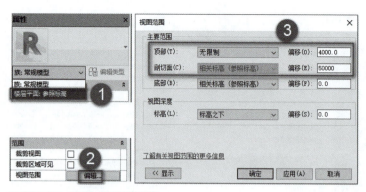

图 2.59 设置"视图范围"

要范围→顶部→无限制",设置"主要范围→剖切面→偏移→ 50000",如图 2.59 中③所示,则拉伸形体 B 在"参照标高"楼层平面视图中就显示出来了。

> STEP 06 切换到"前"立面视图。

> STEP 07 单击"创建"选项卡"形状"面板"拉伸"按钮,系统自动切换到"修改 | 创建拉伸"上下文选项卡,如图 2.60 中①所示;分别单击"绘制"面板"线""起点 - 终点 - 半径弧"按钮,绘制拉伸形体 C 的草图线,如图 2.60 中②所示;设置左侧"属性"对话框中"约束"项下"拉伸起点"为"-500.0","拉伸终点"为"500.0",设置"工作平面"为"参照平面:中心(前 / 后)",如图 2.60 中③所示;设置左侧"属性"对话框中"材质和装饰"项下"材质"为"混凝土 C40",如图 2.60 中④所示;单击"模式"面板"完成编辑模式"按钮"√",完成拉伸形体 C 的创建。

> STEP 08 切换到"参照标高"楼层平面视图。

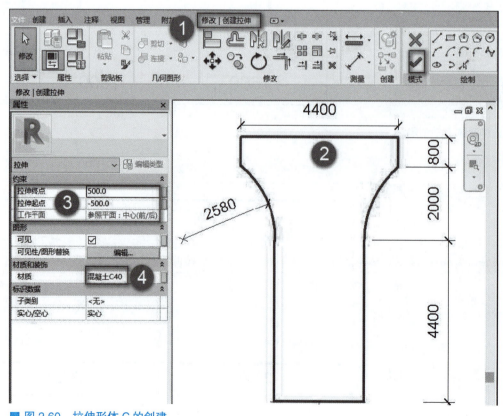

图 2.60 拉伸形体 C 的创建

>> STEP 09 单击"创建"选项卡"形状"面板"拉伸"按钮,系统自动切换到"修改|创建拉伸"上下文选项卡;单击"绘制"面板"线"按钮,绘制空心拉伸形体D的草图线,如图2.61所示;设置左侧"属性"对话框中"约束"项下"拉伸起点"为"35700.0","拉伸终点"为"42900.0",设置"工作平面"为"标高:参照标高";设置左侧"属性"对话框中"材质和装饰"项下"材质"为"混凝土C40";设置左侧"属性"对话框中"标识数据"项下"实心/空心"为"空心";单击"模式"面板"完成编辑模式"按钮"√",完成空心拉伸形体D的创建。

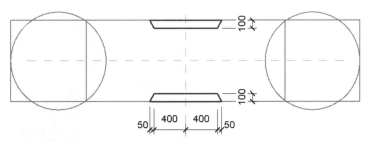

■ 图2.61 空心拉伸形体D的创建

>> STEP 10 切换到三维视图;单击"创建"选项卡"形状"面板"放样"按钮,系统自动切换到"修改|放样"上下文选项卡,如图2.62中①所示;单击"放样"面板"拾取路径"按钮,如图2.62中②所示,系统自动切换到"修改|放样>拾取路径"上下文选项卡,如图2.62中③所示,激活"拾取"面板中的"拾取三维边"按钮,如图2.62中④所示;拾取放样路径,如图2.62中⑤所示(必须首先拾取圆弧,否则无法通过放样工具创建放样形体E);单击"模式"面板"完成编辑模式"按钮"√",如图2.62中⑥所示,完成放样路径的拾取。

>> STEP 11 单击"放样"面板"编辑轮廓"按钮,系统自动切换到"修改|放样>编辑轮廓"上下文选项卡,如图2.62中⑦所示;绘制放样轮廓,如图2.62中⑧所示,单击"模式"面板"完成编辑模式"按钮"√",如图2.62中⑨所示,完成放样轮廓的绘制。

>> STEP 12 设置左侧"属性"对话框中"材质和装饰"项下"材质"为"混凝土C40",如图2.62中⑩所示;单击"模式"面板"完成编辑模式"按钮"√",完成放样形体E的创建。

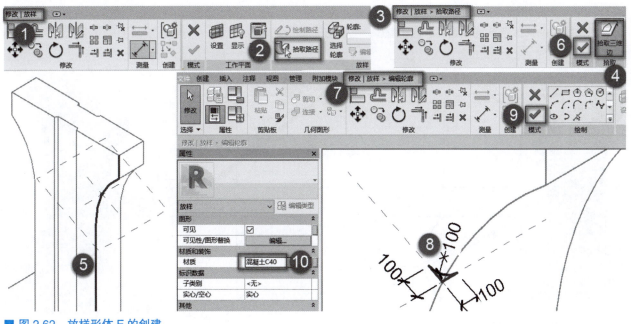

■ 图2.62 放样形体E的创建

>> STEP 13 选中刚刚创建的放样形体 E，设置左侧"属性"对话框中"标识数据"项下"实心/空心"为"空心"，则系统自动切换到"修改 | 空心 放样"上下文选项卡；单击"几何图形"面板"剪切"下拉列表"剪切几何图形"按钮；首先选中空心放样形体 F（空心放样形体 F 由放样形体 E 变成），接着选中拉伸形体 C，则空心放样形体 F 对拉伸形体 C 进行了剪切，即形成了圆角，如图 2.63 所示；设置左下侧"视觉样式"为"着色"。

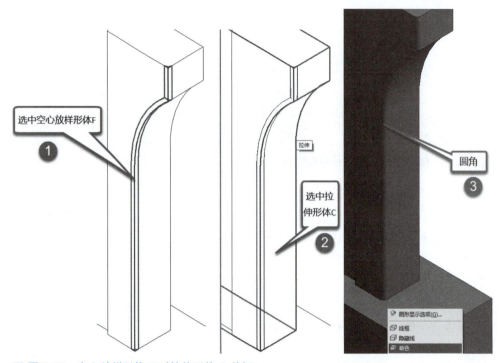

■ 图 2.63 空心放样形体 F 对拉伸形体 C 剪切

>> STEP 14 在三维视图中选中空心放样形体 F 的圆角，如图 2.64 中①所示；切换到"参照标高"楼层平面视图，则空心放样形体的圆角处于选中状态，如图 2.64 中②所示；单击"修改 | 空心 放样"上下文选项卡"修改"面板"镜像-拾取轴"按钮，则通过镜像工具创建了其余位置的圆角，如图 2.64 中③所示；切换到三维视图，查看创建的拉伸形体 C 的圆角效果，如图 2.64 中④所示。

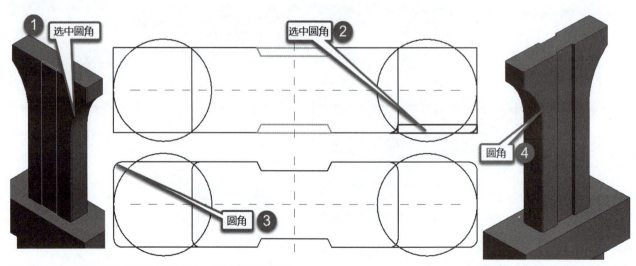

■ 图 2.64 用镜像工具创建拉伸形体 C 其余位置的圆角

> **STEP 15** 切换到三维视图；单击"修改"选项卡"几何图形"面板"连接"下拉列表"连接几何图形"按钮，首先选中拉伸形体 A，接着选中拉伸形体 B，则拉伸形体 A 和 B 连接成为一个整体；同理，选中成为一个整体的拉伸形体 A 和 B 之后，再选中拉伸形体 C，则通过"连接几何图形"工具，拉伸形体 A、B、C 成为一个整体，如图 2.65 所示。

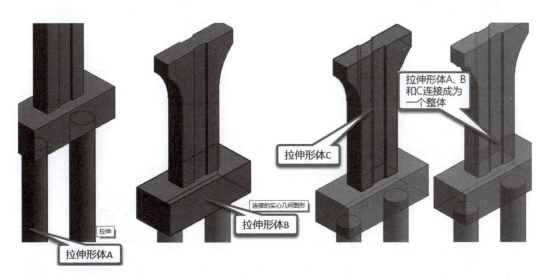

■ 图 2.65 拉伸形体 A、B、C 成为一个整体

> **STEP 16** 单击快速访问工具栏中的"保存"按钮，在弹出的"另存为"对话框中设置保存路径，设置文件名为"桥墩+考生姓名"，确认文件类型为"族文件（*.rfa）"，单击"选项"按钮，在弹出的"文件保存选项"对话框中设置"最大备份数"为"1"，单击"确定"按钮退出"文件保存选项"对话框，单击"保存"按钮，退出"另存为"对话框，如图 2.66 所示。

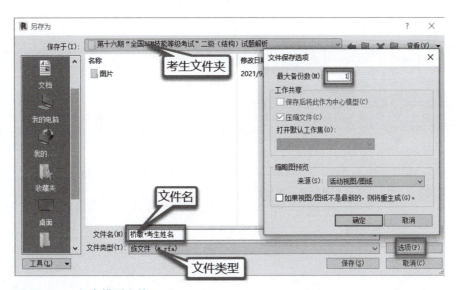

■ 图 2.66 保存模型文件

【第十七期第一题】

请根据图 2.67 创建钢构节点，铸钢圆管厚度均为 20mm，未标明尺寸与定位不作要求，请将模型以"钢构节点+考生姓名.×××"为文件名保存到考生文件夹中。（15 分）

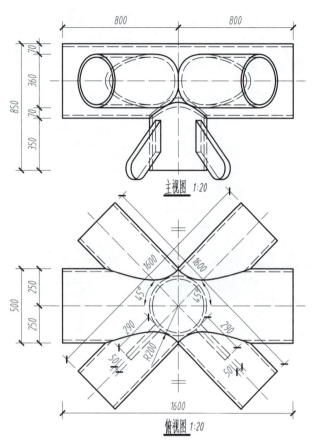
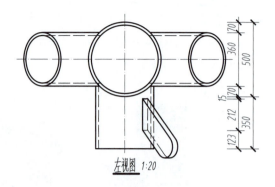

■ 图 2.67 钢构节点

【建模思路】

本题建模思路如图 2.68 所示。

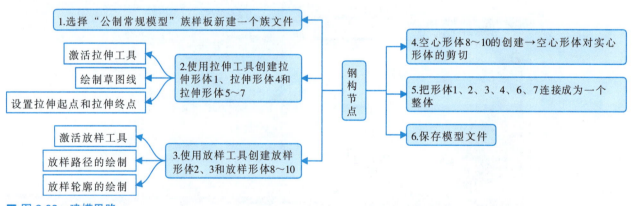

■ 图 2.68 建模思路

【建模步骤】

▶▶ STEP 01 打开软件 Revit 2018；单击"族→新建"按钮，在打开的"新族-选择样板文件"对话框中选中"公制常规模型"族样板文件，接着单击"打开"按钮退出"新族-选择样板文件"对话框，系统自动切换到族编辑器建模界面的"参照标高"楼层平面视图。

▶▶ STEP 02 切换到"左"立面视图；单击"创建"选项卡"形状"面板"拉伸"按钮，系统自动切换到"修改 | 创建拉伸"上下文选项卡；设置左侧"属性"对话框中"约束"项下"拉伸起点"为"-800.0"，"拉

伸终点"为"800.0";绘制拉伸草图线,如图 2.69 所示;单击"模式"面板"完成编辑模式"按钮"√",完成拉伸形体 1 的创建。

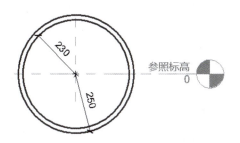

■ 图 2.69 拉伸形体 1 的拉伸草图线

>> STEP 03 切换到"参照标高"楼层平面视图;单击"创建"选项卡"形状"面板"放样"按钮,系统切换到"修改|放样"上下文选项卡;单击"放样"面板"绘制路径"按钮,系统切换到"修改|放样>绘制路径"上下文选项卡,绘制放样路径,如图 2.70 中①所示;单击"模式"面板"完成编辑模式"按钮"√",完成放样路径的绘制;单击"修改|放样"上下文选项卡"放样"面板"编辑轮廓"按钮,在"三维视图:视图 1"中绘制放样轮廓,如图 2.70 中②所示;单击"模式"面板"完成编辑模式"按钮"√",完成放样轮廓的绘制,再次单击"修改|放样"上下文选项卡"模式"面板"完成编辑模式"按钮"√",完成放样形体 2 的创建,如图 2.70 中③、④所示;同理,创建放样形体 3,如图 2.70 中⑤所示。

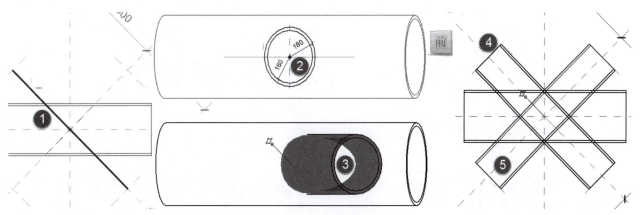

■ 图 2.70 创建放样形体 2、3

>> STEP 04 切换到"参照标高"楼层平面视图;单击"创建"选项卡"形状"面板"拉伸"按钮,系统自动切换到"修改|创建拉伸"上下文选项卡;设置左侧"属性"对话框中"约束"项下"拉伸起点"为"0.0","拉伸终点"为"-600.0";绘制拉伸草图线,如图 2.71 所示;单击"模式"面板"完成编辑模式"按钮"√",完成拉伸形体 4 的创建。

>> STEP 05 切换到"左"立面视图;单击"创建"选项卡"形状"面板"拉伸"按钮,系统自动切换到"修改|创建拉伸"上下文选项卡;设置左侧"属性"对话框中"约束"项下"拉伸起点"为"-25.0","拉伸终点"为"25.0";绘制拉伸草图线,如图 2.72 所示;单击"模式"面板"完成编辑模式"按钮"√",完成拉伸形体 5 的创建。

>> STEP 06 切换到"参照标高"楼层平面视图;拉伸形体 5 处于选中状态,单击"修改"面板"旋转"按钮,勾选选项栏中的"复制"选项,移动光标至旋转中心标记位置,按住鼠标左键不放将其拖拽至新的位置 A,松开鼠标左键可设置旋转中心的位置;然后单击确定起点旋转角边,再确定终点旋转角边,就能确定图

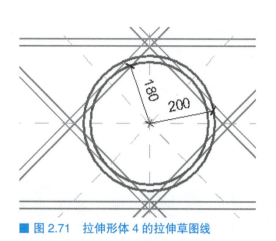

图2.71 拉伸形体4的拉伸草图线

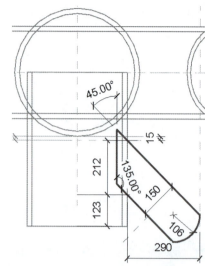

图2.72 拉伸形体5的拉伸草图线

元旋转后的位置,则创建了拉伸形体6(图2.73);同理创建拉伸形体7;删除拉伸形体5;切换到三维视图,查看创建的拉伸形体1,放样形体2、3,拉伸形体4和拉伸形体6、7的三维显示效果,如图2.74所示。

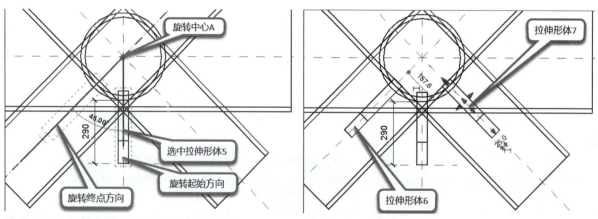

图2.73 旋转复制工具创建拉伸形体6、7

>> STEP 07 切换到"参照标高"楼层平面视图;单击"创建"选项卡"形状"面板"放样"按钮,系统切换到"修改|放样"上下文选项卡;单击"放样"面板"绘制路径"按钮,系统切换到"修改|放样>绘制路径"上下文选项卡,绘制放样路径,如图2.75中①所示;单击"模式"面板"完成编辑模式"按钮"√",完成放样路径的绘制。

>> STEP 08 单击"修改|放样"上下文选项卡"放样"面板"编辑轮廓"按钮,在"左"立面视图中绘制放样轮廓,如图2.75中②所示;单击"模式"面板"完成编辑模式"按钮"√",完成放样轮廓的绘制,再次单击"修改|放样"上下文选项卡"模式"面板"完成编辑模式"按钮"√",完成放样形体8的创建。

>> STEP 09 选中放样形体8,设置左侧"属性"对话框"标识数据"项下"实心/空心"右侧下拉列表为"空心",此时,放样形体8变成了空心放样形体8;单击"修改|空心 放样"上下文选项卡"几何图形"面板"剪切"下拉列表"剪切几何图形"按钮,勾选选项栏"多重剪切"复选框;首先选中空心放样形体8,接着同时选中放样形体2、3和拉伸形体4,则放样形体2、3和拉伸形体4被空心放样形体8剪切,如图2.76所示。

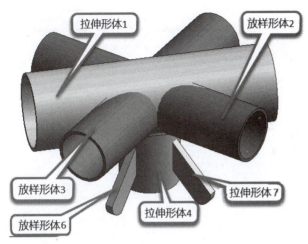

■ 图 2.74　拉伸形体 1，放样形体 2、3，拉伸形体 4 和拉伸形体 6、7

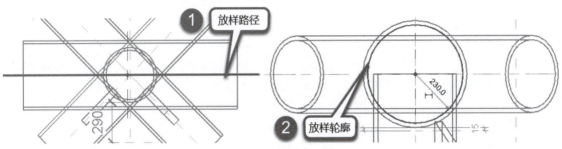

■ 图 2.75　放样形体 8 的创建

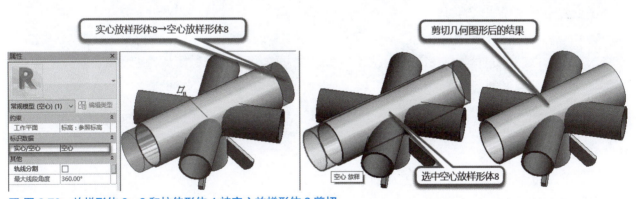

■ 图 2.76　放样形体 2、3 和拉伸形体 4 被空心放样形体 8 剪切

>> STEP 10　切换到"参照标高"楼层平面视图；单击"创建"选项卡"形状"面板"放样"按钮，系统切换到"修改 | 放样"上下文选项卡；单击"放样"面板"绘制路径"按钮，系统切换到"修改 | 放样 > 绘制路径"上下文选项卡，绘制放样路径，如图 2.77 中①所示；单击"模式"面板"完成编辑模式"按钮"√"，完成放样路径的绘制。

>> STEP 11　单击"修改 | 放样"上下文选项卡"放样"面板"编辑轮廓"按钮，在"三维视图：视图 1"中绘制放样轮廓，如图 2.77 中②所示；单击"模式"面板"完成编辑模式"按钮"√"，完成放样轮廓的绘制，再次单击"修改 | 放样"上下文选项卡"模式"面板"完成编辑模式"按钮"√"，完

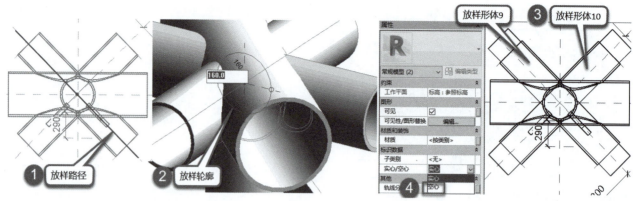

■ 图 2.77　放样形体 9、10 的创建

成放样形体 9 的创建；同理，创建放样形体 10，如图 2.77 中③所示。同时选中放样形体 9、10，设置左侧"属性"对话框"标识数据"项下"实心/空心"右侧下拉列表为"空心"，如图 2.77 中④所示，此时，放样形体 9、10 变成了空心放样形体 9、10。

» STEP 12　单击"修改|空心 放样"上下文选项卡"几何图形"面板"剪切"下拉列表"剪切几何图形"按钮，勾选选项栏"多重剪切"复选框；首先选中空心放样形体 9，接着同时选中放样形体 3 和拉伸形体 1，则放样形体 3 和拉伸形体 1 被空心放样形体 9 剪切；同理，放样形体 2 和拉伸形体 1 被空心放样形体 10 剪切，如图 2.78 所示。

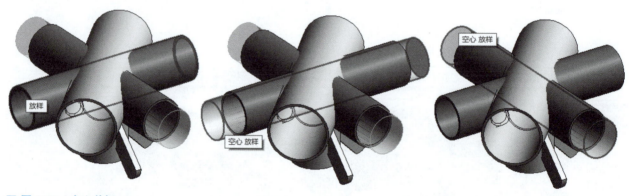

■ 图 2.78　空心剪切

» STEP 13　切换到三维视图，通过"连接几何图形"工具把拉伸形体 1，放样形体 2、3，拉伸形体 4 和拉伸形体 6、7 连接成为一个整体。

» STEP 14　将模型以"钢构节点+考生姓名.×××"为文件名保存至考生文件夹中。

2. 参数化建族

【第十一期第二题】

根据图 2.79 建立混凝土挡土墙参数化样板，混凝土强度为 C30，其中参数 a、b、c 可由用户调整，挡土墙长度自选合理值，请将模型以"挡土墙+考生姓名.×××"为文件名保存到考生文件夹中。（15 分）

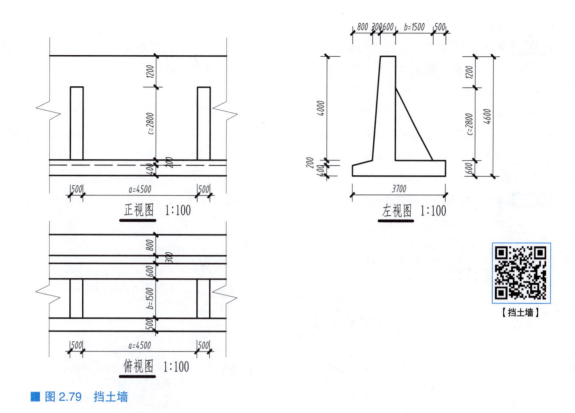

■ 图2.79 挡土墙

【建模思路】

本题建模思路如图 2.80 所示。

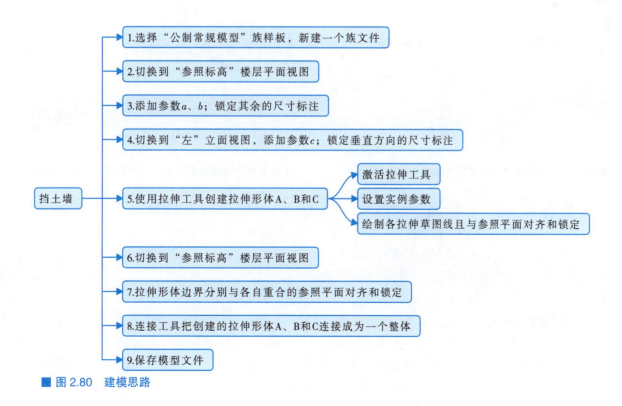

■ 图2.80 建模思路

【建模步骤】

> **STEP 01** 打开软件 Revit 2018；单击"族→新建"按钮，在打开的"新族-选择样板文件"对话框中选中"公制常规模型"族样板文件，接着单击"打开"按钮退出"新族-选择样板文件"对话框，系统自动切换到族编辑器建模界面的"参照标高"楼层平面视图。

> **STEP 02** 绘制参照平面；进行对齐尺寸标注；选中尺寸数值为"4500"的对齐尺寸标注，系统切换到"修改 | 尺寸标注"上下文选项卡，单击"标签尺寸标注"面板中的"创建参数"按钮，在弹出的"参数属性"对话框中设置"名称"为"a"，则参数 a 创建完毕，如图 2.81 所示。同理添加参数 b；锁定其余的尺寸标注，结果如图 2.82 所示。

> **STEP 03** 切换到"左"立面视图，绘制参照平面，添加对齐尺寸标注，添加参数 c。锁定垂直方向的尺寸标注，如图 2.83 所示。

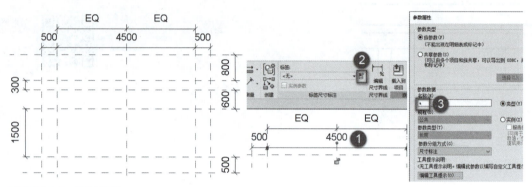

图 2.81　添加参数 a

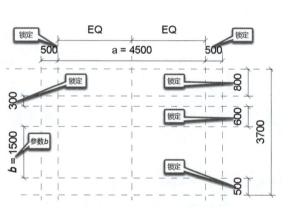

图 2.82　添加参数 b 和锁定其余尺寸标注

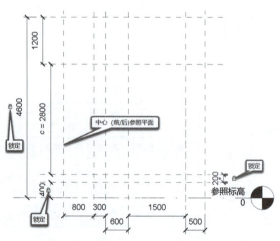

图 2.83　添加参数 c 和锁定垂直方向的尺寸标注

> **STEP 04** 单击"创建"选项卡"形状"面板"拉伸"按钮，系统自动切换到"修改 | 创建拉伸"上下文选项卡；设置左侧"属性"对话框中"约束"项下"拉伸起点"为"-5000.0"，"拉伸终点"为"5000.0"；设置左侧"属性"对话框中"材质和装饰"项下"材质"为"C30 混凝土"；绘制各拉伸草图线且与参照平面对齐和锁定，如图 2.84 中①所示；单击"模式"面板"完成编辑模式"按钮"√"，完成拉伸形体 A 的创建，如图 2.84 中②所示。

> **STEP 05** 单击"创建"选项卡"形状"面板"拉伸"按钮，系统自动切换到"修改 | 创建拉伸"上下文选项卡；设置左侧"属性"对话框中"约束"项下"拉伸起点"为"-2250.0"，"拉伸终点"为"-2750.0"；设置左侧"属性"对话框中"材质和装饰"项下"材质"为"C30 混凝土"；绘制各拉伸草图线且与参照平面对齐和锁定，如图 2.85 中①所示；单击"模式"面板"完成编辑模式"按钮"√"，完成拉伸形体 B 的创建，如图 2.85 中②所示。同理，创建拉伸形体 C。

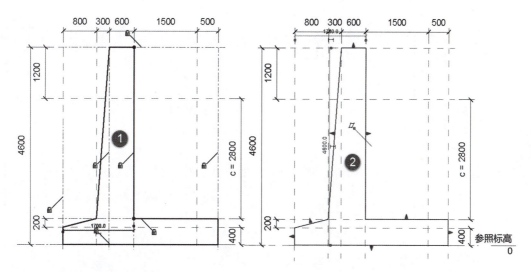

■ 图 2.84 创建拉伸形体 A

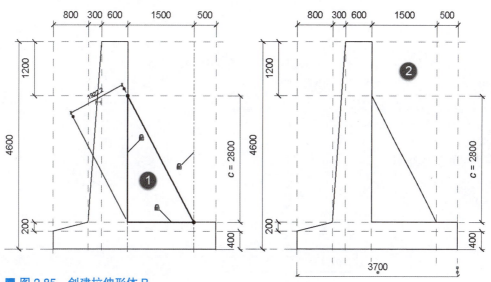

■ 图 2.85 创建拉伸形体 B

» STEP 06 切换到"参照平面"楼层平面视图；单击"修改"选项卡"修改"面板"对齐"按钮，拉伸形体边界分别与各自重合的参照平面对齐和锁定，如图 2.86 所示。

» STEP 07 单击快速访问工具栏中" "按钮，切换到三维视图状态；单击"修改"选项卡"几何图形"面板"连接"下拉列表"连接几何图形"按钮，先选中拉伸形体 A，再同时选中拉伸形体 B 和 C，则拉伸形体 A、拉伸形体 B 和拉伸形体 C 连接成为一个整体。通过 View Cube 变换观察方向，查看创建的挡土墙三维模型显示效果。

» STEP 08 单击快速访问工具栏中"保存"按钮，将模型以"挡土墙+考生姓名.×××"为文件名保存在考生文件夹中。

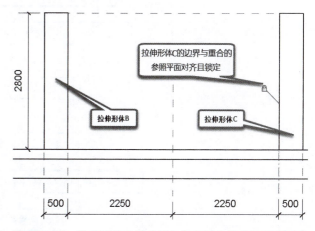

■ 图 2.86 拉伸形体边界分别与各自重合的参照平面对齐和锁定

【第十三期第一题】

根据图 2.87 所示的图纸、参数及默认尺寸，建立混凝土桥墩模型，混凝土强度等级取 C30，横梁下缘为圆弧，限制 $w=b+2a$，$h=h1+h2$。请将模型以"桥墩+考生姓名.×××"为文件名保存到考生文件夹中。（15 分）

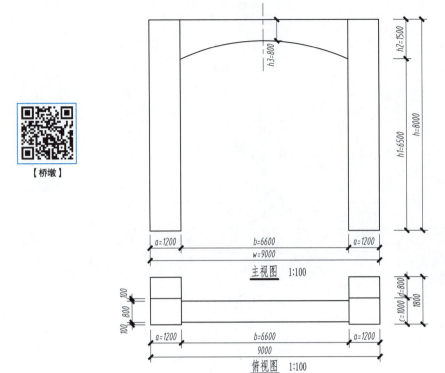

【桥墩】

■ 图 2.87 桥墩

【建模思路】

本题建模思路如图 2.88 所示。

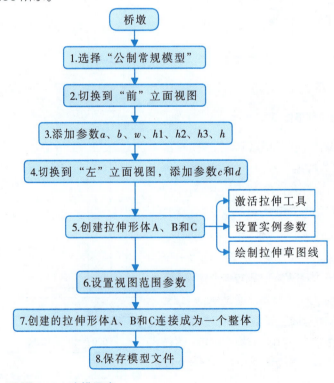

■ 图 2.88 建模思路

【建模步骤】

STEP 01 打开软件 Revit 2018；单击"族→新建"按钮，在打开的"新族 - 选择样板文件"对话框中选中"公制常规模型"族样板文件,接着单击"打开"按钮退出"新族-选择样板文件"对话框,系统自动切换到族编辑器建模界面的"参照标高"楼层平面视图。

>> STEP 02 切换到"前"立面视图;绘制参照平面;添加对齐尺寸标注;选中尺寸数值为"1200"的对齐尺寸标注,系统切换到"修改|尺寸标注"上下文选项卡,单击"标签尺寸标注"面板中的"创建参数"按钮,在弹出的"参数属性"对话框中设置"名称"为"a",则参数 a 创建完毕,如图 2.89 所示。同理,添加其余参数,如图 2.90 所示。

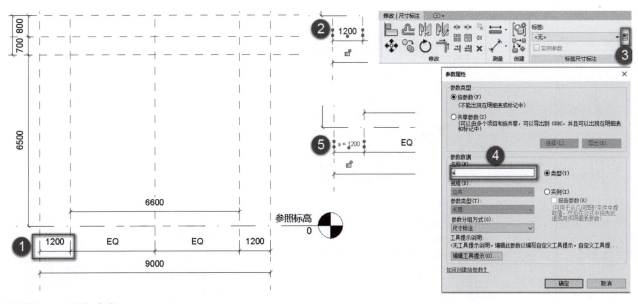

■ 图 2.89 添加参数 a

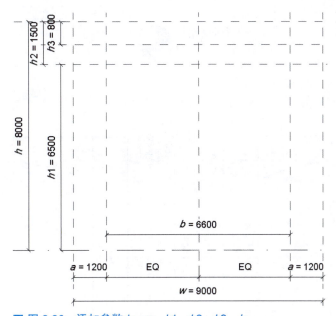

■ 图 2.90 添加参数 b、w、h1、h2、h3、h

>> STEP 03 切换到"左"立面视图;绘制参照平面;添加对齐尺寸标注;添加参数 c 和 d。单击"属性"面板"族类型"按钮,在弹出的"族类型"对话框中设置"w"和"h"的公式分别为"=2×a+b"和"=h1+h2"。

>> STEP 04 单击"创建"选项卡"形状"面板"拉伸"按钮,系统自动切换到"修改|创建拉伸"上下文选项卡;设置左侧"属性"对话框中"约束"项下"拉伸起点"为"3300.0","拉伸终点"为"4500.0";设置左侧"属性"对话框中"材质和装饰"项下"材质"为"C30 混凝土";绘制各拉伸草图线且与参照平面对齐和锁定,如

图 2.91 所示;单击"模式"面板"完成编辑模式"按钮"√",完成拉伸形体 A 的创建。同理,创建拉伸形体 B。

>> STEP 05 切换到"前"立面视图;单击"创建"选项卡"形状"面板"拉伸"按钮,系统自动切换到"修改 | 创建拉伸"上下文选项卡;设置左侧"属性"对话框中"约束"项下"拉伸起点"为"-100.0","拉伸终点"为"-900.0";设置左侧"属性"对话框中"材质和装饰"项下"材质"为"C30 混凝土";绘制各拉伸草图线且与参照平面对齐和锁定;添加参数 e,且设置"族类型"对话框中"e"的公式为"=h2-h3",如图 2.92 所示;单击"模式"面板"完成编辑模式"按钮"√",完成拉伸形体 C 的创建。

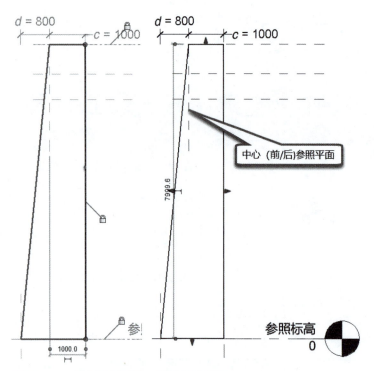

■ 图 2.91　绘制拉伸形体 A 的拉伸草图线

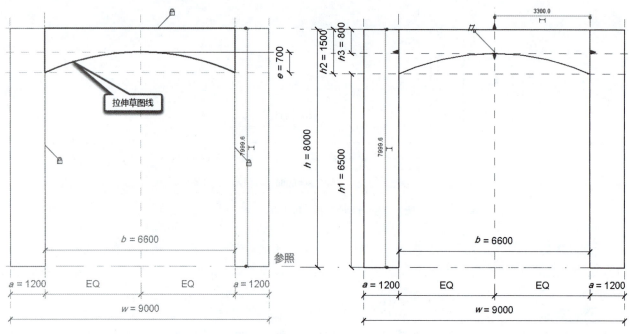

■ 图 2.92　绘制拉伸形体 C 的拉伸草图线和添加参数 e

>> STEP 06 切换到"参照标高"楼层平面视图;拉伸形体创建完成之后,发现"参照标高"楼层平面视图中并没有完全显示拉伸形体;单击左侧"属性"对话框中的"范围"项下的"视图范围→编辑"按钮,在弹出的"视图范围"对话框中设置"主要范围→顶部→无限制",设置"主要范围→剖切面→偏移→20000.0",如图2.93所示,则拉伸形体在"参照标高"楼层平面视图中显示出来了。

>> STEP 07 单击"修改"选项卡"几何图形"面板"连接"下拉列表"连接几何图形"按钮,先选中拉伸形体A,再同时选中拉伸形体B和C,则拉伸形体A、拉伸形体B和拉伸形体C连接成为一个整体。

>> STEP 08 单击快速访问工具栏中"保存"按钮,将模型以"桥墩+考生姓名.×××"为文件名保存在考生文件夹中。

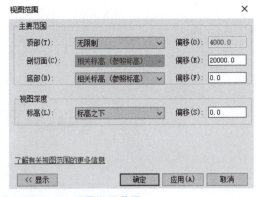

■ 图2.93 设置视图范围

【第十八期第一题】

请根据图2.94创建阶形高杯独立基础参数化模板,W、Wa、Wb、Wc、H、h、h1需设置为参数,未标明尺寸不作要求。请将模型以"独立基础+考生姓名.×××"为文件名保存到考生文件夹中。(10分)

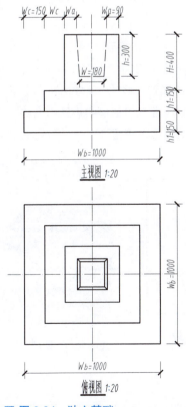

■ 图2.94 独立基础

【独立基础】

【建模思路】

本题建模思路如图2.95所示。

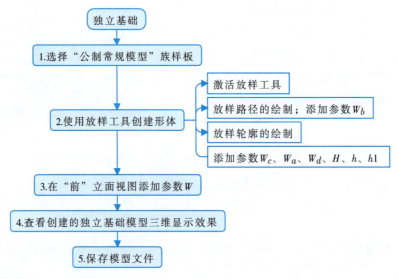

■ 图 2.95 建模思路

【建模步骤】

> **STEP 01** 打开软件 Revit 2018；单击"族→新建"按钮，在打开的"新族 - 选择样板文件"对话框中选中"公制常规模型"族样板文件，接着单击"打开"按钮退出"新族 - 选择样板文件"对话框，切换到"参照标高"楼层平面视图。

> **STEP 02** 单击"创建"选项卡"形状"面板"放样"按钮，系统切换到"修改 | 放样"上下文选项卡；单击"放样"面板"绘制路径"按钮，系统切换到"修改 | 放样 > 绘制路径"上下文选项卡，绘制放样路径。添加对齐尺寸标注；选中数值为"1000"的对齐尺寸标注，系统切换到"修改 | 尺寸标注"上下文选项卡，单击"标签尺寸标注"面板中的"创建参数"按钮，在弹出的"参数属性"对话框中设置"名称"为"W_b"，则参数 W_b 创建完毕，如图 2.96 所示；单击"模式"面板"完成编辑模式"按钮"√"，完成放样路径的绘制。

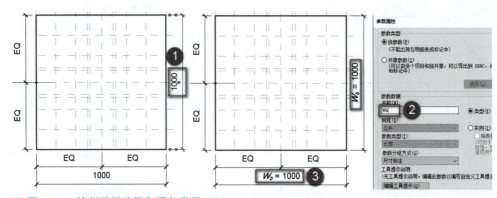

■ 图 2.96 绘制放样路径和添加参数 W_b

> **STEP 03** 单击"修改 | 放样"上下文选项卡"放样"面板"编辑轮廓"按钮，在系统弹出的"转到视图"对话框中单击"立面：前→打开视图"按钮，退出"转到视图"对话框后系统自动切换到"修改 | 放样 > 编辑轮廓"上下文选项卡且打开了"前"立面视图；选择"线"绘制方式绘制放样轮廓；添加参数 W_c、W_a、W_d、H、h、$h1$，如图 2.97 所示；单击"模式"面板"完成编辑模式"按钮"√"，完成放样轮廓的绘制；再次单击"修改 | 放样"上下文选项卡"模式"面板"完成编辑模式"按钮"√"，完成放样形体的创建。

> **STEP 04** 切换到"前"立面视图；添加对齐尺寸标注；添加参数 W，如图 2.98 所示。

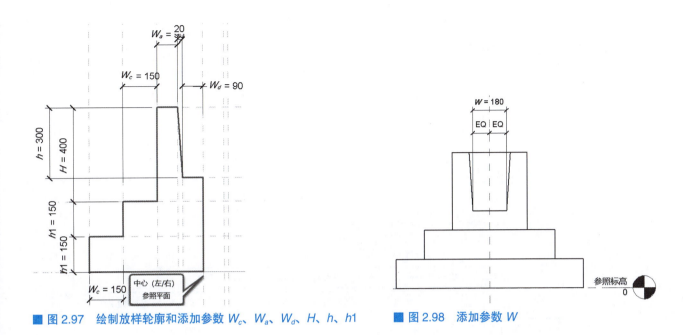

■ 图 2.97　绘制放样轮廓和添加参数 W_c、W_a、W_d、H、h、$h1$

■ 图 2.98　添加参数 W

STEP 05 切换到三维视图，查看创建的独立基础三维显示效果；单击快速访问工具栏中"保存"按钮，在弹出的"另存为"对话框中将建立的模型以"独立基础+考生姓名.×××"为文件名保存至本题考生文件夹中。

3. 创建钢结构梁柱及其节点模型（包括螺栓放置）

【第八期第四题】

根据图 2.99 给定的投影尺寸，创建梁柱及其节点模型。梁的长度、柱的高度及其他未标注尺寸取合理值即可。请将模型文件以"梁柱节点.×××"为文件名保存到考生文件夹中。（15 分）

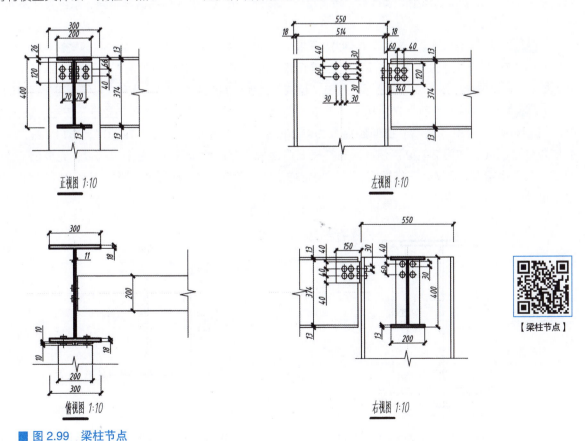

■ 图 2.99　梁柱节点

【建模思路】

本题建模思路如图 2.100 所示。

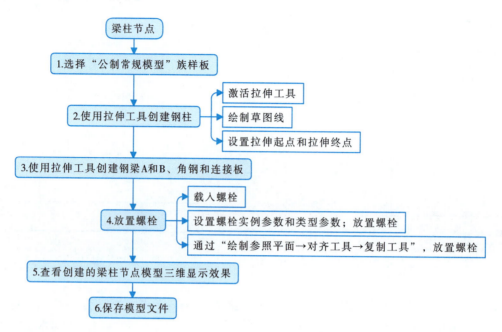

图 2.100　建模思路

【建模步骤】

STEP 01 打开软件 Revit 2018 的应用界面，单击"族→新建"按钮，在打开的"新族-选择样板文件"对话框中选择"公制常规模型"族样板，接着单击"打开"按钮，进入族编辑器界面，系统默认进入"参照标高"楼层平面视图。

STEP 02 单击"创建"选项卡"形状"面板"拉伸"按钮，系统切换到"修改|创建拉伸"上下文选项卡；设置左侧"属性"对话框中"约束"项下"拉伸起点"为"0.0"，"拉伸终点"为"1000.0"；选择"线"绘制方式，绘制拉伸草图线，如图 2.101 所示；单击"模式"面板"完成编辑模式"按钮"√"，完成钢柱的创建。

STEP 03 切换到"前"立面视图，单击"创建"选项卡"形状"面板"拉伸"按钮，设置左侧"属性"对话框中"约束"项下"拉伸起点"为"295.0"，"拉伸终点"为"795.0"；选择"线"绘制方式，绘制拉伸草图线，如图 2.102 所示；单击"模式"面板"完成编辑模式"按钮"√"，完成钢梁 A 的创建。同理，创建钢梁 B。切换到三维视图，设置视觉样式为"着色"，查看创建的钢柱、钢梁 A 和钢梁 B 的三维显示效果。

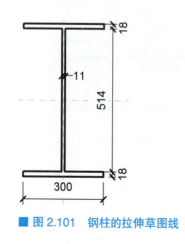

图 2.101　钢柱的拉伸草图线

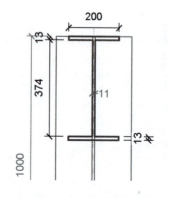

图 2.102　钢梁 A 的拉伸草图线

>> STEP 04 切换到"参照标高"楼层平面视图,单击"创建"选项卡"形状"面板"拉伸"按钮,系统切换到"修改|创建拉伸"上下文选项卡;设置左侧"属性"对话框中"约束"项下"拉伸起点"为"854.0","拉伸终点"为"974.0";选择"线"绘制方式,绘制拉伸草图线,如图2.103所示;单击"模式"面板"完成编辑模式"按钮"√",完成角钢的创建。

>> STEP 05 单击"创建"选项卡"形状"面板"拉伸"按钮,系统切换到"修改|创建拉伸"上下文选项卡;设置左侧"属性"对话框中"约束"项下"拉伸起点"为"613.0","拉伸终点"为"987.0";选择"线"绘制方式,绘制拉伸草图线,如图2.104所示;单击"模式"面板"完成编辑模式"按钮"√",完成连接板的创建。

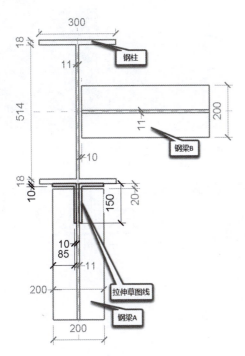

■ 图2.103 角钢的拉伸草图线

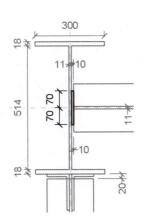

■ 图2.104 连接板的拉伸草图线

>> STEP 06 切换到三维视图;单击"创建"选项卡"模型"面板"构件"按钮,在弹出的"项目中未载入构件族。是否要现在载入?"提示对话框中选择"是";载入"China→结构→结构连接→钢"文件夹下的"普通C级六角头螺栓"构件族,在弹出的"指定类型"对话框中选择"M24",如图2.105中①所示;确认构件的类型为"普通C级六角头螺栓 M24",设置左侧"属性"对话框"尺寸标注"项下"长度"为"28.0",如图2.105中②所示;单击"编辑类型"按钮,在弹出的"类型属性"对话框中设置"尺寸标注"项下"s"为"30.0","d2"为"32.0",如图2.105中③所示。

>> STEP 07 单击"修改|放置 构件"上下文选项卡"放置"面板"放置在面上"按钮,将鼠标置于角钢一个方向的表面上,放置螺栓,如图2.106所示。

>> STEP 08 同理,将鼠标置于角钢另外一个方向的表面上,放置螺栓,设置左侧"属性"对话框"尺寸标注"项下"长度"为"31.0",如图2.107所示。旋转三维视图方向至合适位置;同理,将鼠标置于连接板的表面上,放置螺栓,设置左侧"属性"对话框"尺寸标注"项下"长度"为"21.0"。

>> STEP 09 切换到"前"立面视图,通过"绘制参照平面→对齐工具→复制工具",放置螺栓;同理,切换到"右"立面视图,通过"绘制参照平面→对齐工具→复制工具",放置螺栓。放置的螺栓如图2.108所示。

>> STEP 10 切换到三维视图,查看创建的梁柱节点模型三维显示效果;单击快速访问工具栏中"保存"按钮,在弹出的"另存为"对话框中将建立的模型以"梁柱节点模型.×××"为文件名保存在考试文件夹中。

■ 图2.106 放置螺栓

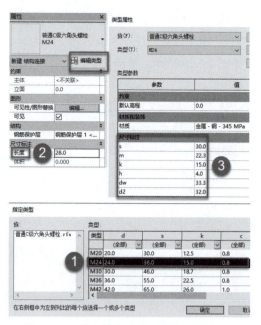

■ 图2.105 载入螺栓族和设置实例、类型参数

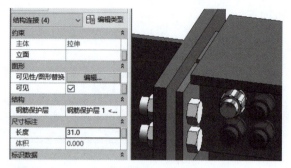

■ 图2.107 设置螺栓长度

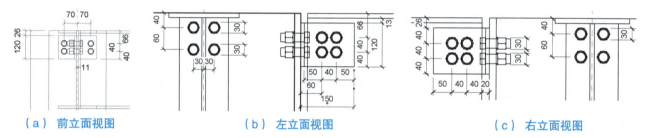

（a）前立面视图　　　　　　　（b）左立面视图　　　　　　　（c）右立面视图

■ 图2.108 放置的螺栓

【第十期第二题】

请根据图2.109创建钢柱节点模型，钢材强度等级取Q345，底座混凝土强度等级为C25，底座深度、螺栓锚固深度及钢柱高度等自行选择合理值，请将模型以"钢柱节点.×××"为文件名保存到考生文件夹中。（15分）

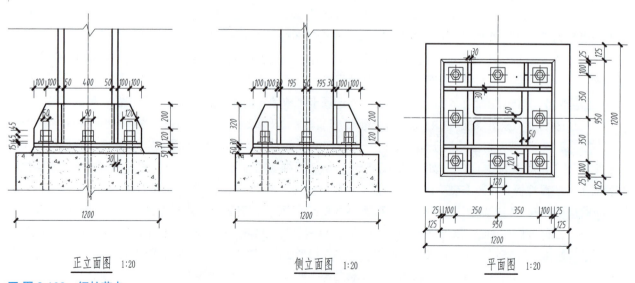

正立面图 1:20　　　　　　　侧立面图 1:20　　　　　　　平面图 1:20

■ 图2.109 钢柱节点

【建模思路】

本题建模思路如图 2.110 所示。

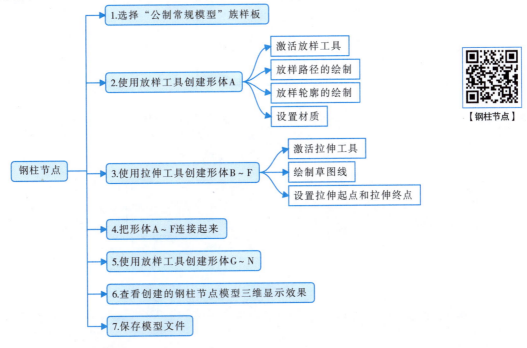

■ 图 2.110　建模思路

【建模步骤】

>> STEP 01　打开软件 Revit 2018；单击"族→新建"按钮，在打开的"新族 - 选择样板文件"对话框中选中"公制常规模型"族样板文件，接着单击"打开"按钮退出"新族 - 选择样板文件"对话框，系统自动切换到族编辑器建模界面的"参照标高"楼层平面视图。

>> STEP 02　单击"创建"选项卡"形状"面板"放样"按钮，系统切换到"修改 | 放样"上下文选项卡；单击"放样"面板"绘制路径"按钮，系统切换到"修改 | 放样 > 绘制路径"上下文选项卡，选择"矩形"绘制方式绘制"1200x1200"矩形放样路径，如图 2.111 所示。单击"模式"面板"完成编辑模式"按钮"√"，完成放样路径的绘制。

>> STEP 03　单击"修改 | 放样"上下文选项卡"放样"面板"编辑轮廓"按钮，在系统弹出的"转到视图"对话框中单击"立面：前→打开视图"按钮，退出"转到视图"对话框后系统自动切换到"修改 | 放样 > 编辑轮廓"上下文选项卡且打开了"前"立面视图；选择"线"绘制方式绘制放样轮廓，如图 2.112 所示；设置左侧"属性"对话框中"材质和装饰"项下"材质"为"C25 混凝土"；单击"模式"面板"完成编辑模式"按钮"√"，完成放样轮廓的绘制；再次单击"修改 | 放样"上下文选项卡"模式"面板"完成编辑模式"按钮"√"，完成放样形体 A 的创建。

>> STEP 04　切换到"参照标高"楼层平面视图；单击"创建"选项卡"形状"面板"拉伸"按钮，设置左侧"属性"对话框中"约束"项下"拉伸起点"为"380.0"，"拉伸终点"为"1380.0"；设置左侧"属性"对话框中"材质和装饰"项下"材质"为"Q345"；选择"线"绘制方式，绘制拉伸草图线，如图 2.113 所示；单击"模式"面板"完成编辑模式"按钮"√"，完成拉伸形体 B 的创建。

>> STEP 05　切换到"前"立面视图；单击"创建"选项卡"形状"面板"拉伸"按钮，设置左侧"属性"对话框中"约束"项下"拉伸起点"为"220.0"，"拉伸终点"为"250.0"；设置左侧"属性"对话框中"材质和装饰"项下"材质"为"Q345"；选择"线"绘制方式，绘制拉伸草图线，如图 2.114 所示；单击"模式"面板"完成编辑模式"按钮"√"，完成拉伸形体 C 的创建。同理，创建拉伸形体 D。

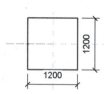

■ 图2.111 放样形体A的矩形放样路径

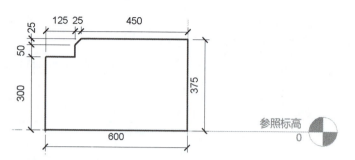

■ 图2.112 放样形体A的放样轮廓

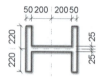

■ 图2.113 拉伸形体B的拉伸草图线

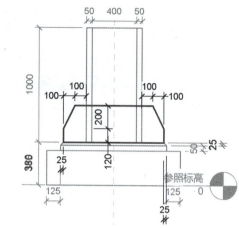

■ 图2.114 拉伸形体C的拉伸草图线

» STEP 06 切换到"左"立面视图；单击"创建"选项卡"形状"面板"拉伸"按钮，设置左侧"属性"对话框中"约束"项下"拉伸起点"为"220.0"，"拉伸终点"为"250.0"；设置左侧"属性"对话框中"材质和装饰"项下"材质"为"Q345"；选择"线"绘制方式，绘制拉伸草图线，如图2.115所示；单击"模式"面板"完成编辑模式"按钮√，完成拉伸形体E的创建。同理，创建拉伸形体F。

» STEP 07 切换到三维视图，通过"连接几何图形"工具把放样形体A、拉伸形体B~F连接成为一个整体，如图2.116所示。

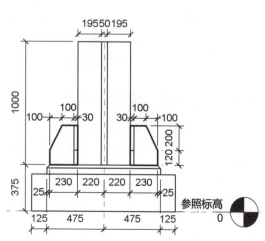

■ 图2.115 拉伸形体E的拉伸草图线

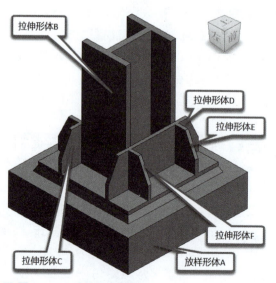

■ 图2.116 连接几何图形

>> STEP 08 切换到"参照标高"楼层平面视图;单击"创建"选项卡"形状"面板"放样"按钮,系统切换到"修改 | 放样"上下文选项卡;单击"放样"面板"绘制路径"按钮,系统切换到"修改 | 放样 > 绘制路径"上下文选项卡,选择"矩形"绘制方式绘制"120x120"矩形放样路径,如图 2.117 所示。单击"模式"面板"完成编辑模式"按钮"√",完成放样路径的绘制。

>> STEP 09 单击"修改 | 放样"上下文选项卡"放样"面板"编辑轮廓"按钮,在系统弹出的"转到视图"对话框中单击"立面:前→打开视图"按钮,退出"转到视图"对话框后系统自动切换到"修改 | 放样 > 编辑轮廓"上下文选项卡且打开了"前"立面视图;选择"线"绘制方式绘制放样轮廓,如图 2.118 所示;设置左侧"属性"对话框中"材质和装饰"项下"材质"为"Q345";单击"模式"面板"完成编辑模式"按钮"√",完成放样轮廓的绘制;再次单击"修改 | 放样"上下文选项卡"模式"面板"完成编辑模式"按钮"√",完成放样形体 G 的创建。同理,创建放样形体 H~N,如图 2.119 所示。

>> STEP 10 切换到三维视图,查看创建的钢柱节点模型三维显示效果,如图 2.120 所示。

>> STEP 11 将模型以"钢柱节点.×××"为文件名保存至考生文件夹中。

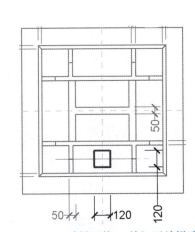

■ 图 2.117 放样形体 G 的矩形放样路径

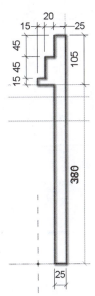

■ 图 2.118 放样形体 G 的放样轮廓

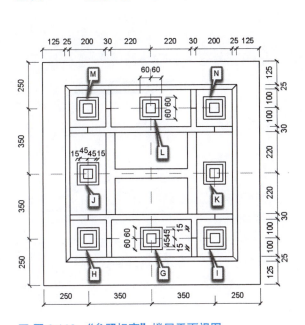

■ 图 2.119 "参照标高"楼层平面视图

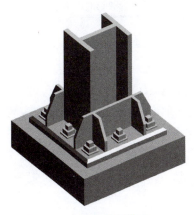

■ 图 2.120 钢柱节点模型

4. 钢桁架、钢网架模型的创建

【第九期第三题】

【钢管桁架】

请根据图 2.121 建立钢管桁架模型。图中右立面下弦杆轴线为圆弧曲线，半径为 15000mm，其他未标出的尺寸可取合理值，请将模型以"钢桁架"为文件名保存到考生文件夹中。注：为清楚表达模型尺寸，正立面图仅绘出了弧形下弦杆端点和中点的球铰投影。（20分）

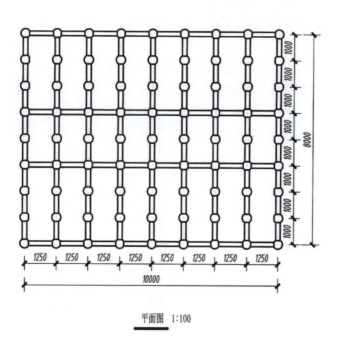

平面图 1:100

右立面图 1:100

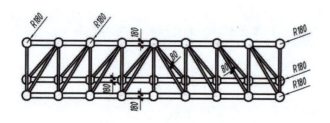

正立面图（简化） 1:100

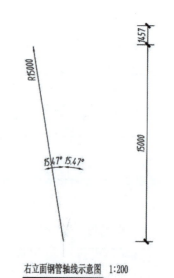

右立面钢管轴线示意图 1:200

■ 图 2.121 钢管桁架

【建模思路】

本题建模思路如图 2.122 所示。

【建模步骤】

▶STEP 01 打开软件 Revit 2018，单击"族→新建"按钮，打开"新族 - 选择样板文件"对话框，选择"公制常规模型"族样板，接着单击"打开"按钮，进入族编辑器界面，系统默认进入"参照标高"楼层平面视图。

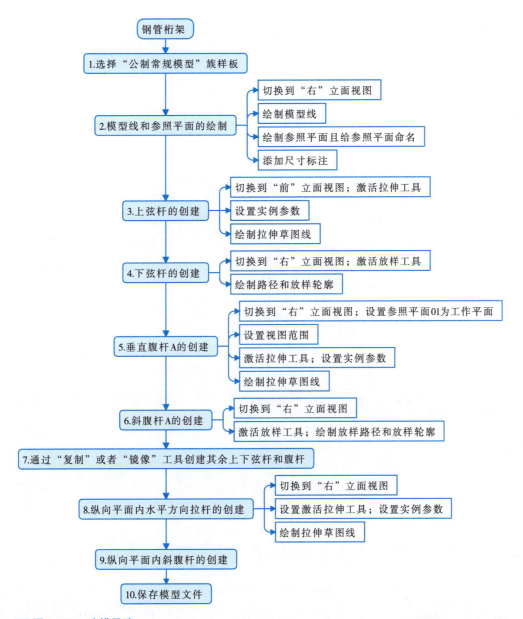

■ 图2.122 建模思路

>> STEP 02 切换到"右"立面视图;单击"创建"选项卡"模型"面板"模型线"按钮,绘制模型线;单击"创建"选项卡"基准"面板"参照平面"按钮,使用"线"方式创建参照平面01~06以及A~D,如图2.123所示。

>> STEP 03 切换到"前"立面视图。

>> STEP 04 单击"创建"选项卡"形状"面板"拉伸"按钮,系统切换到"修改|创建拉伸"上下文选项卡;设置左侧"属性"对话框中"约束"项下"拉伸起点"为"-4000.0","拉伸终点"为"4000.0";设置左侧"属性"对话框中"材质和装饰"项下"材质"为"樱桃木";确认左侧"属性"对话框中"约束"项下"工作平面"为"参照平面:中心(前/后)"。

>> STEP 05 绘制以"参照平面06"和"参照平面:中心(左/右)"交点为圆心,半径为90.0mm的圆形拉伸草图线,单击"模式"面板"完成编辑模式"按钮"√",完成上弦杆的创建。

>> STEP 06 切换到"右"立面视图。

>> STEP 07 单击"创建"选项卡"形状"面板"放样"按钮,系统切换到"修改|放样"上下文选项卡。

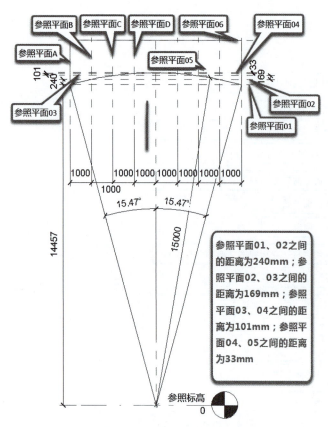

■ 图 2.123 绘制模型线和参照平面

>> STEP 08 单击"放样"面板"绘制路径"按钮,系统切换到"修改 | 放样 > 绘制路径"上下文选项卡,绘制放样路径,如图 2.124 中①所示;单击"模式"面板"完成编辑模式"按钮"√",完成放样路径的绘制。

>> STEP 09 单击"修改 | 放样"上下文选项卡"放样"面板"编辑轮廓"按钮,在系统弹出的"转到视图"对话框中单击"立面:前→打开视图"按钮,退出"转到视图"对话框后系统自动切换到"修改 | 放样 > 编辑轮廓"上下文选项卡且打开了"前"立面视图;绘制以"参照平面 05"和"参照平面:中心(左/右)"交点为圆心,半径为 90.0mm 的圆形放样轮廓,如图 2.124 中②所示。

>> STEP 10 设置左侧"属性"对话框中"材质和装饰"项下"材质"为"樱桃木";单击"模式"面板"完成编辑模式"按钮"√",完成放样轮廓的绘制;再次单击"修改 | 放样"上下文选项卡"模式"面板"完成编辑模式"按钮"√",完成下弦杆的创建,如图 2.124 中③所示。

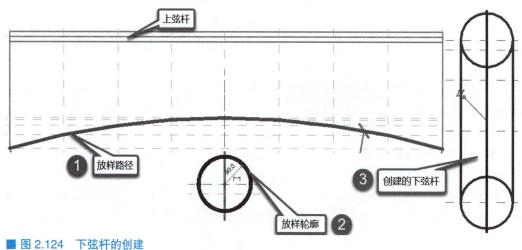

■ 图 2.124 下弦杆的创建

>> STEP 11 设置参照平面 01 为工作平面,系统自动切换到"参照标高"楼层平面视图。

>> STEP 12 在左侧的"属性"对话框中,选择属性过滤器下拉列表为"楼层平面:参照标高",单击左侧"属性"对话框"范围"项下"视图范围"右侧的"编辑"按钮,在弹出的"视图范围"对话框中设置"主要范围"项下"顶部"为"无限制","剖切"右侧"偏移"为"20000.0",单击"确定"按钮退出"视图范围"对话框。

>> STEP 13 单击"创建"选项卡"形状"面板"拉伸"按钮,系统切换到"修改 | 创建拉伸"上下文选项卡。

>> STEP 14 设置左侧"属性"对话框中"约束"项下"拉伸起点"为"0.0","拉伸终点"为"2000.0";

确认左侧"属性"对话框"约束"项下"工作平面"为"参照平面01"。

>> STEP 15 绘制以"参照平面A"和"参照平面：中心（前/后）"交点为圆心，半径为40.0mm的圆形拉伸草图线，如图2.125中①所示；单击"模式"面板"完成编辑模式"按钮"√"，完成垂直腹杆A的创建，如图2.125中②所示；同理，创建其余8根垂直腹杆。

>> STEP 16 切换到"右"立面视图。

>> STEP 17 单击"创建"选项卡"形状"面板"放样"按钮，单击"放样"面板"绘制路径"按钮，绘制放样路径，如图2.126中①所示，单击"模式"面板"完成编辑模式"按钮"√"，完成放样路径的绘制。

>> STEP 18 切换到三维视图。

>> STEP 19 单击"修改|放样"上下文选项卡"放样"面板"编辑轮廓"按钮，在放样轮廓所在的工作平面上绘制半径为40mm的圆形放样轮廓，如图2.126中②所示；单击"模式"面板"完成编辑模式"按钮"√"，完成放样轮廓的绘制；再次单击"修改|放样"上下文选项卡"模式"面板"完成编辑模式"按钮"√"，完成斜腹杆A的创建。同理，创建其余斜腹杆。

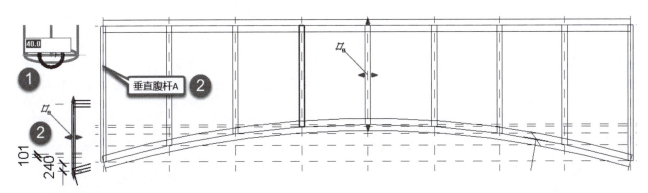

■ 图2.125 垂直腹杆A的创建

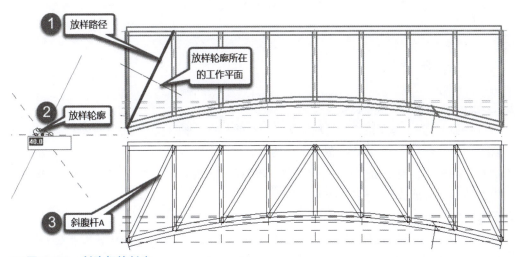

■ 图2.126 斜腹杆的创建

>> STEP 20 切换到"参照标高"楼层平面视图；通过复制或者镜像工具，创建其余位置的上弦杆、下弦杆和腹杆，如图2.127所示。

>> STEP 21 切换到"右"立面视图。

>> STEP 22 单击"创建"选项卡"形状"面板"拉伸"按钮，系统切换到"修改|创建拉伸"上下文选项卡。

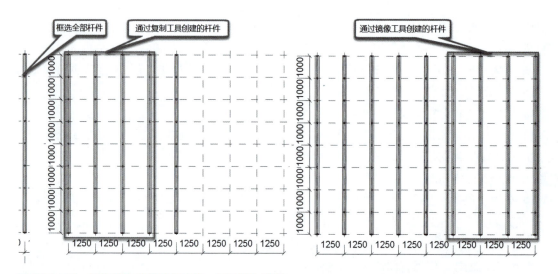

■ 图 2.127 创建其余位置的上弦杆、下弦杆和腹杆

»STEP 23 设置左侧"属性"对话框中"约束"项下"拉伸起点"为"-5000.0","拉伸终点"为"5000.0";设置左侧"属性"对话框中"材质和装饰"项下"材质"为"樱桃木";确认左侧"属性"对话框"约束"项下"工作平面"为"参照平面：中心（左/右）";绘制 8 个半径为 90.0mm 的圆形拉伸草图线；单击"模式"面板"完成编辑模式"按钮"√"，完成纵向平面内水平方向拉杆的创建，如图 2.128 所示。

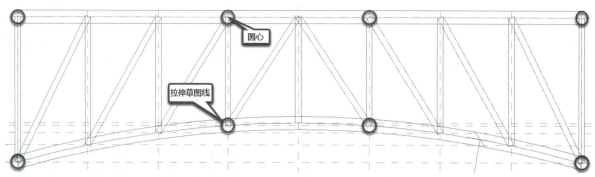

■ 图 2.128 纵向平面内水平方向拉杆草图线

»STEP 24 切换到"参照标高"楼层平面视图。

»STEP 25 设置"参照平面 A"为工作平面，系统自动切换到"前"立面视图。

»STEP 26 单击"创建"选项卡"形状"面板"放样"按钮。

»STEP 27 单击"放样"面板"绘制路径"按钮，绘制放样路径，如图 2.129 中①所示；单击"模式"面板"完成编辑模式"按钮"√"，完成放样路径的绘制。

»STEP 28 切换到三维视图。

»STEP 29 单击"修改 | 放样"上下文选项卡"放样"面板"编辑轮廓"按钮，在放样轮廓所在的工作平面上绘制半径为 40mm 的圆形放样轮廓，如图 2.129 中②所示；单击"模式"面板"完成编辑模式"按钮"√"，完成放样轮廓的绘制。

»STEP 30 再次单击"修改 | 放样"上下文选项卡"模式"面板"完成编辑模式"按钮"√"，完成纵向平面内斜腹杆 A 的创建，如图 2.129 中③所示。同理，创建"参照平面 A"所在纵向平面内其余斜腹杆，如图 2.129 中④所示。

»STEP 31 同理，创建"参照平面 D"所在纵向平面内的 8 根斜腹杆，如图 2.130 所示。同理，创建其余纵向平面内的斜腹杆。

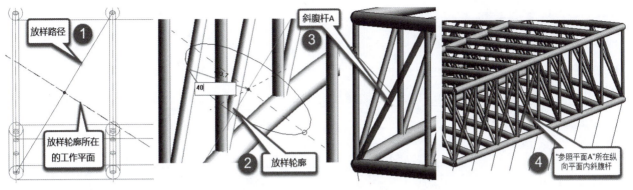

■ 图 2.129 纵向平面内斜腹杆 A 的创建

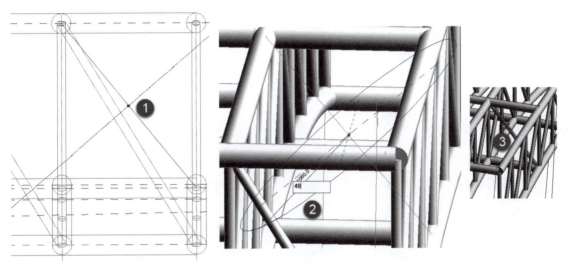

■ 图 2.130 创建"参照平面 D"所在纵向平面内的 8 根斜腹杆

>> STEP 32 切换到"右"立面视图。

>> STEP 33 单击"创建"选项卡"形状"面板"旋转"按钮,系统切换到"修改|创建旋转"上下文选项卡。

>> STEP 34 设置左侧"属性"对话框中"材质和装饰"项下"材质"为"樱桃木";确认左侧"属性"对话框"约束"项下"工作平面"为"参照平面:中心(左/右)"。

>> STEP 35 绘制边界线和轴线,如图 2.131 所示,单击"模式"面板"完成编辑模式"按钮"√",完成球铰 A 的创建。

>> STEP 36 通过"复制"工具创建"参照平面:中心(左/右)"上的一榀钢管桁架上的其余位置的球铰,如图 2.132(a)所示。切换到"参照标高"楼层平面视图,通过"复制"工具创建该平面其余位置的球铰,如图 2.132(b)所示。

>> STEP 37 单击快速访问工具栏中"保存"按钮,将模型以"钢桁架"为文件名保存在考生文件夹中。

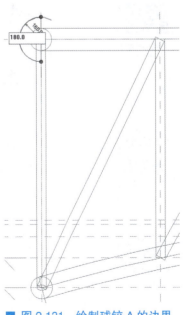

■ 图 2.131 绘制球铰 A 的边界线和轴线

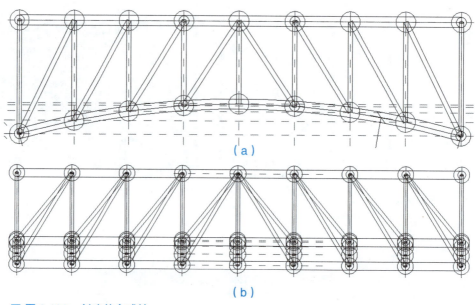

■ 图 2.132 创建其余球铰

二、考试试题实战演练

【第九期第一题】根据图 2.133 所示的平面图及立面图,基于结构板建立 270°坡道模型,坡道厚度为 200mm,混凝土强度等级取 C35,请将模型以"弧形坡道"为文件名保存到考生文件夹中。(15 分)

【弧形坡道】

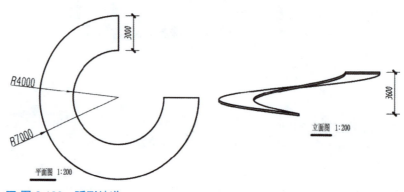

■ 图 2.133 弧形坡道

【混凝土墩台】

【第十二期第三题】墩台是支撑上部柱、桥墩等构件的重要结构形式,请根据图 2.134,建立混凝土墩台模型,混凝土强度等级为 C30,请将模型以"混凝土墩台+考生姓名.×××"为文件名保存到考生文件夹中。(20 分)

【第十二期第一题】根据图 2.135 所示的混凝土梁正视图与侧视图,建立混凝土梁构件参数化模板,混凝土强度等级取 C30,并根据图 2.135 设置相应参数名称,各参数默认值为:$H=700mm$,$H1=H2=125mm$,$H3=275mm$,$H4=B4=75mm$,$H5=100mm$,$B3=125mm$,$B1=400mm$,$B2=300mm$,$B=150mm$,同时应对各参数进行约束,确保细部参数总和等于总体尺寸参数。请将模型以"混凝土梁+考生姓名.×××"为文件名保存到考生文件夹中。(15 分)

【混凝土梁】

【第十五期第二题】根据图 2.136,创建箱梁参数化模板,圆弧应与翼缘下边缘和箱梁左右两侧侧边相切,W、W'、w、w'、H、D、d、d'、f 需设置为参数,未标明尺寸不作要求。请将模型文件以"箱梁+考生姓名.×××"为文件名保存到考生文件夹中。(15 分)

【箱梁】

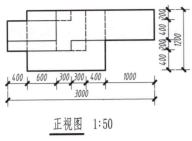
正视图 1:50

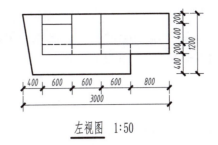
左视图 1:50

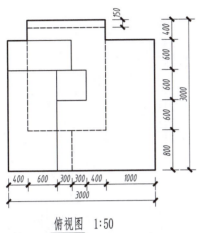
俯视图 1:50

■ 图2.134 混凝土墩台

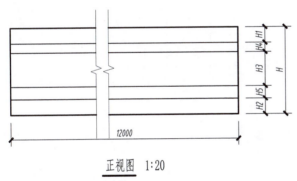
正视图 1:20

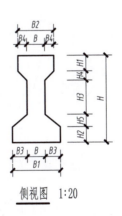
侧视图 1:20

■ 图2.135 混凝土梁

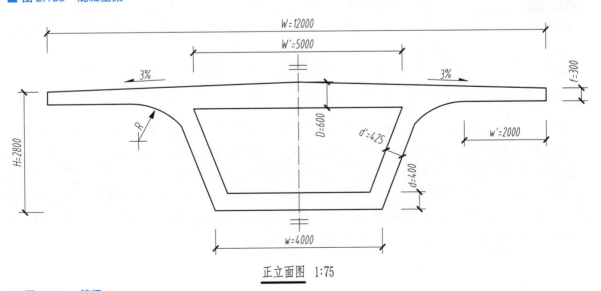
正立面图 1:75

■ 图2.136 箱梁

【第十七期第二题】根据图 2.137 创建桥塔模型，将 $d1\sim d4$，$w1\sim w3$，$h1\sim h3$ 设置为参数，定位基点为 A 点，倒角尺寸自定，未标明尺寸不作要求，混凝土强度等级取 C50。请将模型以"桥塔 + 考生姓名.×××"为文件名保存到考生文件夹中。（15 分）

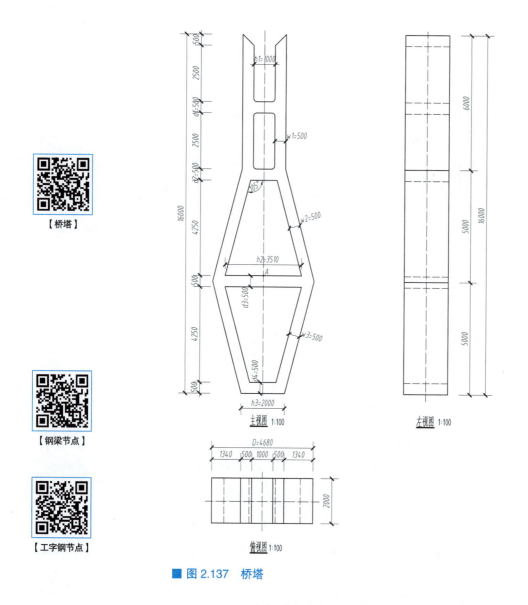

■ 图 2.137　桥塔

【第十一期第三题】根据图 2.138 所示尺寸，建立钢梁节点模型，腹板、翼缘、连接板厚度统一取 30mm，钢材强度等级取 Q235，螺栓尺寸、型号以及钢梁倒角尺寸自行选择合理值（螺栓及螺母外轮廓之间应留有一定空隙），请将模型以"钢梁节点.×××"为文件名保存到考生文件夹中。（20 分）

【第十三期第二题】根据图 2.139，创建工字钢及其节点模型。工字钢的长度及其他未标注尺寸取合理值即可，钢材强度等级取 Q235，螺栓尺寸自行选择合理值（螺栓及螺母外轮廓之间应留有一定空隙）。请将模型文件以"工字钢节点.×××"为文件名保存到考生文件夹中。（15 分）

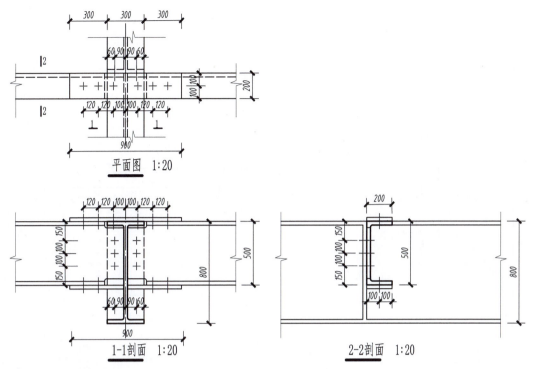

■ 图 2.138 钢梁节点

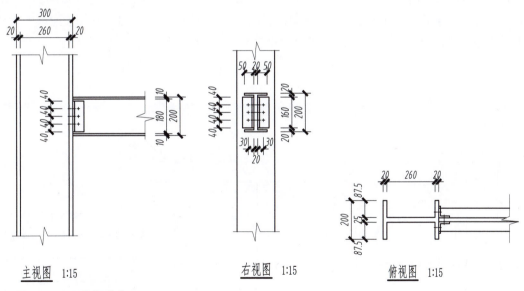

■ 图 2.139 工字钢节点

【第十五期第三题】请根据图 2.140 创建工字钢及其节点模型,钢材强度等级取 Q235,螺栓尺寸及造型、锚固深度和钢柱高度自行选择合理值,未标明尺寸不作要求,请将模型以"工字钢节点 + 考生姓名 .×××"为文件名保存到考生文件夹中。(20 分)

【工字钢节点】

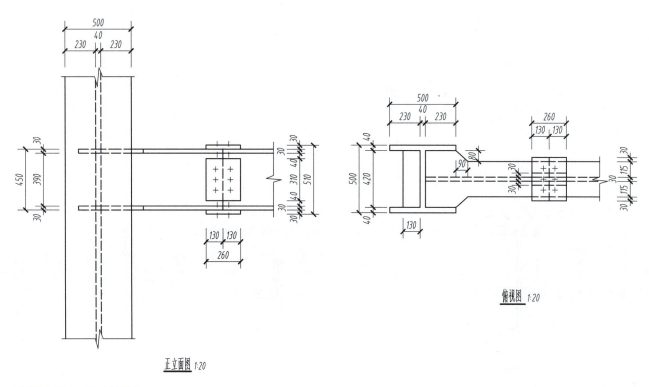

■ 图 2.140 工字钢节点

【第十八期第二题】请根据图 2.141 创建工字钢及其节点模型，钢材强度等级取 Q235，螺栓尺寸及造型、锚固深度和钢柱高度自行选择合理值，未标明尺寸不作要求。请将模型以"工字钢节点＋考生姓名.×××"为文件名保存到考生文件夹中。（20 分）

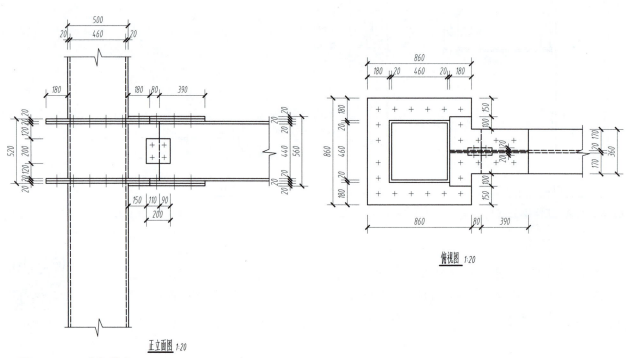

■ 图 2.141 工字钢节点

【第十二期第二题】根据图 2.142，建立钢网架模型并创建钢材用量明细表。其中球铰直径为 200mm，钢材强度等级取 HRB435；杆件尺寸统一取外径为 80mm、内径为 70mm，钢材强度等级取 HRB335，请将模型以"钢网架+考生姓名.×××"为文件名保存到考生文件夹中。（15 分）

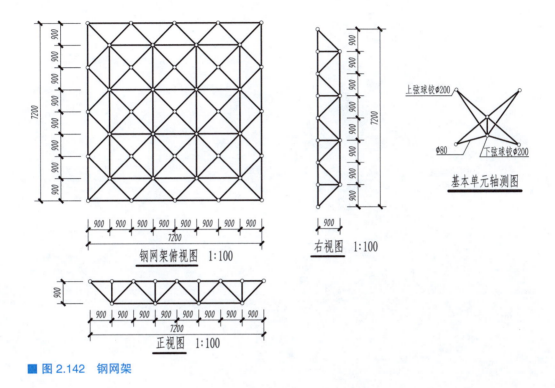

■ 图 2.142　钢网架

为了节省篇幅，请扫描二维码"十九期～二十三期真题"学习结构族创建相关题目。

内建模型和概念体量

【模型文件下载】

在全国 BIM 技能等级考试（二级结构）试题中，如"按照给出的投影图和配筋图，创建牛腿柱模型。模型应包含混凝土材质信息和钢筋信息"这样要求的题目，须通过内建模型的方法，创建结构构件模型，再在此基础上创建钢筋模型，因此必须掌握内建模型的创建方法。

Revit 提供了体量工具，用于快速建立概念模型。在全国 BIM 技能等级考试（二级结构）中一般不会专门对概念体量的创建进行考察，编者考虑到某些考试题目若是用概念体量工具创建模型较为简单，故在此专门对概念体量进行讲解。

概念体量的创建过程与族的创建过程十分相似，也可以为体量模型添加参数，以方便在调用时通过参数调节体量形状，添加参数的过程与添加族参数的过程一样。

专项考点数据统计

专项考点——内建模型和概念体量数据统计见表 3.1。

表 3.1 专项考点——内建模型和概念体量数据统计

期数	题目	题目数量	难易程度	备注
第十三期	第三题★：建立三心拱模型，并输出工程量明细表	1	中等	建立明细表
第十四期	第一题★：建立椭圆形混凝土坡道模型样板	1	困难	参数化驱动
第十六期	第一题★：创建 8 字筋模型	1	困难	参数化驱动
第十九期	第二题★：建立三心拱模型，并添加参数 w、h、t	1	中等	参数化驱动；此题与第十三期第三题高度相似，请读者务必重视历年考试试题的训练和学习。

说明：表格中加★的考试试题，除了用族工具来创建，还可以用概念体量工具来创建；本表格不包括配筋的构件模型创建题目。

通过本专项考点的学习，熟练掌握内建模型和概念体量创建的方法。

第一节 内建模型

【内建模型】

内建模型是自定义族，需要在项目环境中创建。为满足需要，可在项目文件中创建多个内建模型，但是这会降低软件的运行速度。

单击"文件→新建→项目"按钮，如图 3.1 所示；在打开的"新建项目"对话框中选择"样板文件"为"结构样板"，"新建"为"项目"，如图 3.2 所示；单击"确定"按钮，关闭"新建项目"对话框，系统自动打开了创建项目模型的界面。

单击"结构"选项卡"构件"下拉列表"内建模型"按钮，如图 3.3 所示；系统自动弹出"族类别和族参数"对话框，在其中选择族的类别，如选择"结构柱"，如图 3.4 所示，单击"确定"按钮，弹出"名称"对话框，可以使用其中的默认名称，如图 3.5 所示，也可自定义名称，单击"确定"按钮，退出"名称"对话框，进入族编辑器界面，如图 3.6 所示。

■ 图 3.1 "文件→新建→项目"按钮

■ 图 3.2 "新建项目"对话框

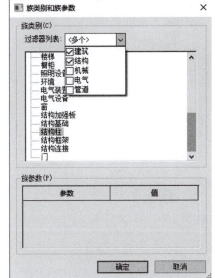

■ 图 3.3 "内建模型"按钮   ■ 图 3.4 "族类别和族参数"对话框   ■ 图 3.5 "名称"对话框

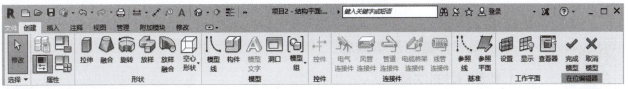

■ 图 3.6 族编辑器界面

> **小贴士** ▶▶▶
> 在族编辑器"创建"选项卡"形状"面板中提供了各类创建族模型的工具,如拉伸、融合、旋转等,通过调用这些工具,完成创建族模型的操作;族模型创建完成后,单击"在位编辑器"面板"完成模型"按钮"√",完成内建模型的创建,退出族编辑器回到项目环境中。

内建模型创建完成后可到项目浏览器中查看,单击展开"族"列表,选择族类别,可在其中查看新建的内建模型,如创建了"结构柱"内建族后,可到"结构柱"族类别中查看,如图 3.7 所示。

> **小贴士** ▶▶▶
> ① 内建模型不需要像可载入族一样创建复杂的族框架,不需要创建太多的参数,但还是要添加必要的尺寸和材质参数,以便在项目文件中直接通过族的图元属性参数进行编辑。
> ② 虽然可以在项目中创建、复制及放置无限多个内建模型,但是项目中包含多个内建模型,会使得系统的运行速度降低,因此应慎重创建内建模型。

图 3.7 项目浏览器

第二节 概念体量

【概念体量的
基本概念】

一、概念体量的基本概念

1. 概念体量的相关概念

（1）概念设计环境：为建筑师提供创建可集成到建筑信息模型（BIM）中的参数化族体量的环境。通过这种环境，可以直接对设计中的点、边和面进行灵活操作，形成可构建的形状，选用 Revit 软件自带的"公制体量"族样板创建概念体量（体量族）的环境即为概念设计环境的一种。

（2）体量：用于观察、研究和解析建筑形式，Revit 提供了内建体量和体量族两种创建体量的方式。

（3）内建体量：用于表示项目独特的体量形状，随着项目保存于项目之内。

（4）创建体量族：采用"公制体量"族样板在体量族编辑器中创建，独立保存为后缀名为".rfa"的族文件，在一个项目中放置体量的多个实例或者在多个项目中需要使用同一体量时，通常使用可载入体量族。

（5）体量面：体量实例的表面，可直接添加建筑图元。

（6）体量楼层：在定义好的标高处穿过体量的水平面生成的楼层，提供了该水平面与下一个水平面或体量顶部之间的几何图形信息（如尺寸标注等）。

2. 体量的作用

（1）体量化：通过内建体量或者体量族实例，来表示建筑物或者建筑物群落，并且可以通过设计选项修改体量的材质和关联形式。

（2）纹理化：处理建筑的表面形式，对于存在重复性图元的建筑外观，可以通过纹理化填充实现快速生成，或者使用嵌套的智能子构件来分割体量表面，从而实现一些复杂的设计。

（3）构件化：可以通过"面模型"工具直接将建筑构件添加到体量形状当中，从带有可完全控制图元类别、类型和参数值的体量实例开始，生成楼板、屋顶、幕墙系统和墙。另外，当体量更改时可以完全控制这些图元的再生成。

总之，概念体量是 Revit 中非常重要的功能，了解概念体量的相关知识可以帮助读者灵活运用概念体量。

内建体量和体量族的区别和内建族与可载入族类似，体量楼层和体量面是概念设计阶段经常使用到的两个概念，体量的作用是体量的研究重点。

二、概念体量的创建

Revit 提供了内建体量和体量族两种创建体量的方式，与内建族和可载入族是类似的。

1. 新建内建体量

单击"体量和场地"选项卡"概念体量"面板"按视图 设置显示体量"下拉列表"显示体量 形状和楼层"按钮，如图 3.8 所示；单击"概念体量"面板"内建体量"按钮，在系统弹出的图 3.9 所示的"名称"对话框中输入内建体量的名称，然后单击"确定"按钮，即可进入内建体量的建模环境。

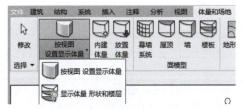

■ 图 3.8 激活"显示体量 形状和楼层"按钮

■ 图 3.9 "名称"对话框

> **小贴士** ▶▶▶
>
> 默认体量为不可见，为了创建体量，可先激活"显示体量 形状和楼层"模式；如果在单击"内建体量"时尚未激活"显示体量 形状和楼层"模式，则 Revit 会自动将"显示体量 形状和楼层"模式激活，并弹出"体量-显示体量已启用"的对话框，如图 3.10 所示，直接单击"关闭"按钮即可。
>
> 若单击"内建体量"按钮前，激活"显示体量 形状和楼层"按钮，则当单击"内建体量"按钮时，不会弹出"体量-显示体量已启用"对话框。

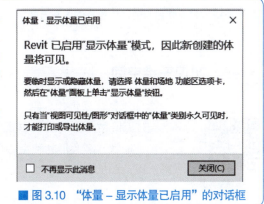

■ 图 3.10 "体量-显示体量已启用"的对话框

2. 创建体量族

单击"文件→新建→概念体量"按钮，在弹出的"新概念体量-选择样板文件"对话框中找到并选择"公制体量"的族样板，如图 3.11 所示，单击"打开"按钮进入概念体量建模环境。

> **小贴士** ▶▶▶
>
> 概念体量建模环境中的操作界面跟"结构样板"创建项目的建模操作界面有很多共同之处，这里强调的是在概念体量建模环境中的"绘图区"有三个工作平面，分别是"中心（左/右）""中心（前/后）"和"标高1"；当我们在"绘图区"操作时，需要选择和创建合适的工作平面来创建概念体量模型。

内建体量与创建体量族的区别与联系如图 3.12 所示。

【创建体量族】

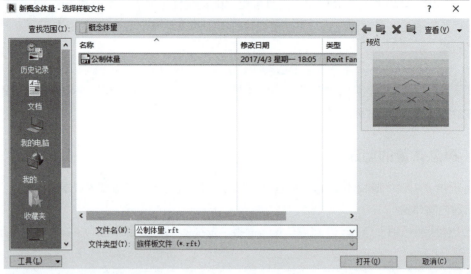

■ 图3.11 "公制体量"族样板

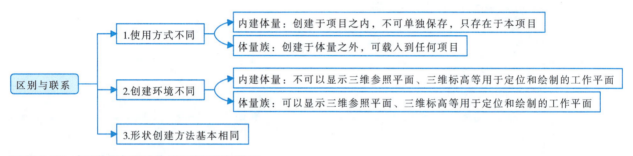

■ 图3.12 内建体量与创建体量族的区别与联系

三、初识三维空间

【初识三维空间】

概念体量建模环境，默认为三维视图。当需要创建三维标高定位高程时，选中已有三维标高，按住 Ctrl 键+鼠标左键垂直向上拖动光标，即可以复制多个三维标高，如图3.13所示。

创建形状（实心形状和空心形状）特点：无须指定方式，软件根据操作者的操作内容，自行判断，以可能的方式来生成形状。当多于一个结果时，会提供缩略图。

四、在面上绘制和在工作平面上绘制

在面上绘制即在模型图元的表面绘制，而在工作平面上绘制即在我们绘制的工作平面上绘制几何图形。

（1）使用模型线绘制时，在功能区有两种方式，即在面上绘制和在工作平面上绘制。激活"模型线"按钮，单击"在面上绘制"按钮，如图3.14所示，绘制圆，如图3.15所示。

（2）切换到"南"立面视图，在绘图区域绘制一个水平参照平面A；单击"修改"选项卡"工作平面"面板"设置"按钮，在弹出的"工作平面"对话框中勾选"拾取一个平面"选项，拾取刚绘制的参照平面A，在弹出的"转到视图"对话框中选择"楼层平面：标高1"，单击"打开视图"按钮，关闭"转到视图"对话框，系统自动切换到"标高1"楼层平面视图。

（3）激活"模型线"按钮，单击"在工作平面上绘制"按钮，确认选项栏"放置平面"为"参照平面：A"，如图3.16所示，绘制矩形模型线，如图3.17所示。

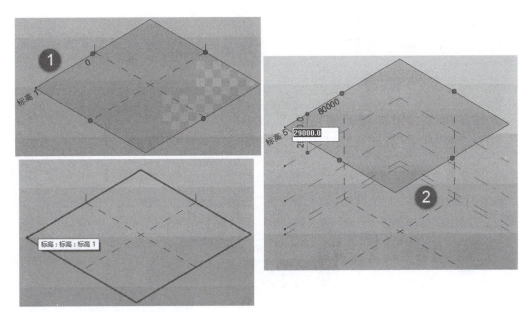

■ 图 3.13 复制多个三维标高

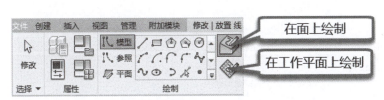

■ 图 3.14 单击"在面上绘制"按钮

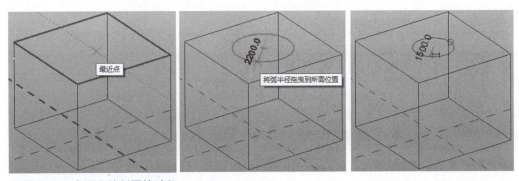

■ 图 3.15 在面上绘制圆的过程

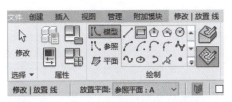

■ 图 3.16 在工作平面上绘制模型线

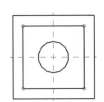

■ 图 3.17 矩形模型线

（4）切换到三维视图；选中图 3.18 中①所示的圆形模型线，单击"形状"面板"创建形状"下拉列表"实心形状"按钮，在出现的图 3.18 中③所示的缩略图"圆柱"和"球"中选择"圆柱"，则创建了一个实心圆柱体，如图 3.18 中④、⑤所示。

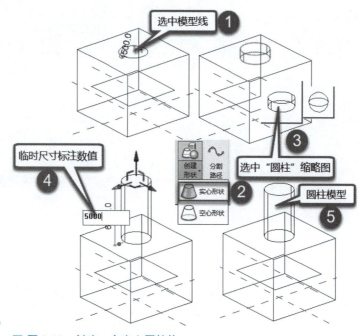

图 3.18 创建一个实心圆柱体

> **小贴士**
>
> 根据实际情况，选择合适的工作平面绘制模型线或参照线；选择绘制的这些模型线或参照线，单击"形状"面板"创建形状"下拉列表"实心形状"或者"空心形状"按钮，创建三维体量模型。

五、工作平面、模型线、参照线

工作平面、模型线、参照线是创建体量的基本要素。另外，在概念体量建模环境（体量族编辑器）中创建体量时，工作平面、模型线、参照线的使用比构件族的创建更加灵活，这也是体量族和构件族创建的最大区别。

1. 工作平面

工作平面是一个用作视图或绘制图元起始位置的虚拟二维表面。工作平面的形式包括模型表面所在面、三维标高、视图中默认的参照平面或绘制的参照平面、参照点上的工作平面。

1）模型表面所在面

模型表面所在面是拾取已有模型图元的表面所在面作为工作平面。在概念体量建模环境三维视图中，单击"创建"选项卡"工作平面"面板"设置"按钮，再拾取一个已有图元的一个表面来作为工作平面，单击激活"显示"按钮，该表面显示为蓝色，如图 3.19 所示。

> **小贴士**
>
> 在概念体量建模环境三维视图中，单击"创建"选项卡"工作平面"面板"设置"按钮后，直接默认为"拾取一个平面"，如果是在其他平面视图则会弹出"工作平面"对话框，需要手动选择"拾取一个平面"，或通过"指定新的工作平面"右边的"名称"来选择参照平面。

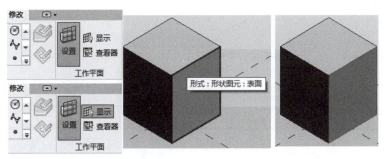

【工作平面】

■ 图 3.19　模型表面所在面

2）三维标高

在概念体量建模环境三维视图中，提供了三维标高平面，可以在三维视图中直接创建标高，三维标高平面可作为体量创建中的工作平面。

在概念体量建模环境的三维视图中，单击"创建"选项卡"基准"面板"标高"按钮，光标移动到绘图区域现有标高平面上方，光标下方会出现间距显示（临时尺寸标注），在"在位编辑器"中可直接输入间距数值，例如"30000"，即 30m，按 Enter 键即可完成三维标高的创建。

创建完成的标高，其高度可以通过修改标高下面的临时尺寸标注进行修改，同样，三维视图标高可以通过"复制"或"阵列"进行创建。

单击"创建"选项卡"工作平面"面板"设置"按钮，光标选择标高平面即可将标高平面设置为当前工作平面，单击激活"创建"选项卡"工作平面"面板"显示"按钮，可显示当前工作平面。

3）视图中默认的参照平面或绘制的参照平面

在概念体量建模环境三维视图中，可以直接选择与立面平行的"中心（前/后）"或"中心（左/右）"参照平面作为当前工作平面。

单击"创建"选项卡"工作平面"面板"设置"按钮，光标选择"中心（前/后）"或"中心（左/右）"参照平面即可将该面设置为当前工作平面，单击激活"创建"选项卡"工作平面"面板"显示"按钮，可显示当前工作平面。

在楼层平面视图中，通过单击"创建"选项卡"绘制"面板"参照平面"按钮，如图 3.20 所示，在绘图区域绘制参照平面，即可添加更多的"参照平面"作为工作平面。

4）参照点上的工作平面

每个参照点都有三个互相垂直的工作平面。单击"创建"选项卡"工作平面"面板"设置"按钮，光标放置在"参照点"位置，按 Tab 键可以切换选择"参照点"三个互相垂直的"参照面"作为当前工作平面，如图 3.21 所示。

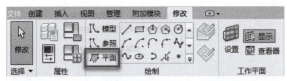

■ 图 3.20　添加"参照平面"作为工作平面

■ 图 3.21　参照点上的工作平面

2. 模型线、参照线

1）模型线

使用模型线工具绘制的闭合或不闭合的直线、矩形、多边形、圆、圆弧、样条曲线、椭圆、椭圆弧等都可以被用于创建体块或面。

激活"创建"选项卡"绘制"面板"模型线"按钮，可以分别单击"绘制"面板"线"和"矩形"按钮，如图 3.22 所示，绘制常用的直线和矩形模型线；内接多边形、外接多边形和圆形模型线的绘制，需要在绘图区域确定圆心，输入半径；另外"起点-终点-半径弧""圆角弧""椭圆"等按钮用于创建不同形式的弧线形状。

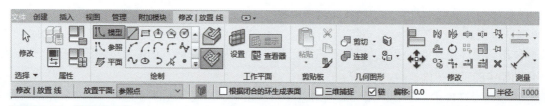

图 3.22 模型线工具

【模型线、参照线】

2）参照线

参照线用来创建新的体量或者作为创建体量的限制条件。参照线不是模型线。参照线实际上是两个平面垂直相交的相交线。

六、概念体量基本形状的创建

概念体量基本形状包括实心形状和空心形状。两种类型形状的创建方法是完全相同的，只是所表现的形状特征不同。实心形状与空心形状出现交集后可以剪切几何形体。图 3.23 所示为实心形状与空心形状。

【基本形状的创建】

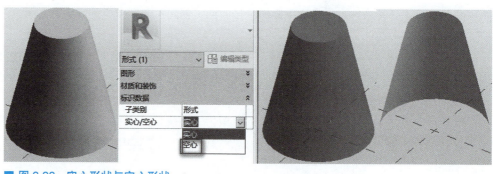

图 3.23 实心形状与空心形状

> **小贴士**
>
> "创建形状"工具将自动分析所拾取的草图。通过拾取绘制的模型线，可以生成拉伸、旋转、放样（扫描）、放样融合等多种形态的模型。例如，当选择两个位于平行平面的封闭轮廓时，Revit 将以这两个轮廓为端面，以融合的方式创建模型。

七、Revit 创建概念体量模型的方法

1. 拉伸

1）拉伸模型：单一截面轮廓（闭合）

当绘制的截面曲线为单个工作平面上的闭合轮廓时，Revit 将自动识别轮廓并创建拉伸模型。

【拉伸】

3 CHAPTER
内建模型和概念体量

STEP 01 打开软件 Revit 2018；单击"文件→新建→概念体量"按钮，在弹出的"新概念体量 - 选择样板文件"对话框中找到并选择"公制体量"的族样板，单击"打开"按钮进入概念体量建模环境。

STEP 02 切换到"标高 1"楼层平面视图且设置"标高 1"楼层平面视图为当前工作平面。

STEP 03 单击"创建"选项卡"绘制"面板"模型线"按钮，进入"修改 | 放置 线"上下文选项卡。

STEP 04 激活"在工作平面上绘制"按钮，确认选项栏"放置平面"为"标高：标高 1"。

STEP 05 在"绘制"面板中选择绘制的方式为"矩形"，绘制边长为 40000mm 的正方形模型线，如图 3.24 中①所示。

STEP 06 切换到三维视图；选中刚刚绘制的正方形模型线，系统切换到"修改 | 线"上下文选项卡。

STEP 07 单击"形状"面板"创建形状"下拉列表"实心形状"按钮，创建实心形状。

STEP 08 修改实心形状高度的临时尺寸数值为"40000"，如图 3.24 中③所示。

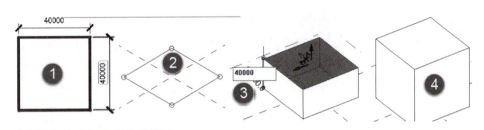

■ 图 3.24　创建实心拉伸模型

2）拉伸曲面：单一截面轮廓（开放）

STEP 01 打开软件 Revit 2018；单击"文件→新建→概念体量"按钮，在弹出的"新概念体量 - 选择样板文件"对话框中找到并选择"公制体量"的族样板，单击"打开"按钮进入概念体量建模环境。

STEP 02 设置"标高 1"楼层平面视图为当前工作平面。

STEP 03 单击"创建"选项卡"绘制"面板"模型线"按钮，进入"修改 | 放置 线"上下文选项卡。

STEP 04 激活"在工作平面上绘制"按钮，确认选项栏"放置平面"为"标高：标高 1"。

STEP 05 在"绘制"面板中选择绘制的方式为"圆心 - 端点弧"，绘制图 3.25 中①所示的开放轮廓。

STEP 06 切换到三维视图；单击刚刚绘制的开放轮廓，进入"修改 | 线"上下文选项卡。

STEP 07 单击"形状"面板"创建形状"下拉列表"实心形状"按钮，Revit 自动识别轮廓并自动创建图 3.25 中③所示的拉伸曲面。

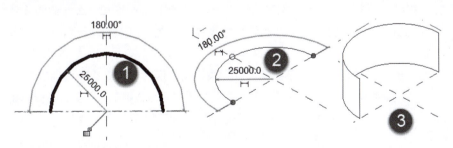

■ 图 3.25　创建拉伸曲面

2. 旋转

如果在同一工作平面上绘制一条直线和一个封闭轮廓，将会创建旋转模型；如果在同一工作平面上绘制一条直线和一个开放的轮廓，将会创建旋转曲面。直线可以是模型直线，也可以是参照直线，此直线会被 Revit 识别为旋转轴。

【旋转】

STEP 01 打开软件 Revit 2018；单击"文件→新建→概念体量"按钮，在弹出的"新概念

113

体量-选择样板文件"对话框中找到并选择"公制体量"的族样板,单击"打开"按钮进入概念体量建模环境。

STEP 02 设置"标高1"楼层平面视图为当前工作平面。

STEP 03 切换到"标高1"楼层平面视图。

STEP 04 单击"创建"选项卡"绘制"面板"模型线"按钮,进入"修改|放置 线"上下文选项卡。

STEP 05 在"绘制"面板中选择绘制的方式为"线",绘制图3.26中①所示的封闭图形和与封闭图形不相交的直线。

STEP 06 切换到三维视图。

STEP 07 同时选中绘制的封闭图形和与封闭图形不相交的直线,如图3.26中②所示,系统自动切换到"修改|线"上下文选项卡。

STEP 08 单击"形状"面板"创建形状"下拉列表"实心形状"按钮,创建实心旋转模型,如图3.26中③所示。

STEP 09 选中旋转模型,进入"修改|形式"上下文选项卡。

STEP 10 单击"模式"面板"编辑轮廓"按钮,显示轮廓和直线,如图3.27中①所示。

STEP 11 通过View Cube工具将视图切换为上视图(三维视图状态),然后重新绘制封闭轮廓为圆形,如图3.27中②所示,单击"模式"面板"完成编辑模式"按钮,完成旋转模型的更改,结果如图3.27中③所示。

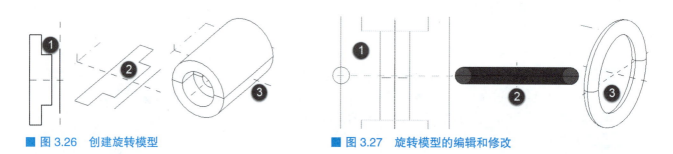

图3.26 创建旋转模型   图3.27 旋转模型的编辑和修改

STEP 12 单击"文件→新建→概念体量"按钮,在弹出的"新概念体量-选择样板文件"对话框中找到并选择"公制体量"的族样板,单击"打开"按钮进入概念体量建模环境。

STEP 13 切换到"标高1"楼层平面视图且设置"标高1"楼层平面视图为当前工作平面。

STEP 14 单击"创建"选项卡"绘制"面板"模型线"按钮,进入"修改|放置 线"上下文选项卡。

STEP 15 在"绘制"面板中选择绘制的方式为"线",绘制开放图形和直线,如图3.28中①所示。

STEP 16 切换到三维视图;同时选中开放图形和直线,如图3.28中②所示,进入"修改|线"上下文选项卡。

STEP 17 单击"形状"面板"创建形状"下拉列表"实心形状"按钮,在出现的图3.28中③所示的缩略图("旋转模型"和"融合模型")中选择"旋转模型",创建图3.28中④所示的旋转模型;同理,如创建图3.29中④所示的融合图,则在3.29中③所示的缩略图("旋转模型"和"融合模型")中选择"融合模型"。

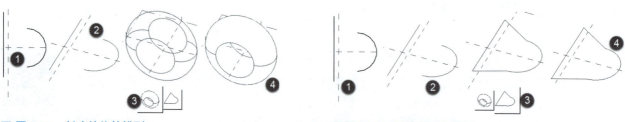

图3.28 创建的旋转模型   图3.29 创建的融合模型

3. 放样（扫描）

在概念设计环境中，放样要基于沿某个路径放样的二维轮廓创建。轮廓垂直于定义路径的一条或多条线而绘制。

【放样】

STEP 01 打开软件 Revit 2018；单击"文件→新建→概念体量"按钮，在弹出的"新概念体量 - 选择样板文件"对话框中找到并选择"公制体量"的族样板，单击"打开"按钮进入概念体量建模环境。

STEP 02 切换到"标高 1"楼层平面视图且设置"标高 1"楼层平面视图为当前工作平面。

STEP 03 单击"创建"选项卡"绘制"面板"模型线"按钮，进入"修改 | 放置 线"上下文选项卡。

STEP 04 在"绘制"面板中选择绘制的方式为"通过点的样条曲线"。

STEP 05 激活"在工作平面上绘制"按钮，然后放置一个点，如图 3.30 中①所示。

STEP 06 切换到三维视图；单击"工作平面"面板"设置"按钮，把光标放在刚刚绘制的"点"上，按 Tab 键切换，当显示与路径垂直的工作平面时单击，则此与路径垂直的工作平面将被设置为当前工作平面，如图 3.30 中②所示；单击"工作平面"面板"显示"按钮，显示设置的工作平面，如图 3.30 中③所示。

> **小贴士** ▶▶▶
> 实际上，在三维视图状态下，选中点，将显示垂直于路径的工作平面。

STEP 07 在"绘制"面板中选择绘制的方式为"圆形"，激活"在工作平面上绘制"按钮，绘制圆，如图 3.30 中④所示。

STEP 08 按住 Ctrl 键选中封闭轮廓（圆）和路径（样条曲线），单击"形状"面板"创建形状"下拉列表"实心形状"按钮，软件将自动完成放样（扫描）模型的创建，如图 3.30 中⑤所示。

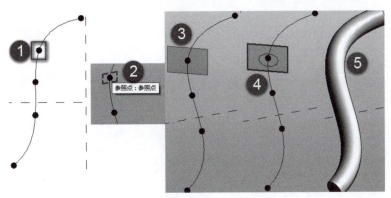

■ 图 3.30　放样（扫描）模型的创建

> **小贴士** ▶▶▶
> 若要编辑路径，请选中放样模型，然后单击"编辑轮廓"按钮，重新绘制放样路径即可；若需要编辑截面轮廓，请选中放样模型两个端面之一的封闭轮廓线，再单击"编辑轮廓"按钮，即可编辑轮廓形状和尺寸。
>
> 为了得到一个垂直于路径的工作平面，往往是先在路径上放置一个参照点，然后再指定该点的一个面作为绘制轮廓时的工作平面。

4. 放样融合

在概念设计环境中，放样融合要基于沿某个路径放样的两个或多个二维轮廓而创建。
轮廓垂直于用于定义路径的线。

【放样融合】

STEP 01 打开软件 Revit 2018；单击"文件→新建→概念体量"按钮，在弹出的"新概

念体量 - 选择样板文件"对话框中找到并选择"公制体量"的族样板,单击"打开"按钮进入概念体量建模环境。

STEP 02 切换到"标高1"楼层平面视图且设置"标高1"楼层平面视图为当前工作平面。

STEP 03 单击"创建"选项卡"绘制"面板"模型线"按钮,进入"修改|放置 线"上下文选项卡。

STEP 04 使用"创建"选项卡"绘制"面板中的工具,绘制路径。

STEP 05 单击"创建"选项卡"绘制"面板中的"点图元"按钮,确定"在工作平面上绘制",然后沿路径放置放样融合轮廓的参照点。

STEP 06 切换到三维视图;选择一个参照点拾取工作平面并在其工作平面上绘制一个闭合轮廓;以同样的方式,绘制其余参照点的轮廓。

STEP 07 选择路径和轮廓,单击"修改|线"选项卡"形状"面板"创建形状"下拉列表"实心形状"按钮,创建放样融合模型,如图3.31所示。

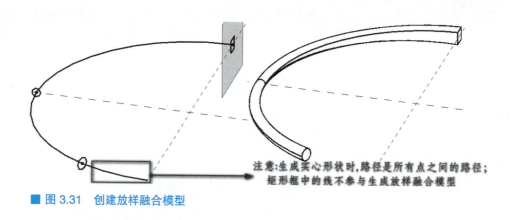

■ 图 3.31　创建放样融合模型

八、实心与空心的剪切

一般情况下,空心模型将自动剪切与之相交的实心模型,也可以手动剪切创建的实心模型,如图3.32所示。

【剪切】

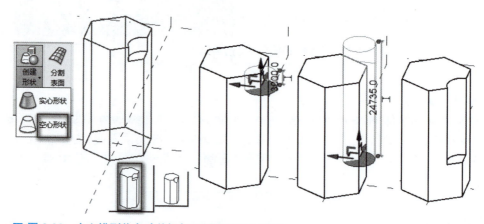

■ 图 3.32　空心模型将自动剪切与之相交的实心模型

>> STEP 01 打开软件 Revit 2018；单击"文件→新建→概念体量"按钮，在弹出的"新概念体量 - 选择样板文件"对话框中找到并选择"公制体量"族样板，单击"打开"按钮进入概念体量建模环境。

>> STEP 02 切换到"标高 1"楼层平面视图且设置"标高 1"楼层平面视图为当前工作平面。

>> STEP 03 单击"创建"选项卡"绘制"面板"模型线"按钮，进入"修改 | 放置 线"上下文选项卡。

>> STEP 04 使用"创建"选项卡"绘制"面板中的工具，绘制几何图形 A 和 B；切换到三维视图；选中几何图形 A，单击"修改 | 线"选项卡"形状"面板"创建形状"下拉列表"实心形状"按钮，创建实心模型；同理，将几何图形 B 创建为空心模型，此时会发现空心模型将自动剪切实心模型，如图 3.33 所示。

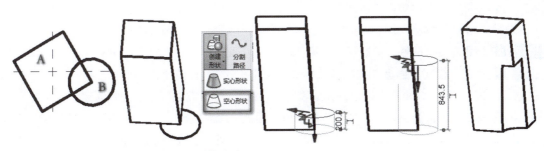

■ 图 3.33 空心模型将自动剪切实心模型

九、概念体量与结构族模型创建的区别

概念体量与结构族模型创建的区别如图 3.34 所示。

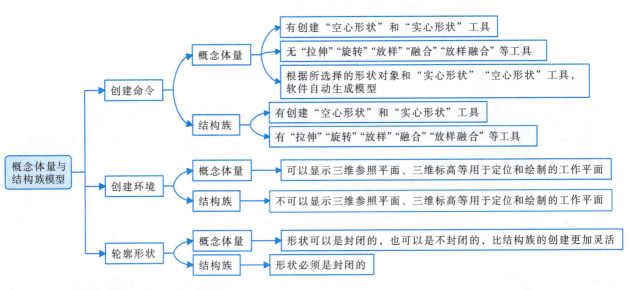

■ 图 3.34 概念体量与结构族模型创建的区别

第三节　面模型

【面墙】

一、从内建模型实例创建面墙

STEP 01 创建一个公制常规内建模型，命名为"模型1"。

STEP 02 在族编辑器中单击"创建"选项卡"形状"面板"拉伸"按钮，进入"修改|创建拉伸"上下文选项卡；选择"绘制"面板"矩形"绘制方式，绘制一个边长为6000mm的正方形。

STEP 03 设置左侧"属性"对话框"约束"项下"拉伸起点"为"0.0"，"拉伸终点"为"6000.0"。

STEP 04 单击"模式"面板"完成编辑模式"按钮"√"，则创建了一个长、宽、高均为6000mm的正方体，完成后单击"在位编辑器"面板"完成模型"按钮"√"，完成内建模型的创建。

STEP 05 单击"体量与场地"选项卡"面模型"面板"墙"按钮，添加两面面墙，如3.35所示。

STEP 06 选中内建模型，单击"在位编辑"按钮，修改其高度为9000mm，如图3.36中②所示；当面墙处于选中状态，单击"修改|墙"选项卡"面模型"面板"面的更新"按钮，面墙高度更新为9000mm，如图3.36中③所示。

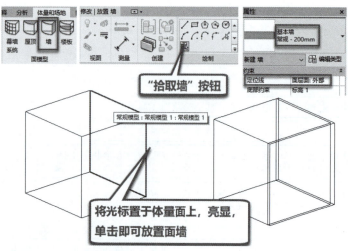

■ 图3.35　添加两面面墙

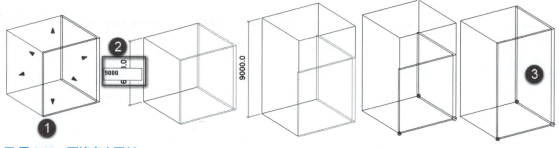

■ 图3.36　面墙高度更新

二、从内建模型实例创建面屋顶

>> STEP 01 在图 3.36 的基础上,创建面屋顶。

>> STEP 02 单击"体量与场地"选项卡"面模型"面板"屋顶"按钮,打开"修改|放置面屋顶"上下文选项卡,然后在"属性"对话框类型选择器下拉列表中选择一种屋顶类型。

>> STEP 03 单击"修改|放置面屋顶"选项卡"多重选择"面板"选择多个"按钮,移动光标以高亮显示某个面,如图 3.37 中③所示,单击以选择该面。

【面屋顶】

— 小贴士 ▶▶▶ —

通过在"属性"对话框中修改屋顶的"已拾取的面的位置"属性,可以修改屋顶的拾取面位置为顶部或底部,如图 3.37 中①所示。

单击未选择的面可以将其添加到选择中,单击已选择的面可以将其删除,光标将指示是正在添加面(+)还是正在删除面(-);要清除选择并重新开始选择,则单击"修改|放置面屋顶"上下文选项卡"多重选择"面板"清除选择"按钮。

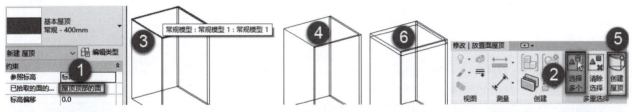

■ 图 3.37 面屋顶创建

>> STEP 04 在选中所需的面以后,单击"修改|放置面屋顶"上下文选项卡"多重选择"面板"创建屋顶"按钮,则面屋顶就创建完成了。

— 小贴士 ▶▶▶ —

① 面幕墙系统、面屋顶、面墙都可以基于体量面和常规模型的面创建,但是面楼板只支持用体量楼层来创建。

② 面幕墙系统没有面的限制,但是面墙有限制,所拾取的面必须不平行于标高。

③ 面屋顶的限制是:所拾取的面不完全垂直于标高。

三、创建幕墙系统

可以使用"幕墙系统"工具在任何体量面或常规模型面上创建幕墙系统。

>> STEP 01 打开显示体量的视图,再单击"体量和场地"选项卡"面模型"面板"幕墙系统"按钮,在类型选择器下拉列表中,选择带有幕墙网格布局的幕墙系统类型,如图 3.38 中①、②所示。

>> STEP 02 单击"修改|放置面幕墙系统"上下文选项卡"多重选择"面板"选择多个"按钮,移动光标以高亮显示某个面,单击选择该面。

【幕墙系统】

— 再学一招 ▶▶▶ —

若要增加未选中的面,则单击未选择的面可将其添加到选择中;若要清除选择,则单击"修改|放置面幕墙系统"上下文选项卡"多重选择"面板"清除选择"按钮。

>> STEP 03 在所需的面处于选中状态下,单击"修改|放置面幕墙系统"上下文选项卡"多重选择"面板"创建系统"按钮,面幕墙系统就创建完成了,如图 3.38 中⑥所示。

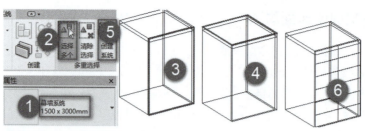

■ 图 3.38　创建面幕墙系统

四、创建体量楼层和面楼板

1. 创建体量楼层

【体量楼层和面楼板】

» STEP 01　选择"建筑样板"新建一个项目。

» STEP 02　切换到"标高 1"楼层平面视图。

» STEP 03　单击"体量和场地"选项卡"概念体量"面板"显示体量 形状和楼层"下拉列表"显示体量 形状和楼层"按钮，接着单击"内建体量"按钮，在弹出的"名称"对话框中按照默认名称即可，单击"确定"按钮，退出"名称"对话框。

» STEP 04　激活"绘制"面板"模型线"按钮，确认"在工作平面上绘制"按钮处于激活状态且选项栏中"放置平面"为"标高：标高 1"。

» STEP 05　选择"线"的绘制方式，绘制边长为 6000mm 的正方形模型线。

» STEP 06　切换到三维视图；选中边长为 6000mm 的正方形模型线，单击"形状"面板"创建形状"下拉列表"实心形状"按钮，创建实心形状。

» STEP 07　当模型顶部面处于选中状态时，修改临时尺寸数值为"9000"，则 6000mm × 6000mm × 9000mm 的模型就创建好了。

» STEP 08　单击"在位编辑器"面板"完成体量"按钮"√"，则内建体量创建完毕。

» STEP 09　切换到"南"立面视图；创建标高 3 和标高 4，如图 3.39 中①所示。

» STEP 10　选中内建体量，单击"修改 | 体量"上下文选项卡"模型"面板"体量楼层"按钮，在弹出的"体量楼层"对话框中框选所有标高，如图 3.39 中③所示，单击"确定"按钮，退出"体量楼层"对话框，则体量楼层创建完毕，如 3.39 中④所示。

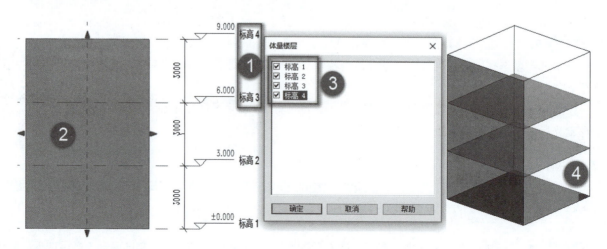

■ 图 3.39　创建体量楼层

> **小贴士** ▶▶▶
> 在创建体量楼层和面楼板之前，需要先将标高添加到项目中；体量楼层是基于项目中定义的标高创建的；待标高创建完成之后，在任何类型的项目视图（包括楼层平面、天花板平面、立面、剖面和三维视图）中选择体量，并单击"修改|体量"上下文选项卡"模型"面板"体量楼层"按钮，在弹出的"体量楼层"对话框中，选择需要创建体量楼层的各个标高，然后单击"确定"按钮，Revit 将在体量与标高交叉位置自动生成楼层面，即可创建体量楼层。

>> STEP 11 在创建体量楼层后，可以选择某个体量楼层，以查看其属性，包括面积、周长、外表面积和体积，并指定用途。

> **小贴士** ▶▶▶
> 如果你选择的某个标高与体量不相交，则 Revit 不会为该标高创建体量楼层；此外，如果体量的顶面与设定的顶标高重合，则顶面不会生成楼层。

2. 创建面楼板

要从体量实例创建楼板，我们需要使用"体量和场地"选项卡"面模型"面板"楼板"工具或者"建筑"选项卡"构建"面板"楼板"下拉列表"面楼板"工具。

>> STEP 01 单击"体量和场地"选项卡"面模型"面板"楼板"按钮。

>> STEP 02 在"属性"对话框的类型选择器下拉列表中，选择一种楼板类型。

>> STEP 03 单击"修改|放置面楼板"上下文选项卡"多重选择"面板"选择多个"按钮，移动光标单击以选择体量楼层，或直接框选多个体量楼层，如图 3.40 中③所示，然后单击"修改|放置面楼板"上下文选项卡"多重选择"面板"创建楼板"按钮，即可完成面楼板的创建，如图 3.40 中⑤所示。

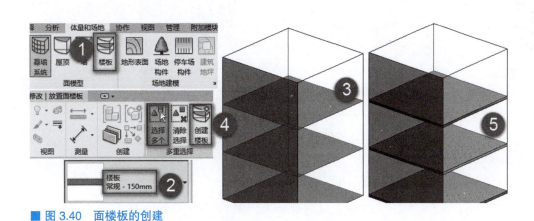

■ 图 3.40　面楼板的创建

> **小贴士** ▶▶▶
> ① 要使用"面楼板"工具，请先创建体量楼层。
> ② 通过体量面模型生成的构件只是添加在体量表面，体量模型并没有改变，可以对体量进行更改，并可以完全控制这些图元的再生成。
> ③ 单击"体量和场地"选项卡"概念体量"面板"按视图 设置显示体量"下拉列表"按视图 设置显示体量"按钮，则体量隐藏，只显示建筑构件，即将概念体量模型转化为建筑设计模型。
> ④ 上述仅仅简单介绍了如何将概念体量模型快速转换为建筑设计模型，在项目设计过程中，可以利用体量楼层快速分割建筑模型楼层，通过面模型工具快速生成建筑构件。

第四节 经典试题解析和考试试题实战演练

一、经典试题解析

【第十三期第三题】

根据 3.41 所示图纸及尺寸，建立三心拱模型（轴向长度取 10m），并输出工程量明细表。其中，顶部弧形部分、左右两侧竖向部分及底部横向部分分别采用屋顶、墙和板来表达。屋顶和墙厚度取 120mm，板厚度取 200mm，b=6000mm，h=4000mm，f=b/3。请将模型以"三心拱+考生姓名.×××"为文件名保存到考生文件夹中。（20 分）

提示：三心拱顶部弧形部分由三段相切的圆弧组成，其圆心分别为 C1、C、C2。

【三心拱】

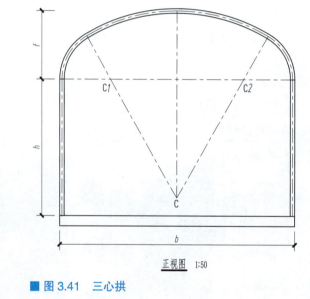

■ 图 3.41 三心拱

【建模思路】

本题建模思路如图 3.42 所示。

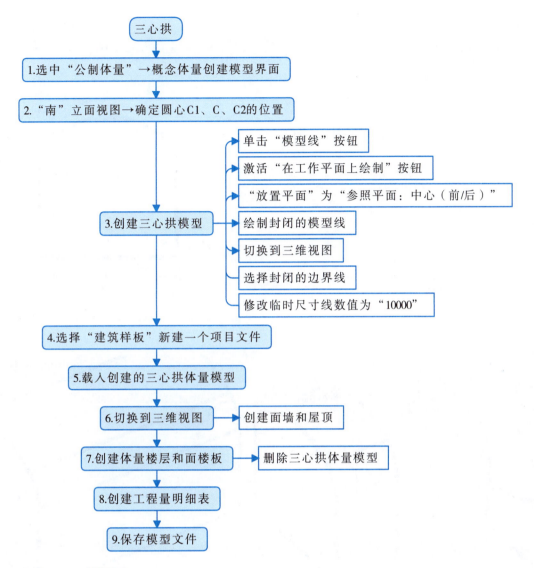

■ 图 3.42 建模思路

【建模步骤】

>> STEP 01 打开软件 Revit 2018；单击"文件→新建→概念体量"按钮，在弹出的"新概念体量 - 选择样板文件"对话框中找到并选择"公制体量"的族样板，单击"打开"按钮进入概念体量建模环境。

>> STEP 02 切换到"南"立面视图；绘制参照平面且添加对齐尺寸标注和角度标注，确定圆心 C1、C、C2 的位置，如图 3.43 所示。

>> STEP 03 单击"创建"选项卡"绘制"面板"模型线"按钮，进入"修改 | 放置 线"上下文选项卡。

>> STEP 04 激活"工作平面"面板"在工作平面上绘制"按钮。

>> STEP 05 确认选项栏"放置平面"为"参照平面：中心（前 / 后）"。

>> STEP 06 分别单击"绘制"面板"线"和"圆心 - 端点弧"按钮，绘制图 3.44 所示的封闭的模型线（边界线）。

>> STEP 07 单击快速访问工具栏"⌂"按钮，切换到三维视图。

>> STEP 08 选择刚刚绘制的封闭的边界线，进入"修改 | 线"上下文选项卡。

>> STEP 09 单击"形状"面板"创建形状"下拉列表"实心形状"按钮，创建实心形状；待上表面处于选中状态，修改临时尺寸数值为"10000"，如图 3.45 所示。

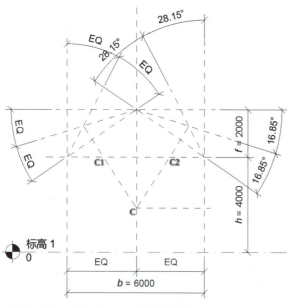

■ 图 3.43 圆心 C1、C、C2 的位置　　　■ 图 3.44 封闭的模型线

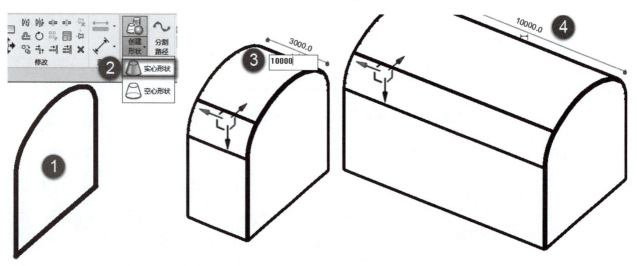

■ 图 3.45 创建三心拱模型

>> STEP 10　单击"文件→新建→项目"按钮，在弹出的"新建项目"对话框中设置"样板文件"为"建筑样板"，"新建"为"项目"，单击"确定"按钮退出"新建项目"对话框，系统切换到创建项目文件的模型建模界面且切换到了"标高 1"楼层平面视图。

>> STEP 11　切换到"族 1"所在的族编辑器界面；单击"族编辑器"面板"载入到项目"按钮，则自动切换到了创建项目文件的模型建模界面且切换到了"标高 1"楼层平面视图，在弹出的"体量 - 显示体量已启用"对话框中单击"关闭"按钮即可，此时"族 1"载入到了"项目文件 1"中。

>> STEP 12　切换到三维视图；单击"体量和场地"选项卡"面模型"面板"墙"按钮，系统自动切换到"修改 | 放置 墙"上下文选项卡；复制创建一个新的墙体类型"常规 -120mm"（结构 [1]"厚度"为"120"，"材质"为"砖，诺曼"）。

>> STEP 13　确认墙体的类型为"常规 -120mm"，设置左侧"属性"对话框中"约束"项下"定位线"为"面层面：外部"；激活"绘制"面板"拾取面"按钮。

>> STEP 14　将光标放置在体量竖向表面，亮显时，单击，则创建完了位于此体量表面的墙体；同理，创建另外一个竖向表面上的面墙墙体，如图 3.46 所示。

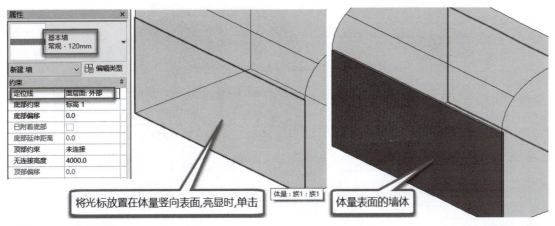

■ 图 3.46　创建面墙

STEP 15 单击"体量和场地"选项卡"面模型"面板"屋顶"按钮，系统自动切换到"修改 | 放置面屋顶"上下文选项卡；复制创建一个新的屋顶类型"常规 -120mm"（结构 [1]"厚度"为"120"，"材质"为"瓦片，筒瓦"）。

STEP 16 确认屋顶的类型为"常规 -120mm"，设置左侧"属性"对话框中"约束"项下"已拾取的面的位置"为"屋顶顶部的面"。

STEP 17 激活"修改 | 放置面屋顶"上下文选项卡"多重选择"面板"选择多个"按钮；将光标放置在体量三心拱位置顶部表面，亮显时，单击，选中了体量三心拱的表面。

STEP 18 单击"修改 | 放置面屋顶"上下文选项卡"多重选择"面板"创建屋顶"按钮，则创建完了位于此体量表面的屋顶，如图 3.47 所示。

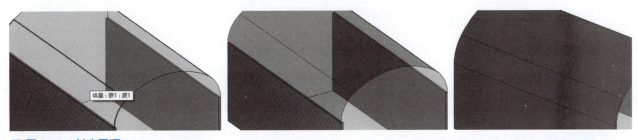

■ 图 3.47　创建屋顶

STEP 19 选择创建的体量模型，进入"修改 | 体量"上下文选项卡，单击"模型"面板"体量楼层"按钮（或者单击左侧"属性"对话框"尺寸标注"项下"体量楼层→编辑"按钮），弹出"体量楼层"对话框，勾选"标高 1"和"标高 2"，单击"确定"按钮退出"体量楼层"对话框，则创建好了体量楼层，如图 3.48 所示。

STEP 20 单击"体量和场地"选项卡"面模型"面板"楼板"按钮，系统自动切换到"修改 | 放置面楼板"上下文选项卡；复制创建一个新的楼板类型"常规 -200mm"（结构 [1]"厚度"为"200"，"材质"为"混凝土，现场浇筑 C30"）。

STEP 21 确认楼板的类型为"常规 -200mm"；激活"修改 | 放置面楼板"上下文选项卡"多重选择"面板"选择多个"按钮；根据左下侧状态栏提示，选择"标高 1"体量楼层，再单击"多重选择"面板"创建楼板"按钮，则面楼板创建完成，如图 3.49 所示。

STEP 22 选中体量，删除。

STEP 23 单击"视图"选项卡"创建"面板"明细表"下拉列表"材质提取"按钮，在弹出的"新建材质提取"对话框中，在"类别"列表中选择"< 多类别 >"，在"名称"下面文本框中输入"工程量明细表"，设置"阶段"为"新构造"。

■ 图 3.48 创建体量楼层

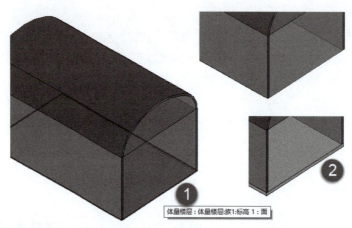

■ 图 3.49 创建面楼板

》STEP 24 单击"确定"按钮，退出"新建材质提取"对话框，进入"材质提取属性"对话框；切换到"字段"选项卡，在左侧"可用的字段"列表按住 Ctrl 键选择"类别""材质：名称""材质：体积"和"合计"字段，单击中间的"添加参数"按钮将字段添加到右侧"明细表字段（按顺序排列）"列表中。单击"上移参数""下移参数"按钮，将所选字段调整好排列顺序。

》STEP 25 单击"排序/成组"选项卡，从"排序方式"后的下拉列表中选择"类别"，勾选"升序"；从"否则按"后的下拉列表中选择"材质：名称"，勾选"升序"；从下一个"否则按"后的下拉列表中选择"材质：体积"，勾选"升序"；勾选"总计"，选择"标题、合计和总数"；不勾选"逐项列举每个实例"。

》STEP 26 单击"格式"选项卡，逐个选中左边的字段名称，可以在右边对每个字段在明细表中显示的名称（标题）重新命名，确定标题文字是水平排布还是垂直排布，设置标题文字在表格中的对齐方式；"合计"字段和"材质：体积"字段均需要勾选"计算总数"。

》STEP 27 在"外观"选项卡中，设置"网格线"（表格内部）和"轮廓"（表格外轮廓），线条样式为细线或宽线等；不勾选"数据前的空行"。

》STEP 28 单击"确定"按钮关闭"材质提取属性"对话框后，得到如图 3.50 所示的工程量明细表；此时项目浏览器中就多了工程量明细表。

》STEP 29 单击快速访问工具栏" ⌂ "按钮，切换到三维视图状态，通过 View Cube 变换观察方向，查看创建的三心拱三维模型显示效果。

》STEP 30 单击快速访问工具栏中"保存"按钮，以"三心拱+考生姓名.rvt"为文件名保存在考生文件夹中。

【第十四期第一题】

根据图 3.51 所示的参数及默认尺寸，建立椭圆形混凝土坡道模型样板，桥面板混凝土强度等级取 C30，两侧防护墩混凝土强度等级取 C25。请将模型以"混凝土坡道+考生姓名.×××"为文件名保存到考生文件夹中。（15分）

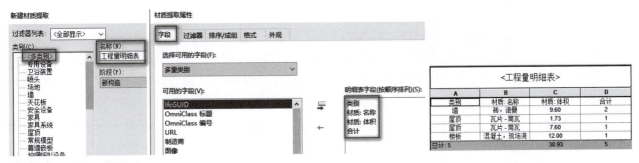

■ 图 3.50　工程量明细表

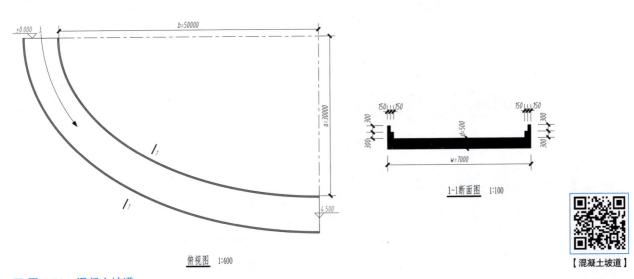

■ 图 3.51　混凝土坡道

【建模思路】

本题建模思路如图 3.52 所示。

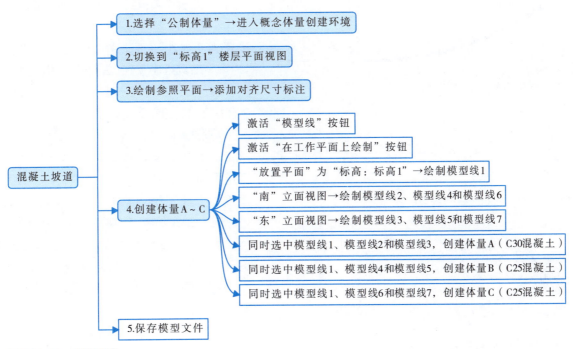

■ 图 3.52　建模思路

【建模步骤】

>> STEP 01　打开软件 Revit 2018；单击"文件→新建→概念体量"按钮，在弹出的"新概念体量-选择样板文件"对话框中找到并选择"公制体量"的族样板，单击"打开"按钮进入概念体量建模环境。

>> STEP 02　切换到"标高1"楼层平面视图；绘制参照平面1和参照平面2；添加对齐尺寸标注，如图3.53所示。

>> STEP 03　切换到"南"立面视图；单击"创建"选项卡"基准"面板"标高"按钮，创建标高2（高程值为4.500m）。

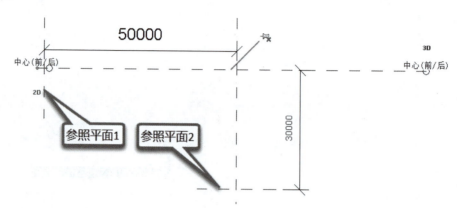

■ 图 3.53　绘制参照平面

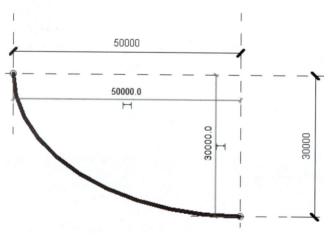

■ 图 3.54　绘制 1/4 椭圆模型线 1

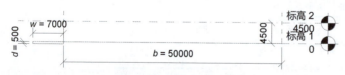

■ 图 3.55　绘制"7000×500"模型线 2

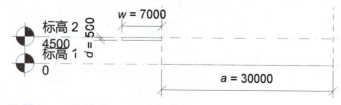

■ 图 3.56　绘制"7000×500"模型线 3

>> STEP 04　切换到"标高1"楼层平面视图；激活"绘制"面板"模型线"按钮，确认激活了"在工作平面上绘制"按钮；选项栏"放置平面"设置为"标高：标高1"；通过"椭圆"工具绘制 1/4 椭圆模型线 1，如图3.54所示。

>> STEP 05　切换到"南"立面视图；激活"绘制"面板"模型线"按钮，确认激活了"在工作平面上绘制"按钮；选项栏"放置平面"设置为"参照平面：中心（前/后）"；通过"矩形"工具绘制"7000×500"模型线2；添加参数 b、w 和 d，各模型线与在一条直线上的参照平面对齐且锁定，如图3.55所示。

>> STEP 06　切换到"东"立面视图；激活"绘制"面板"模型线"按钮，确认激活了"在工作平面上绘制"按钮；选项栏"放置平面"设置为"参照平面：中心（左/右）"；通过"矩形"工具绘制"7000×500"模型线3；添加参数 a，各模型线与在一条直线上的参照平面对齐且锁定，如图3.56所示。

>> STEP 07　切换到三维视图；同时选中绘制的模型线1、模型线2和模型线3，单击"形状"面板"创建形状"下拉列表"实心形状"按钮，则创建了体量A，如图3.57所示。

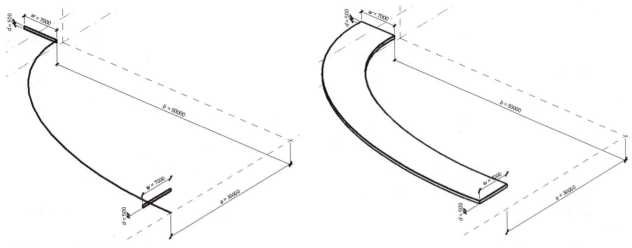

■ 图 3.57 创建体量 A

>> STEP 08 选中体量 A，设置左侧"属性"对话框中"材质和装饰"项下"材质"为"C30 混凝土"。

>> STEP 09 切换到"标高 1"楼层平面视图；激活"绘制"面板"模型线"按钮，确认激活了"在工作平面上绘制"按钮；选项栏"放置平面"设置为"标高：标高 1"；通过"椭圆"工具绘制 1/4 椭圆模型线 1，如图 3.54 所示。

>> STEP 10 切换到"南"立面视图，激活"绘制"面板"模型线"按钮，确认激活了"在工作平面上绘制"按钮；选项栏"放置平面"设置为"参照平面：中心（前/后）"；通过"线"工具绘制模型线 4，各模型线与在一条直线上的参照平面对齐且锁定，如图 3.58 所示。

>> STEP 11 切换到"东"立面视图，激活"绘制"面板"模型线"按钮，确认激活了"在工作平面上绘制"按钮；选项栏"放置平面"设置为"参照平面：中心（左/右）"；通过"线"工具绘制模型线 5，各模型线与在一条直线上的参照平面对齐且锁定，如图 3.59 所示。

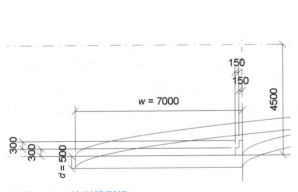

■ 图 3.58 绘制模型线 4

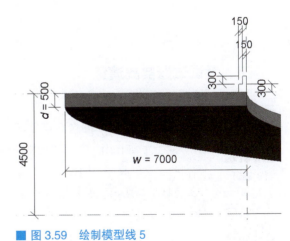

■ 图 3.59 绘制模型线 5

>> STEP 12 切换到三维视图；同时选中绘制的模型线 1、模型线 4 和模型线 5，单击"形状"面板"创建形状"下拉列表"实心形状"按钮，则创建了体量 B；选中体量 B，设置左侧"属性"对话框中"材质和装饰"项下"材质"为"C25 混凝土"。

>> STEP 13 切换到"标高 1"楼层平面视图；激活"绘制"面板"模型线"按钮，确认激活了"在工作平面上绘制"按钮；选项栏"放置平面"设置为"标高：标高 1"；通过"椭圆"工具绘制 1/4 椭圆模型线 1，如图 3.54 所示。

>> STEP 14 切换到"南"立面视图，激活"绘制"面板"模型线"按钮，确认激活了"在工作平面上绘制"按钮；选项栏"放置平面"设置为"参照平面：中心（前/后）"；通过"线"工具绘制模型线6，各模型线与在一条直线上的参照平面对齐且锁定，如图3.60中①所示。

>> STEP 15 切换到"东"立面视图，激活"绘制"面板"模型线"按钮，确认激活了"在工作平面上绘制"按钮；选项栏"放置平面"设置为"参照平面：中心（左/右）"；通过"线"工具绘制模型线7，各模型线与在一条直线上的参照平面对齐且锁定，如图3.60中②所示。

>> STEP 16 切换到三维视图；同时选中绘制的模型线1、模型线6和模型线7；单击"形状"面板"创建形状"下拉列表"实心形状"按钮，则创建了体量C；选中体量C，设置左侧"属性"对话框中"材质和装饰"项下"材质"为"C25混凝土"。

>> STEP 17 单击快速访问工具栏中"保存"按钮，以"混凝土坡道+考生姓名.×××"为文件名保存在考生文件夹中。

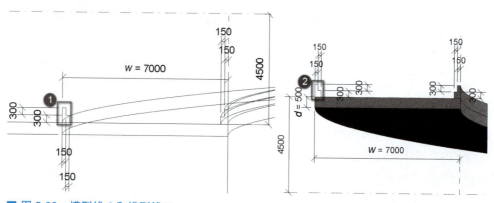

■ 图3.60 模型线6和模型线7

二、考试试题实战演练

【8字筋】

【第十六期第一题】

请根据图3.61创建8字筋模型，a、b、c、D、H、W需设置为参数，其中$W=2a+2b+c$，钢筋直径为10mm，未标明尺寸不作要求，请将模型以"8字筋+考生姓名.×××"为文件名保存到考生文件夹中。（15分）

【三心拱】

【第十九期第二题】根据图3.62及尺寸，建立三心拱模型（轴向长度取10m），并添加参数W、h、t。请将模型以"三心拱+考生姓名.xxx"为文件名保存到考生文件夹中。

提示：三心拱顶部弧形部分由三段相切的圆弧组成，其圆心分别为$C1$、C、$C2$。

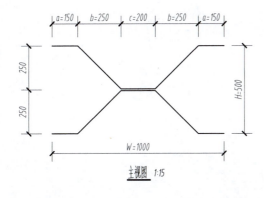 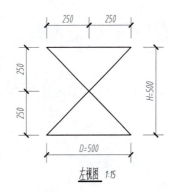

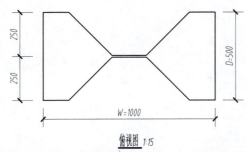

■ 图 3.61　8 字筋模型

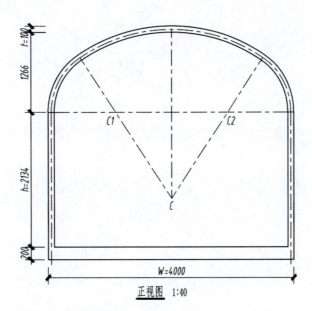

■ 图 3.62　三心拱模型

CHAPTER 4

钢 筋 模 型

Revit 中的钢筋工具可以很轻松地在现浇混凝土或混凝土构件中布置钢筋,在可视化的建筑模型结构中,建立钢筋主要是为了分析与计算。

【模型文件下载】

专项考点数据统计

专项考点——钢筋模型创建数据统计见表 4.1。

表 4.1 专项考点——钢筋模型创建数据统计

期数	题目	题目数量	难易程度	备注
第八期	第一题:马凳筋	2	困难	钢筋工具的灵活运用
	第三题:牛腿柱		中等	内建模型创建→钢筋工具应用;题量很大,细节很多,识图是关键
第九期	第一题:弧形坡道	2	中等	结构板的创建,不涉及钢筋模型的创建
	第二题:梁柱		中等	内建模型创建→钢筋工具应用;悬挑梁配筋;箍筋的创建需要做辅助线;用草图线方式创建纵向钢筋
第十期	第一题:混凝土梁	2	中等	梁创建→钢筋工具应用
	第三题:楼梯		中等	内建模型创建→钢筋工具应用
第十一期	第一题:混凝土板	1	中等	结构板创建→钢筋工具应用
第十四期	第二题:牛腿柱	1	中等	内建模型创建→钢筋工具应用
第十五期	第一题:混凝土板	1	中等	结构板创建→钢筋工具应用
第十六期	第三题:牛腿柱	1	中等	内建模型创建→钢筋工具应用;创建明细表
第十七期	第三题:楼梯	1	中等	楼梯创建→钢筋工具应用
第十八期	第三题:箱梁	1	中等	内建模型创建→钢筋工具应用
第二十二期	第一题:桩与混凝土垫层	1	中等	结构柱创建→钢筋工具应用
第二十三期	第一题:牛腿柱	1	中等	内建模型创建→钢筋工具应用

说明:全国 BIM 技能等级考试(二级结构)试题第八期~第二十三期钢筋模型题目解答时,先通过"结构"选项卡"结构"面板楼板、梁、柱等工具创建结构模型或者通过内建模型工具创建结构模型;再通过钢筋工具创建结构钢筋;本表格不包括每期最后一个题目,即综合建模题的数据统计。

通过本专项考点的学习,应熟练掌握钢筋模型创建的方法。

【钢筋工具】

第一节 钢筋工具和添加钢筋

在 Revit 中钢筋的设计主要是通过软件自身的钢筋工具来完成的。在建筑结构模型设计完成后,即可为混凝土结构或构件布置钢筋了。

一、钢筋工具

要创建钢筋模型,可以在"结构"选项卡"钢筋"面板中选择合适的钢筋工具,如图 4.1 所示。

图 4.1 钢筋工具

> **小贴士** ▶▶▶
> 先选中要添加钢筋的结构模型（有效主体），如墙、基础、梁、柱或楼板等，在"修改|×××"上下文选项卡中也会显示钢筋工具，根据选择的结构模型不同，显示的钢筋工具也会不同。如果选中楼板，将会显示图 4.2 所示的钢筋工具。如果选中结构基础，将会显示图 4.3 所示的钢筋工具。

■ 图 4.2 "修改|楼板"上下文选项卡

■ 图 4.3 "修改|结构基础"上下文选项卡

二、添加钢筋

1. 设置钢筋保护层

（1）为了防止钢筋与空气接触被氧化而锈蚀，在钢筋周围应留有一定厚度的保护层。保护层厚度是指钢筋外表面至混凝土外表面的距离。使用钢筋工具添加钢筋之前，需要对钢筋保护层厚度进行设置。

【钢筋保护层】

■ 图 4.4 "编辑钢筋保护层"选项栏

（2）结构样板中已经根据《混凝土结构设计标准（2024 年版）》（GB/T 50010—2010）的规定，对钢筋保护层的厚度进行了预先设置。单击"结构"选项卡"钢筋"面板"保护层"按钮，选项栏如图 4.4 所示；接着单击选项栏最右侧的"…"（编辑保护层设置）按钮，弹出"钢筋保护层设置"对话框，如图 4.5 所示。

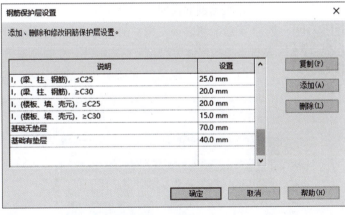

■ 图 4.5 "钢筋保护层设置"对话框

> **小贴士** ▶▶▶
> 根据混凝土的强度来设定钢筋保护层的厚度。图 4.5 所示的对话框中的值是默认设置，可根据自身建筑结构情况进行实际设置；"钢筋保护层设置"对话框中Ⅰ、Ⅱ、Ⅲ分别对应环境类别的一类、二类、三类。如果样板中预先设置的保护层厚度不能满足用户的需求，用户可以在对话框中添加新的保护层厚度设置。此外，用户也可对已有的保护层进行复制、删除、修改等操作。

（3）在项目中添加的混凝土构件，程序会为其设置默认的保护层厚度。若要重新设置保护层厚度，可以在启动保护层命令后，选择需要设置保护层的图元或者图元的某个面。选中后在选项栏会显示当前的保护层设置，在下拉菜单中可以进行修改，如图 4.6 中①、②、③所示；用户也可以在选中图元后，在"属性"对话框中对保护层厚度进行修改，如图 4.6 中④、⑤所示。

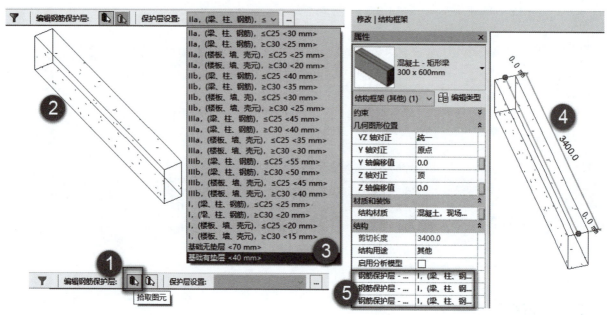

■ 图 4.6　设置保护层厚度

> **小贴士**
> 设置钢筋保护层厚度后，随后配置的钢筋在结构构件（混凝土梁、基础、墙体等）中均自动留出保护层厚度。

2. 创建剖面视图

【剖面视图】

手动配筋必须在构件的剖面中进行，所以可以重新设置一个平面视图，使它能剖切到柱子、基础、梁和墙体等混凝土结构构件，故需要创建一个剖面视图，剖切将要配筋的混凝土图元。

（1）单击"视图"选项卡"创建"面板"剖面"按钮，如图 4.7 所示，系统切换到"修改 | 剖面"上下文选项卡，如图 4.8 所示。

■ 图 4.7　"创建"面板"剖面"按钮

■ 图 4.8　"修改 | 剖面"上下文选项卡

（2）确认"属性"对话框中的剖面视图类型为"剖面 剖面 1"，如图 4.9 所示；单击鼠标确定剖面的起点，再次点击确定剖面的终点，对构件进行剖切，如图 4.10 所示。

（3）绘制完毕或选中剖面后，单击图 4.11 所示的图标，可以对剖面进行翻转，如图 4.12 所示。

（4）剖面创建完毕后，可以右击所创建的剖面，单击"转到视图"选项，如图 4.13 所示，或是在项目浏览器中双击"视图（全部）→剖面（剖面 1）→剖面 1"，或者双击蓝色剖面线，如图 4.14 所示，进入到剖面视图中。

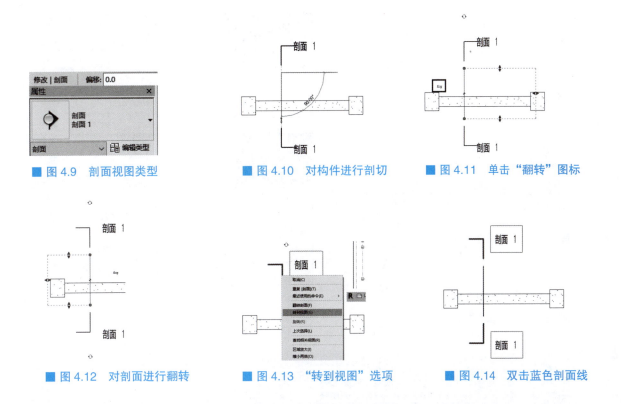

■ 图4.9 剖面视图类型　　　■ 图4.10 对构件进行剖切　　　■ 图4.11 单击"翻转"图标

■ 图4.12 对剖面进行翻转　　■ 图4.13 "转到视图"选项　　■ 图4.14 双击蓝色剖面线

（5）进入剖面视图，可显示出剖切的梁和楼板，如图4.15中①所示；也可选中剖面视图的边界线，变为可拖动状态，拖动边界线以屏蔽不希望显示的构件，实现剖面视图范围的调整，如图4.15中②、③所示。

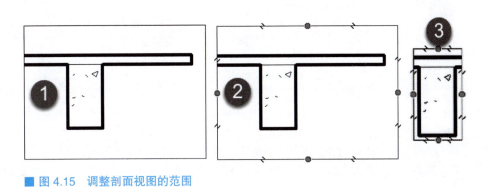

■ 图4.15 调整剖面视图的范围

3. 放置钢筋

（1）单击"结构"选项卡"钢筋"面板"钢筋"按钮，如图4.16所示。

（2）启动命令后，选项栏显示如图4.17所示，在界面右侧会显示钢筋形状浏览器，如图4.18所示，与选项栏中内容一致；钢筋形状浏览器可以在选项栏中通过单击图标来启动和关闭。用户可以在此选择所添加钢筋的形状，若没有所需的钢筋形状，可以通过单击"修改|放置钢筋"选项卡"族"面板"载入形状"按钮来载入钢筋形状族，根据题目要求选择载入的钢筋的形状。

【放置钢筋】

（3）在"属性"对话框中，选择钢筋的类型，并可对形状、弯钩、钢筋集、尺寸等（实例参数）进行设置，如图4.19所示。也可在钢筋放置完成后，对"属性"对话框中内容进行修改。

（4）在"修改|放置钢筋"上下文选项卡中，可以对钢筋放置平面、放置方向以及布局进行设置，如图4.20所示。

图 4.16 激活钢筋工具

图 4.17 选项栏显示

图 4.18 钢筋形状浏览器

图 4.19 设置钢筋的实例参数

图 4.20 "修改 | 放置钢筋"上下文选项卡

> **小贴士**
>
> 1. "放置平面"面板：包括当前工作平面、近保护层参照、远保护层参照命令，定义了钢筋的放置平面。
> 2. "放置方向"面板：包括平行于工作平面、平行于保护层、垂直于保护层命令，定义了多平面钢筋族的哪一侧平行于工作平面。
> 3. "钢筋集"面板：通过设置可以创建与钢筋的草图平面相垂直的钢筋集，并定义钢筋数或钢筋间距。通过提供一些相同的钢筋，能够快速添加钢筋。钢筋集的布局如下。
> ① 固定数量：钢筋之间的间距是可调整的，但钢筋数量是固定的，以用户的输入为基础。
> ② 最大间距：指定钢筋之间的最大距离，但钢筋数量会根据第一条和最后一条钢筋之间的距离发生变化。
> ③ 间距数量：指定数量和间距的常量值。
> ④ 最小净间距：指定钢筋之间的最小距离，但钢筋数量会根据第一条和最后一条钢筋之间的距离发生变化。即使钢筋直径大小发生变化，该间距仍会保持不变。

在放置完成后选中钢筋，可以对钢筋的布局进行调整。设置完成后，将光标移动到截面内，进行钢筋的添加。

4. 钢筋显示

（1）在剖面视图中，选中钢筋，在左侧"属性"对话框中单击"视图可见性状态"一栏中的"编辑"按钮，如图 4.21 所示。

（2）在弹出的"钢筋图元视图可见性状态"对话框中，可以对钢筋在不同视图中的显示状态进行设置。勾选"三维视图→{三维}→清晰的视图""三维视图→{三维}→作为实体查看"复选框，如图 4.22 所示。完成后单击"确定"按钮进入三维视图，将"详细程度"设为"精细"，"视觉样式"设置为"真实"，钢筋的显示效果如图 4.23 所示。

图 4.21 钢筋显示工具

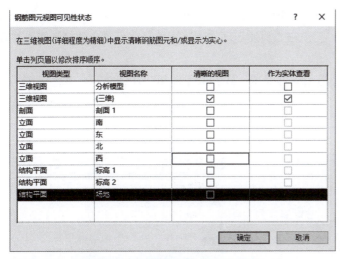

图 4.22 "钢筋图元视图可见性状态"对话框(一)

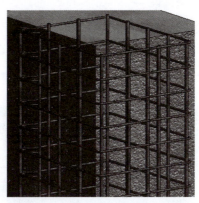

图 4.23 钢筋的显示效果

第二节 钢筋混凝土剪力墙配筋

下面通过案例讲述钢筋混凝土剪力墙及钢筋模型的创建方法。

【案例1】按照图 4.24 创建钢筋混凝土剪力墙及钢筋模型。该剪力墙高度 3000mm，材质为 C30 混凝土，保护层厚度为 30mm，墙的厚度为 250mm，外墙外侧配有水平贯通筋 Φ18@200，配有竖向贯通筋 Φ20@200；外墙内侧配有水平贯通筋 Φ16@200，配有竖向贯通筋 Φ18@200，并在适当位置标注尺寸，未注明尺寸可自行定义。请将模型以"钢筋混凝土剪力墙配筋+考生姓名"为文件名保存到考生文件夹。

【剪力墙配筋】

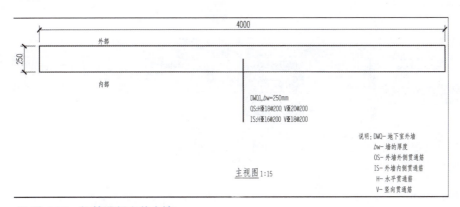

图 4.24 钢筋混凝土剪力墙

> **STEP 01** 打开软件 Revit。单击"项目→结构样板"按钮，系统自动进入"标高 2"结构平面视图；切换到"标高 1"结构平面视图；同时选中"标高 1-分析"和"标高 2-分析"结构平面视图，删除。

> **STEP 02** 单击"结构"选项卡"结构"面板"墙"下拉列表"墙：结构"按钮，系统自动切换到"修改|放置 结构墙"上下文选项卡。

> **STEP 03** 确认左侧类型选择器中墙体的类型为"基本墙 常规 -200mm"，单击"编辑类型"按钮，在弹出的"类型属性"对话框中单击"复制"按钮，复制创建一个新的墙体类型"DWQ-250"，如图 4.25 所示。

STEP 04 单击“类型属性”对话框中的“构造”项下“结构”右侧“编辑”按钮，弹出“编辑部件”对话框，设置“结构 [1]”的“厚度”为“250.0”，单击“材质”项右侧矩形按钮，系统自动打开了“材质浏览器”对话框。

STEP 05 在“混凝土，现场浇注 -C30”（为和软件保持一致，这里使用浇注，实际应该是浇筑）材质的基础上复制创建新的材质“C30”，如图 4.26 所示。

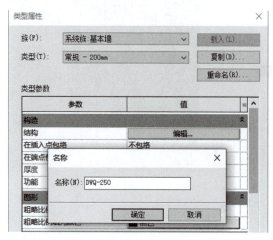

■ 图 4.25　创建墙体类型“DWQ-250”

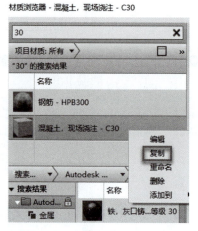

■ 图 4.26　创建新的材质“C30”

STEP 06 单击“外观→复制此资源”按钮，如图 4.27 所示。

STEP 07 切换到“图形”选项卡，勾选“使用渲染外观”，设置“表面填充图案”下的“填充图案”为“无”，如图 4.28 所示。

STEP 08 自此，“DWQ-250”墙体的构造层设置好了，如图 4.29 所示。

STEP 09 确认墙体的类型为“基本墙 DWQ-250”，设置左侧“属性”对话框中“约束”项下参数，如

■ 图 4.27　复制此资源

■ 图 4.28　“图形”选项卡

	功能	材质	厚度	包络	结构材质
1	核心边界	包络上层	0.0		
2	结构 [1]	C30	250.0	☐	☑
3	核心边界	包络下层	0.0		

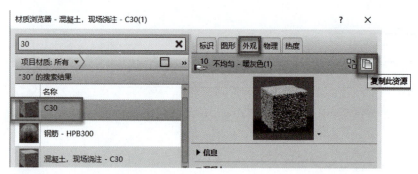

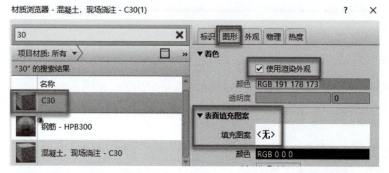

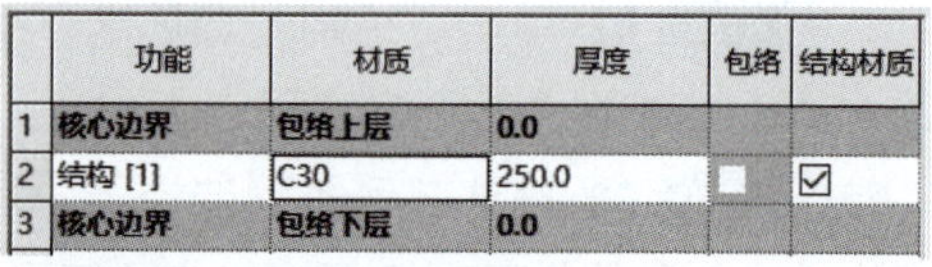

■ 图 4.29　墙体的构造层

图 4.30 所示，不勾选"结构"项下"启用分析模型"选项。

>> STEP 10 确认"修改|放置 结构墙"上下文选项卡对应的选项栏参数，如图 4.31 所示。

>> STEP 11 单击"修改|放置 结构墙"上下文选项卡"绘制"面板"线"按钮，自左至右水平方向绘制长度为 4000.0mm 的一段墙体，如图 4.32 所示。

>> STEP 12 单击"结构"选项卡"钢筋"面板"保护层"按钮，设置墙体的保护层厚度为 30mm，如图 4.33 所示。

>> STEP 13 选中设置好保护层厚度的墙体，确认左侧"属性"对话框"结构"项下"钢筋保护层"参数，如图 4.34 所示。

>> STEP 14 切换到"东"立面视图。

>> STEP 15 单击"结构"选项卡"钢筋"面板"钢筋"按钮，在弹出的图 4.35 所示的警示对话框中直接单击"确定"按钮即可；则系统切换到"修改|放置钢筋"上下文选项卡。

>> STEP 16 确认钢筋形状为"01"，钢筋的类型为"18 HRB500"，如图 4.36 所示。

■ 图 4.30 设置"约束"项下参数

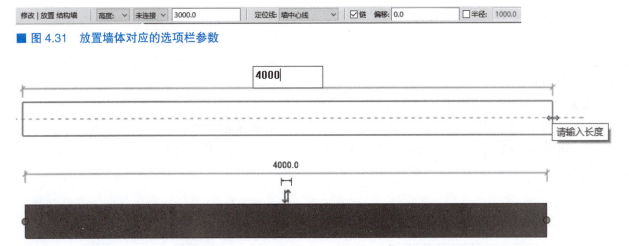

■ 图 4.31 放置墙体对应的选项栏参数

■ 图 4.32 绘制墙体

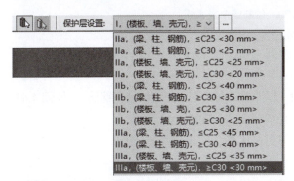

■ 图 4.33 设置墙体保护层厚度

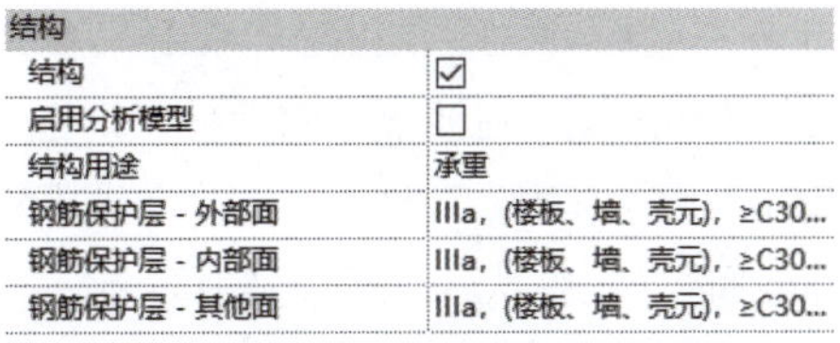

■ 图 4.34 确认"钢筋保护层"参数

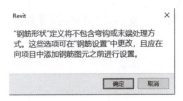

■ 图 4.35 警示对话框

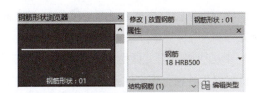

■ 图 4.36 钢筋形状和钢筋类型

STEP 17 激活"修改|放置钢筋"上下文选项卡"放置方法"面板"钢筋"按钮,"放置平面"面板"近保护层参照"按钮和"放置方向"面板"垂直于保护层"按钮,如图 4.37 所示,设置"钢筋集"面板"布局"为"最大间距","间距"为"200.0mm"。

■ 图 4.37 设置"放置平面"和"放置方向"

STEP 18 根据左下侧状态栏"在有效的钢筋主体中单击,以放置钢筋。"的提示,将光标置于墙体上预显钢筋单击,则外墙外侧水平贯通筋创建完成了;同理,设置钢筋形状为"01","钢筋"的类型为"16 HRB500",重复步骤 **STEP** 17,将光标置于墙体上预显钢筋单击,则外墙内侧水平贯通筋创建完成了,如图 4.38 所示。

STEP 19 切换到"标高 1"结构平面视图;单击"结构"选项卡"钢筋"面板"钢筋"按钮,系统切换到"修改|放置钢筋"上下文选项卡。

STEP 20 确认钢筋形状为"01","钢筋"的类型为"20 HRB500"。

STEP 21 激活"修改|放置钢筋"上下文选项卡"放置方法"面板"钢筋"按钮,"放置平面"面板"近保护层参照"按钮和"放置方向"面板"垂直于保护层"按钮,设置"钢筋集"面板"布局"为"最大间距","间距"为"200mm"。

STEP 22 根据左下侧状态栏"在有效的钢筋主体中单击,以放置钢筋。"的提示,将光标置于墙体上预显钢筋单击,则外墙外侧竖向贯通筋创建完成了;同理,设置钢筋形状为"01","钢筋"的类型为"18 HRB500",重复步骤 **STEP** 17,将光标置于墙体上预显钢筋单击,则外墙内侧竖向贯通筋创建完成了,如图 4.39 所示。

■ 图 4.38 创建水平贯通筋   ■ 图 4.39 绘制竖向贯通筋

STEP 23 切换到三维视图;框选所有对象,系统自动切换到"修改|选择多个"上下文选项卡,如图 4.40 所示。

STEP 24 单击"选择"面板"过滤器"按钮,在弹出的"过滤器"对话框中勾选"结构钢筋",如图 4.41 所示,单击"确定"按钮退出"过滤器"对话框,则选中了"结构钢筋",如图 4.42 所示。

STEP 25 单击左侧"属性"对话框"图形"项下"视图可见性状态"右侧"编辑"按钮,如图 4.43 所示,在弹出的"钢筋图元视图可见性状态"对话框中勾选"三维视图→{三维}→清晰的视图""三维视图→{三维}→作为实体查看""结构平面→标高 1→清晰的视图"复选框,单击"确定"按钮退出"钢筋图元视图可见性状态"对话框,如图 4.44 所示。

STEP 26 设置视图控制栏下"详细程度"为"精细","视觉样式"为"着色",则创建的墙体钢筋模型如图 4.45 所示。

STEP 27 单击快速访问工具栏"保存"按钮,在弹出的"另存为"对话框中将建立的模型以"钢筋混凝土剪力墙配筋 + 考生姓名"为文件名保存至考试文件夹中。

至此,本题建模结束。

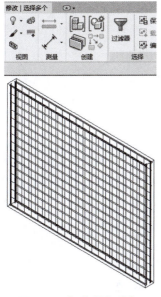

■ 图 4.40　框选所有对象

■ 图 4.41　"过滤器"对话框

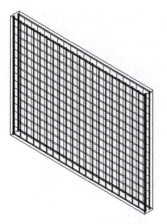

■ 图 4.42　选中"结构钢筋"

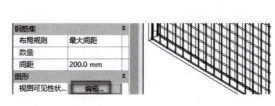

■ 图 4.43　"视图可见性状态"右侧"编辑"按钮

■ 图 4.44　"钢筋图元视图可见性状态"对话框（二）

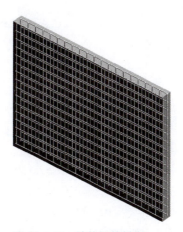

■ 图 4.45　墙体钢筋模型

【案例2】根据图4.46钢筋标注，创建剪力墙钢筋模型。混凝土强度等级为C35，混凝土保护层厚度为25mm，剪力墙水平钢筋选用直径12mm的HRB335钢筋，钢筋间距为200mm；竖向钢筋选用直径10mm的HRB335钢筋，钢筋间距为150mm；所有钢筋起点、终点末端均为180°弯钩；拐角钢筋排布不做要求。墙高3.6m，墙细部尺寸如图4.46所示。请将模型以"剪力墙钢筋模型"为文件名保存到考生文件夹。

STEP 01 打开软件Revit。单击"项目→结构样板"按钮，系统自动进入"标高2"结构平面视图；切换到"标高1"结构平面视图；同时选中"标高1-分析"和"标高2-分析"结构平面视图，删除。

STEP 02 单击"结构"选项卡"结构"面板"墙"下拉列表"墙：结构"按钮，系统自动切换到"修改|放置 结构墙"上下文选项卡。

STEP 03 确认左侧类型选择器中墙体的类型为"基本墙 常规-200mm"，单击"编辑类型"按钮，在弹出的"类型属性"对话框中单击"复制"按钮，复制创建一个新的墙体类型"剪力墙250mm"。

STEP 04 单击"类型属性"对话框"构造"项下"结构"右侧的"编辑"按钮，在弹出的"编辑部件"对话框中设置"结构[1]"的"材质"为"C35"，"厚度"为"250"。

STEP 05 确认结构墙的类型为"基本墙 剪力墙250mm"，设置左侧"属性"对话框"约束"项下"定位线"为"墙中心线"，"底部约束"为"标高1"，"底部偏移"为"0.0"，"顶部约束"为"未连接"，"无连接高度"为"3600.0"，不勾选"结构"项下"启用分析模型"复选框，如图4.47所示。

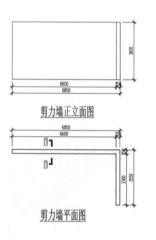
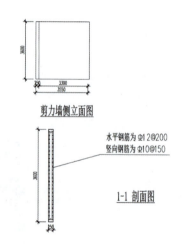
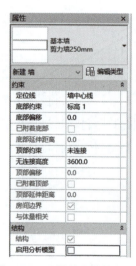

■ 图4.46 剪力墙

■ 图4.47 设置剪力墙的实例参数

STEP 06 设置选项栏参数，如图4.48所示。

■ 图4.48 设置选项栏参数（一）

STEP 07 单击"修改|放置 结构墙"上下文选项卡"绘制"面板"线"按钮，在绘图区域绘制剪力墙，剪力墙如图4.46中"剪力墙平面图"所示。

STEP 08 切换到三维视图。

STEP 09 单击"结构"选项卡"钢筋"面板"保护层"按钮，单击选项栏"编辑保护层设置"按钮，在弹出的"钢筋保护层设置"对话框中单击"添加"按钮，创建一个新的保护层，名称为"保护层厚度"，设置保护层厚度为"25mm"，单击"确定"按钮退出"钢筋保护层设置"对话框，操作过程如图4.49中①所示。

STEP 10 激活选项栏中"拾取图元"按钮，拾取创建的剪力墙，确认选项栏中"保护层设置"为"保护层厚度<25mm>"，则对剪力墙进行了保护层的设置，如图4.49中②所示。

> **STEP** 11 选中剪力墙,则观察到左侧"属性"对话框中"结构"项下钢筋保护层厚度(外部面、内部面和其他面)均为25mm,如图4.49中③所示。

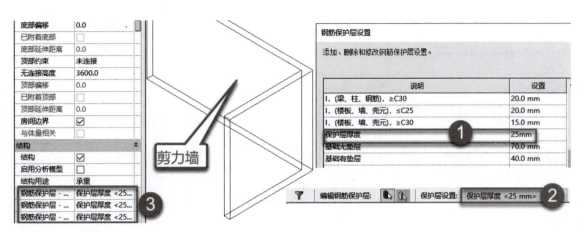

■ 图4.49 设置保护层

> **STEP** 12 切换到"标高1"结构平面视图。
> **STEP** 13 单击"结构"选项卡"钢筋"面板"钢筋"按钮,系统切换到"修改|放置钢筋"上下文选项卡。
> **STEP** 14 系统弹出图4.35所示的警示对话框,直接单击"确定"按钮即可。
> **STEP** 15 设置"修改|放置钢筋"上下文选项卡"钢筋集"面板中的"布局"为"单根",单击"放置方法"面板中的"绘制钢筋"按钮,如图4.50所示。
> **STEP** 16 根据状态栏提示,拾取创建的剪力墙(结构钢筋的主体),系统切换到"修改|在当前工作平面中绘制钢筋"上下文选项卡,如图4.51所示。

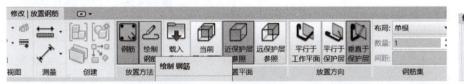

■ 图4.50 单击"绘制钢筋"按钮

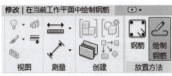

■ 图4.51 "绘制钢筋"按钮

> **STEP** 17 设置钢筋的类型为"钢筋12 HRB335",设置左侧"属性"对话框"构造"项下"起点的弯钩"和"终点的弯钩"均为"无"。
> **STEP** 18 单击"修改|创建钢筋草图"上下文选项卡"绘制"面板中的"线"按钮,如图4.52所示;设置选项栏参数,如图4.53所示。

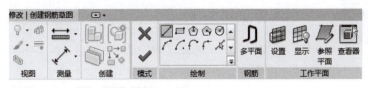

■ 图4.52 单击"线"按钮

■ 图4.53 设置选项栏参数(二)

STEP 19 在外侧预显的保护层位置（绿色的虚线代表保护层位置）创建外侧钢筋草图线（由于钢筋直径为12mm，外侧钢筋外边缘与保护层对齐，我们在这里绘制的草图线代表的是外侧水平钢筋的中心线位置，所以选项栏中偏移值设置为"6"，即钢筋直径12mm 的一半），确保草图线位于保护层内侧，如图 4.54 所示。

■ 图 4.54　外侧钢筋草图线

STEP 20 设置左侧"属性"对话框"构造"项下"起点的弯钩"和"终点的弯钩"均为"标准 -180 度"，最后单击"修改 | 创建钢筋草图"上下文选项卡"模式"面板中的"完成编辑模式"按钮"√"，则剪力墙外侧的一根水平钢筋创建完成了，如图 4.55 所示。

STEP 21 选中刚刚创建的剪力墙外侧的一根水平钢筋，系统自动切换到了"修改 | 结构钢筋"上下文选项卡。

STEP 22 单击"创建"面板"创建类似"按钮，如图 4.56 所示，系统切换到了"修改 | 放置钢筋"上下文选项卡。

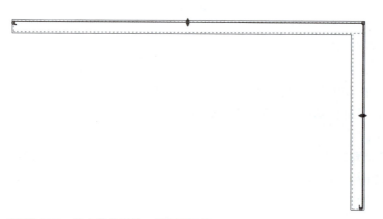

■ 图 4.55　剪力墙外侧的一根水平钢筋

■ 图 4.56　"创建类似"按钮

STEP 23 设置"放置方法"为"钢筋"，"放置平面"为"当前工作平面"，"放置方向"为"平行于工作平面"，"钢筋集"布局为"单根"，如图 4.20 所示。

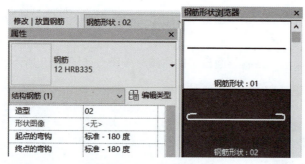

■ 图 4.57　设置钢筋形状和类型

STEP 24 设置钢筋形状为 02，设置左侧"属性"对话框中钢筋的类型为"钢筋 12 HRB335"，"起点的弯钩"和"终点的弯钩"均为"标准 -180 度"，如图 4.57 所示。

STEP 25 将光标置于剪力墙保护层位置预显水平钢筋单击，即可创建完成单根水平钢筋，如图 4.58 中①、②所示；选中创建的水平钢筋，设置"布局"为"最大间距"，"间距"为"200.0mm"，如图 4.58 中③、⑤所示。

STEP 26 单击"结构"选项卡"钢筋"面板"钢筋"按钮，系统切换到"修改 | 放置钢筋"上下文选项卡。

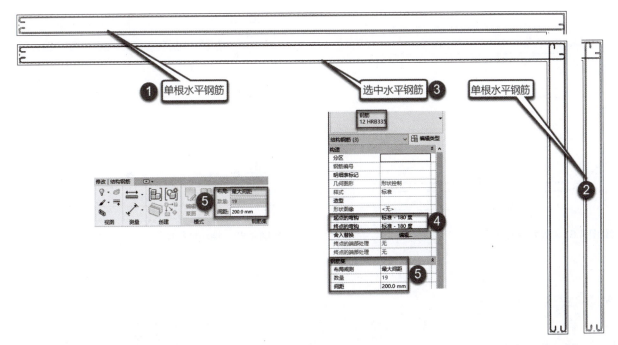

■ 图 4.58 水平钢筋创建

>> STEP 27 设置钢筋形状为 01,设置钢筋的类型为"钢筋 10 HRB335","起点的弯钩"和"终点的弯钩"均为"无","钢筋集"的"布局规则"为"最大间距","间距"为"150.0mm",如图 4.59 所示。

>> STEP 28 设置"放置方法"为"钢筋","放置平面"为"当前工作平面","放置方向"为"垂直于保护层","钢筋集"布局为"最大间距","间距"为"150.0mm",如图 4.60 所示。

>> STEP 29 将光标置于剪力墙保护层位置预显竖向钢筋单击,即可创建竖向钢筋,如图 4.61 所示;选中竖向钢筋,通过拖动两端造型操纵柄的方法调整竖向钢筋的位置,如图 4.62 所示。

>> STEP 30 选中竖向钢筋,设置"起点的弯钩"和"终点的弯钩"均为"标准-180 度",如图 4.63 所示。

>> STEP 31 选中所有钢筋,如图 4.64 所示;单击左侧"属性"对话框"图形"项下"视图可见性状态"右侧"编辑"按钮,在弹出的"钢筋图元视图可见性状态"对话框中勾选图 4.65 所示的复选框,单击"确定"按钮退出"钢筋图元视图可见性状态"对话框。

■ 图 4.59 设置钢筋的实例参数

>> STEP 32 设置视图控制栏下"详细程度"为"精细","视觉样式"为"着色",则创建的剪力墙钢筋三维模型以清晰的视图显示出来了,如图 4.66 所示。

>> STEP 33 单击快速访问工具栏"保存"按钮,在弹出的"另存为"对话框中将建立的模型以"剪力墙钢筋模型"为文件名保存至考生文件夹中。

至此,本题建模结束。

■ 图 4.60 设置"放置平面"和"放置方向"等

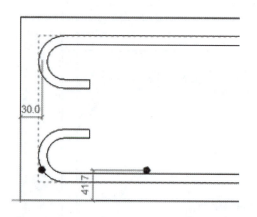

图 4.61 放置竖向钢筋

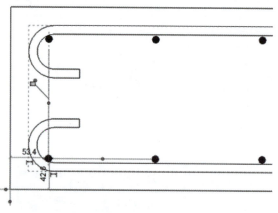

图 4.62 拖动造型操纵柄

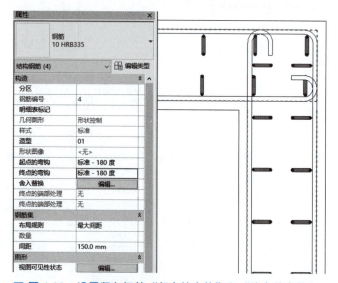

图 4.63 设置竖向钢筋"起点的弯钩"和"终点的弯钩"

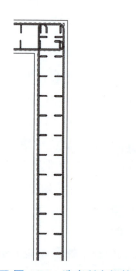

图 4.64 选中所有钢筋

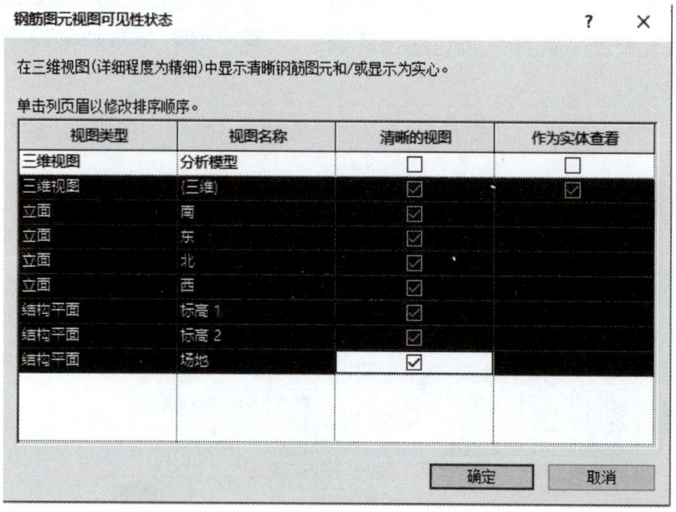

图 4.65 "钢筋图元视图可见性状态"对话框(三)

图 4.66 剪力墙钢筋三维模型

第三节　钢筋混凝土结构柱配筋

【钢筋混凝土柱】

下面通过案例讲述钢筋混凝土结构柱及钢筋模型的创建方法。

【案例3】根据图4.67所示柱的平法标注，创建钢筋混凝土结构柱模型。混凝土强度等级为C30；混凝土保护层厚度35mm；柱上端箍筋加密区长度为700mm、下端加密区长度为1000mm；柱高4.2m。未标明尺寸可自行定义。请将模型以"钢筋混凝土结构柱"为文件名保存到考生文件夹中。

» STEP 01　学习平法图集22G101—1中"2柱平法施工图制图规则"P8～P12相关内容。

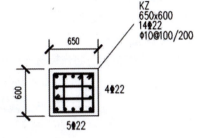

■ 图4.67　柱的平法标注

» STEP 02　打开软件Revit。单击"项目→结构样板"按钮，系统自动进入"标高2"结构平面视图；切换到"标高1"结构平面视图；同时选中"标高1-分析"和"标高2-分析"结构平面视图，删除。

» STEP 03　单击"结构"选项卡"结构"面板"柱"按钮，系统进入"修改|放置 结构柱"上下文选项卡。

» STEP 04　激活"放置"面板"垂直柱"按钮，确认"结构柱"的类型为"混凝土-矩形-柱300×450mm"，单击"编辑类型"按钮，在弹出的"类型属性"对话框中单击"复制"按钮，复制创建一个新类型，重命名为"KZ"。

» STEP 05　设置"类型属性"对话框"尺寸标注"项下"b""h"和"标识数据"项下"类型标记"分别为"650""600"和"KZ"。

» STEP 06　设置左侧"属性"对话框"材质和装饰"项下"结构材质"为"C30"、不勾选"结构"项下"启用分析模型"复选框。

» STEP 07　设置"修改|放置 结构柱"上下文选项卡"选项栏"中结构柱生成方向为"高度"、设置"未连接"高度为"4200"；确认"结构柱"的类型为"混凝土-矩形-柱 KZ"；将光标放置于绘图区域某一位置，待左下侧状态栏出现"单击以放置自由实例。按空格键循环放置基点。"提示时单击，则完成了结构柱的放置。

» STEP 08　激活"结构"选项卡"钢筋"面板"保护层"按钮；单击选项栏"编辑保护层设置"按钮，在弹出的"钢筋保护层设置"对话框中单击"添加"按钮，创建一个新的保护层，名称为"保护层厚度"，设置保护层厚度为"35mm"，单击"确定"按钮退出"钢筋保护层设置"对话框。

» STEP 09　切换到三维视图，激活选项栏中"拾取图元"按钮，拾取创建的结构柱KZ，确认选项栏中"保护层设置"为"保护层厚度<35mm>"，则对结构柱KZ进行了保护层厚度的设置。

» STEP 10　选中结构柱KZ，则观察到左侧"属性"对话框中"结构"项下钢筋保护层厚度（顶面、底面和其他面）均为35mm。

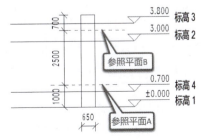

■ 图4.68　参照平面A和B

» STEP 11　切换到"南"立面视图。

» STEP 12　单击"结构"选项卡"基准"面板"标高"按钮，系统切换到"修改|放置 标高"上下文选项卡，勾选选项栏中的"创建平面视图"复选框，选中"绘制"面板"线"按钮，创建"标高3"和"标高4"；单击"结构"选项卡"工作平面"面板"参照平面"按钮，系统切换到"修改|放置 参照平面"上下文选项卡，选中"绘制"面板"线"按钮，绘制参照平面A和B，如图4.68所示。

» STEP 13　切换到"标高2"结构平面视图。

>> STEP 14 单击"结构"选项卡"钢筋"面板"钢筋"按钮,在系统弹出的提示对话框中直接单击"确定"按钮,系统即自动切换到"修改 | 放置钢筋"上下文选项卡。

>> STEP 15 设置钢筋形状为"33",设置钢筋的类型为"钢筋 10 HPB300",设置左侧"属性"对话框"钢筋集"项下"布局规则"为"单根"。

>> STEP 16 激活"修改 | 放置钢筋"上下文选项卡"放置平面"面板"当前工作平面"按钮、"放置方向"面板"平行于工作平面"按钮。

>> STEP 17 根据左下角状态栏"单击以放置钢筋(按空格键以旋转 / 翻转;按 Shift 键以锁定钢筋与当前面的朝向)"的提示,将光标置于结构柱 KZ 上预显箍筋(钢筋形状为"33";循环单击键盘空格键来切换箍筋开口位置)单击,如 4.69 所示,则箍筋创建好了。

>> STEP 18 选中结构柱 KZ,单击"修改 | 结构柱"上下文选项卡"钢筋"面板"钢筋"按钮,系统自动切换到"修改 | 放置钢筋"上下文选项卡。

>> STEP 19 设置钢筋形状为"01",设置钢筋的类型为"钢筋 22 HRB400",设置左侧"属性"对话框"钢筋集"项下"布局规则"为"固定数量","数量"为"5"。

>> STEP 20 激活"修改 | 放置钢筋"上下文选项卡"放置平面"面板"当前工作平面"按钮,"放置方向"面板"垂直于保护层"按钮。

■ 图 4.69 箍筋创建

>> STEP 21 将光标置于上部箍筋内侧预显纵向五根钢筋(钢筋形状为"01"),如图 4.70 中①所示,单击则上侧纵向五根钢筋创建好了;将光标置于底部箍筋内侧预显纵向五根钢筋(钢筋形状为"01"),如图 4.70 中②所示,单击则下侧纵向五根钢筋创建好了。

>> STEP 22 绘制参照平面 C、D、E 和 F。

>> STEP 23 选中上侧纵向五根钢筋,系统切换到"修改 | 结构钢筋"上下文选项卡,单击"创建"选项卡"创建类似"按钮。

>> STEP 24 设置钢筋形状为"01",设置钢筋的类型为"钢筋 22 HRB400",设置左侧"属性"对话框"钢筋集"项下"布局规则"为"单根","数量"为"1"。

>> STEP 25 激活"修改 | 放置钢筋"上下文选项卡"放置平面"面板"当前工作平面"按钮、"放置方向"面板"垂直于保护层"按钮。

>> STEP 26 将光标置于左侧箍筋内侧预显纵向钢筋(钢筋形状为"01"),单击则放置了一根纵向钢筋,同理,放置其余的纵向钢筋,如图 4.71 所示。

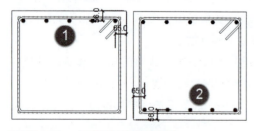

■ 图 4.70 上下侧纵向钢筋创建

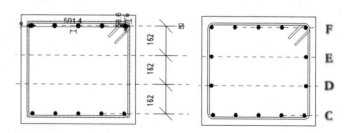

■ 图 4.71 左右侧纵向钢筋创建

再学一招 ▶▶▶

借助"对齐""镜像 – 绘制轴""复制"等修改工具来编辑纵向钢筋,将会大大提高放置纵向钢筋的效率。

>> STEP 27 选中创建的箍筋,单击左侧"属性"对话框"图形"项下"视图可见性状态"右侧"编辑"按钮,在弹出的"钢筋图元视图可见性状态"对话框中勾选"立面→南→清晰的视图"复选框,单击"确定"按钮退出"钢筋图元视图可见性状态"对话框。

STEP 28 切换到“南”立面视图，设置左下侧“视图控制栏”项下“详细程度”为“精细”；选中箍筋，设置“钢筋集”项下“布局规则”为“最大间距”，“间距”为“100.0mm”，如图 4.72 所示。

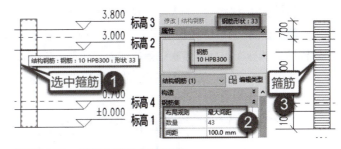

■ 图 4.72　设置箍筋的布局规则

STEP 29 选中箍筋，在底部和顶部显示造型操纵柄；拖动底部造型操纵柄至参照平面 B，如图 4.73 所示。

STEP 30 箍筋此时处于选中状态，单击“修改 | 结构钢筋”上下文选项卡“修改”面板“镜像 - 绘制轴”按钮，在结构柱高度的一半位置绘制一条水平镜像轴，则通过镜像工具创建了底部的箍筋；拖动底部箍筋的上部纵向操纵柄至参照平面 A；单击“修改 | 结构钢筋”上下文选项卡“修改”面板“复制”按钮，创建中部的箍筋，如图 4.74 所示。

STEP 31 隐藏“显示第一栏”和“显示最后一栏”复选框，分别拖动上下造型操纵柄至参照平面 B 和 A 位置；设置“钢筋集”面板中的“布局规则”为“最大间距”，“间距”为“200.0”，如图 4.75 所示。

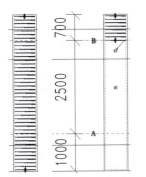

■ 图 4.73　顶部加密区箍筋

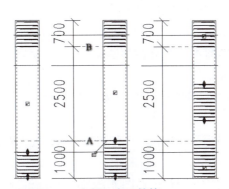

■ 图 4.74　底部加密区箍筋

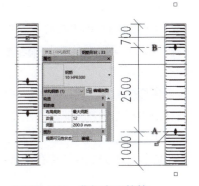

■ 图 4.75　非加密区箍筋

STEP 32 框选所有对象，单击“修改 | 选择多个”上下文选项卡“选择”面板“过滤器”按钮，在弹出的“过滤器”对话框中勾选“结构钢筋”复选框，则结构钢筋全部被选中。

STEP 33 单击左侧“属性”对话框“图形”项下“视图可见性状态”右侧“编辑”按钮，在弹出的“钢筋图元视图可见性状态”对话框中勾选图 4.76 所示的复选框，单击“确定”按钮退出“钢筋图元视图可见性状态”对话框，则结构钢筋的显示情况，如图 4.77 所示。

钢筋图元视图可见性状态

在三维视图（详细程度为精细）中显示清晰钢筋图元和/或显示为实心。

单击列页眉以修改排序顺序。

视图类型	视图名称	清晰的视图	作为实体查看
三维视图	分析模型	☐	☐
三维视图	{三维}	☑	☑
立面	南	☑	☐
立面	东	☑	☐
立面	北	☑	☐
立面	西	☑	☐
结构平面	标高 1	☑	☐
结构平面	标高 2	☑	☐
结构平面	场地	☑	
结构平面	标高 3	☑	☐
结构平面	标高 4	☑	☐

确定　取消

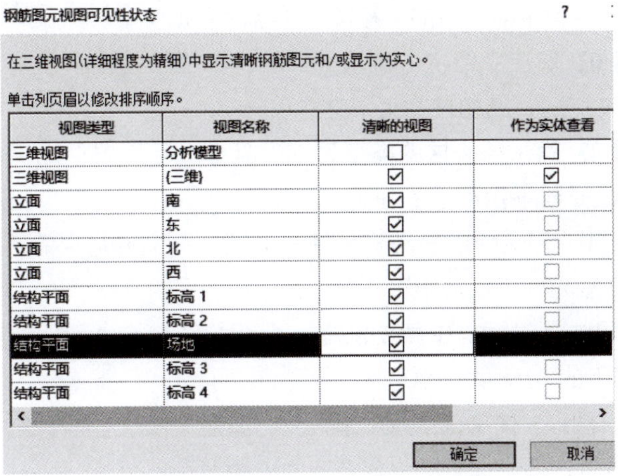

■ 图 4.76　“钢筋图元视图可见性状态”对话框（四）

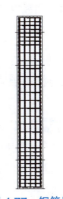

■ 图 4.77　钢筋显示

》STEP 34 切换到"标高2"结构平面视图。

》STEP 35 选中箍筋,单击"修改"面板"复制"按钮,分别水平往左和垂直向下复制创建新的钢筋,拖动箍筋的造型操纵柄至箍筋正确的位置,如图4.78所示;同理,分别切换到"标高3"结构平面视图和"标高4"结构平面视图,创建相应高度范围内的内部箍筋。

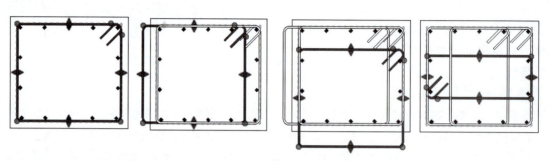

■ 图4.78 创建内部箍筋

》STEP 36 切换到三维视图,框选所有对象,单击"修改 | 选择多个"上下文选项卡"选择"面板"过滤器"按钮,在弹出的"过滤器"对话框中勾选"结构钢筋"复选框,则结构钢筋全部被选中。

》STEP 37 单击左侧"属性"对话框"图形"项下"视图可见性状态"右侧"编辑"按钮,在弹出的"钢筋图元视图可见性状态"对话框中勾选图4.76所示的复选框,单击"确定"按钮退出"钢筋图元视图可见性状态"对话框。

》STEP 38 设置左下侧"视图控制栏"项下"详细程度"为"精细","视觉样式"为"着色",则结构钢筋在三维视图中就清晰地显示出来了。

》STEP 39 单击快速访问工具栏"保存"按钮,在弹出的"另存为"对话框中将建立的模型以"钢筋混凝土结构柱"为文件名保存至考生文件夹中。

■ 图4.79 钢筋混凝土圆柱以及螺旋箍筋

【螺旋箍筋】

【案例4】根据图4.79创建钢筋混凝土圆柱以及螺旋箍筋。其中,钢筋混凝土圆柱混凝土强度等级为C30,截面直径为800mm,高度为3000mm,混凝土保护层厚度为25mm;螺旋箍筋为ø8mm,箍筋间距120mm,底部和顶部面层匝数均为5,起点和终点弯钩均为135°,三维视图中可实体查看到该箍筋。未标明尺寸可自行定义。请将模型以"钢筋混凝土圆柱及螺旋箍筋"为文件名保存到考生文件夹。

》STEP 01 打开软件Revit,选择"结构样板",新建一个项目文件,系统自动进入建立结构模型的建模界面,切换到"项目浏览器 - 项目1→视图(全部)→结构平面"下的"标高1"结构平面视图。

》STEP 02 单击"结构"选项卡"结构"面板"柱"按钮,系统自动切换到"修改 | 放置 结构柱"上下文选项卡。

》STEP 03 确认结构柱的类型为"混凝土 - 矩形 - 柱 300×450mm",单击左侧"属性"对话框中类型选择器下拉列表右下侧"编辑类型"按钮,在弹出的"类型属性"对话框中单击"载入"按钮,载入"China→结构→柱→混凝土"文件夹中的"混凝土 - 圆形 - 柱",则"混凝土 - 圆形 - 柱"载入到了项目中了。

》STEP 04 在弹出的"类型属性"对话框中复制创建一个新的结构柱类型"钢筋混凝土圆柱",设置"类型属性"对话框"尺寸标注"项下的"b"为"800"。

》STEP 05 确认结构柱的类型为"混凝土 - 圆形 - 柱 钢筋混凝土圆柱",激活"修改 | 放置 结构柱"上下文选项卡"放置"面板中的"垂直柱"按钮,设置选项栏结构柱生成方向为"高度"。

STEP 06 设置左侧"属性"对话框中"材质和装饰"项下"结构材质"为"C30",不勾选"结构"项下的"启用分析模型"复选框。

STEP 07 将光标放置于绘图区域某一位置,待左下侧状态栏出现"单击以放置自由实例。按空格键循环放置基点。"提示时单击,则完成了结构柱的放置。

STEP 08 单击"结构"选项卡"钢筋"面板"保护层"按钮,单击选项栏"编辑保护层设置"按钮,在弹出的"钢筋保护层设置"对话框中单击"添加"按钮,创建一个新的保护层,名称为"保护层厚度",设置保护层厚度为"25mm",单击"确定"按钮退出"钢筋保护层设置"对话框。

STEP 09 切换到三维视图;激活选项栏中"拾取图元"按钮,拾取创建的结构柱,确认选项栏中"保护层设置"为"保护层厚度 <25mm>",则对结构柱进行了保护层厚度的设置。

STEP 10 选中结构柱,则观察到左侧"属性"对话框中"结构"项下钢筋保护层厚度(顶面、底面和其他面)均为 25mm。

STEP 11 切换到"南"立面视图,将"标高 2"高程值由"3.000"修改为"2.000"。

STEP 12 切换到"标高 2"结构平面视图。

STEP 13 激活"结构"选项卡"钢筋"面板"钢筋"按钮,在系统弹出的"'钢筋形状'定义将不包含弯钩或末端处理方式。这些选项可在'钢筋设置'中更改,且应在向项目中添加钢筋图元之前进行设置。"提示框中直接单击"确定"按钮,系统自动切换到"修改|放置钢筋"上下文选项卡。

STEP 14 设置钢筋形状为"53",设置钢筋的类型为"钢筋 8 HPB300",设置左侧"属性"对话框"构造"项下参数,如图 4.80 所示。

STEP 15 激活"修改|放置钢筋"上下文选项卡"放置方法"面板"钢筋"按钮和"放置透视"面板中的"顶"按钮,将光标置于结构柱上,当状态栏出现"单击以放置钢筋(按空格键以旋转/翻转;按 Shift 键以锁定钢筋与当前面的朝向)"提示时,预显螺旋箍筋,然后单击,则螺旋箍筋创建好了,如图 4.81 所示。

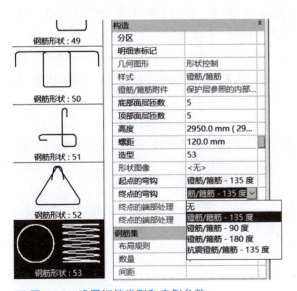

■ 图 4.80 设置钢筋类型和实例参数

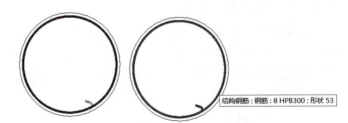

■ 图 4.81 创建螺旋箍筋

STEP 16 切换到三维视图;框选所有对象,系统自动切换到"修改|选择多个"上下文选项卡,单击"选择"面板"过滤器"按钮,在弹出的"过滤器"对话框中勾选"结构钢筋",单击"确定"按钮退出"过滤器"对话框,则选中了"结构钢筋"。

STEP 17 单击左侧"属性"对话框"图形"项下"视图可见性状态"右侧"编辑"按钮,在弹出的"钢筋图元视图可见性状态"对话框中勾选"三维视图→{三维}→清晰的视图""三维视图→{三维}→作为实体查看"复选框,单击"确定"按钮退出"钢筋图元视图可见性状态"对话框。

>> STEP 18 设置视图控制栏下"详细程度"为"精细","视觉样式"为"着色",则结构钢筋在三维视图中清晰地以实体样式显示出来了。

>> STEP 19 单击快速访问工具栏"保存"按钮,在弹出的"另存为"对话框中将建立的模型以"钢筋混凝土圆柱及螺旋箍筋"为文件名保存至考生文件夹中。

第四节 楼板配筋

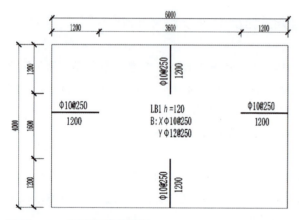

图 4.82 平法标注的楼板

【楼板钢筋】

下面通过案例讲述楼板钢筋模型的创建方法。

【案例5】根据图 4.82 所示平法标注的楼板,创建楼板钢筋,其中钢筋均为 180°弯钩,楼板(LB1)材质为 C35,保护层厚度 20mm。请将模型以"楼板钢筋模型"为文件名保存到考生文件夹。

>> STEP 01 学习平法图集 22G101—1 中"5 有梁楼盖平法施工图制图规则"P38～P43 相关内容。

>> STEP 02 打开软件 Revit。单击"项目→结构样板"按钮,系统自动进入"标高 2"结构平面视图;切换到"标高 1"结构平面视图;同时选中"标高 1-分析"和"标高 2-分析"结构平面视图,删除。

>> STEP 03 单击"结构"选项卡"结构"面板"楼板"下拉列表"楼板:结构"按钮,系统自动切换到"修改 | 创建楼层边界"上下文选项卡。

>> STEP 04 确认楼板的类型为"楼板 常规 -300mm";单击左侧"属性"对话框中类型选择器下拉列表右下侧"编辑类型"按钮,在弹出的"类型属性"对话框中复制创建一个新的楼板类型"LB1",设置"LB1"的"厚度"为"120","材质"为"C35"。

>> STEP 05 设置左侧"属性"对话框"约束"项下"标高"为"标高 1","自标高的高度偏移"为"0.0"。

>> STEP 06 勾选左侧"属性"对话框"结构"项下"结构"复选框,不勾选左侧"属性"对话框"结构"项下"启用分析模型"复选框。

>> STEP 07 确认楼板的类型为"楼板 LB1";设置选项栏中"偏移"为"0.0";激活"修改 | 创建楼层边界"上下文选项卡"绘制"面板"边界线"按钮,如图 4.83 所示,选择"矩形"的绘制方式绘制楼层边界线。

>> STEP 08 激活"修改 | 创建楼层边界"上下文选项卡"绘制"面板"跨方向"按钮,选择"拾取线"绘制方式,拾取楼层边界线的左侧边界线作为跨方向,如图 4.84 所示,单击"模式"面板"完成编辑模式"按钮"√",完成楼板 LB1 的创建。

图 4.83 激活"边界线"按钮

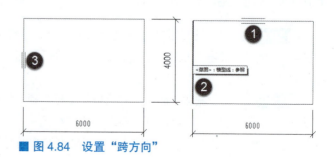

图 4.84 设置"跨方向"

>> STEP 09 选中"跨方向符号:M_跨方向：单向配筋板"删除，如图4.85所示。

>> STEP 10 单击"结构"选项卡"钢筋"面板"面积"按钮，选中楼板LB1，在系统弹出的"'钢筋形状'定义将不包含弯钩或末端处理方式。这些选项可在'钢筋设置'中更改，且应在向项目中添加钢筋图元之前进行设置"提示框中单击"确定"按钮，系统自动切换到"修改|创建钢筋边界"上下文选项卡。

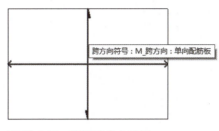

■ 图4.85 删除跨方向符号

>> STEP 11 激活"修改|创建钢筋边界"上下文选项卡"绘制"面板"线性钢筋"按钮，如图4.86所示，选择"矩形"的绘制方式绘制钢筋边界线，如图4.87所示。

■ 图4.86 绘制线性钢筋

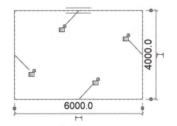

■ 图4.87 钢筋边界线

>> STEP 12 激活"修改|创建钢筋边界"上下文选项卡"绘制"面板"主筋方向"按钮，选择"拾取线"绘制方式，拾取钢筋边界线的左侧边界线作为跨方向，如图4.88所示。

>> STEP 13 确认结构区域钢筋的类型为"结构区域钢筋 结构区域钢筋1"，设置左侧"属性"对话框中"图层"项下参数，如图4.89所示，单击"模式"面板"完

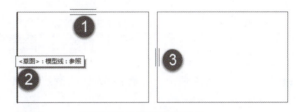

■ 图4.88 设置钢筋边界线的跨方向

成编辑模式"按钮"√"，完成区域钢筋1的创建，即完成了楼板LB1底部X向和Y向通长钢筋的创建。

>> STEP 14 选中"结构区域钢筋符号:M-区域钢筋符号:M-区域钢筋符号"进行删除，如图4.90所示。

>> STEP 15 单击"结构"选项卡"钢筋"面板"保护层"按钮，单击选项栏"编辑保护层设置"按钮，在弹出的"钢筋保护层设置"对话框中单击"添加"按钮，创建一个新的保护层，名称为"保护层厚度"，设置保护层厚度为"20mm"，单击"确定"按钮退出"钢筋保护层设置"对话框。

>> STEP 16 切换到三维视图，确认选项栏中"保护层设置"为"保护层厚度<20mm>"，激活选项栏中"拾取图元"按钮，拾取楼板LB1，则对楼板进行了保护层的设置。

>> STEP 17 选中楼板LB1，则观察到左侧"属性"对话框中"结构"项下钢筋保护层厚度（顶面、底面和其他面）均为20mm。

>> STEP 18 切换到"标高1"结构平面视图。

>> STEP 19 单击"结构"选项卡"钢筋"面板"面积"按钮，如图4.91所示，选中楼板LB1后系统自动切换到"修改|创建钢筋边界"上下文选项卡。

>> STEP 20 激活"绘制"面板"线性钢筋"按钮，绘制钢筋边界线，如图4.92所示。

>> STEP 21 确认结构区域钢筋的类型为"结构区域钢筋 结构区域钢筋1"，设置左侧"属性"对话框中"图层"项下参数，如图4.93所示。

>> STEP 22 单击"模式"面板"完成编辑模式"按钮"√"，完成左侧支座负筋的创建。

>> STEP 23 选中"结构区域钢筋符号:M-区域钢筋符号:M-区域钢筋符号"进行删除。

>> STEP 24 单击"结构"选项卡"钢筋"面板"路径"按钮,如图4.94所示,拾取楼板LB1,如图4.95所示,则系统自动切换到"修改 | 创建钢筋路径"上下文选项卡。

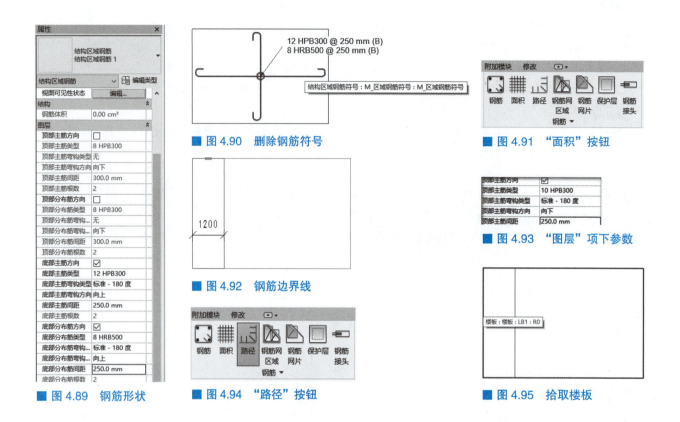

■ 图4.89 钢筋形状　　■ 图4.90 删除钢筋符号　　■ 图4.91 "面积"按钮

■ 图4.92 钢筋边界线　　■ 图4.93 "图层"项下参数

■ 图4.94 "路径"按钮　　■ 图4.95 拾取楼板

>> STEP 25 设置左侧"属性"对话框"图层"项下参数(均为钢筋实例参数),如图4.96所示,单击"绘制"面板"线"按钮,绘制钢筋路径,如图4.97和图4.98所示。

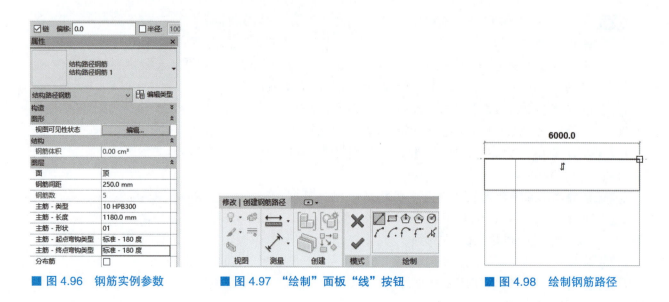

■ 图4.96 钢筋实例参数　　■ 图4.97 "绘制"面板"线"按钮　　■ 图4.98 绘制钢筋路径

>> STEP 26 单击"修改 | 创建钢筋路径"上下文选项卡"模式"面板"完成编辑模式"按钮"√",完成上侧支座负筋的创建。

>> STEP 27 分别选中"结构路径钢筋符号"和"结构路径钢筋标记",进行删除。

>> STEP 28 切换到"南"立面视图,设置视图控制栏下"详细程度"为"精细","视觉样式"为"线框"。

>> STEP 29 单击"结构"选项卡"钢筋"面板"钢筋"按钮,系统自动切换到"修改 | 放置钢筋"上下文选项卡。

>> STEP 30 激活"放置方法"面板上的"钢筋"按钮、"放置平面"面板上的"远保护层参照"和"放置方向"面板上的"平行于保护层"按钮,如图4.99所示。

>> STEP 31 选择钢筋的形状为"01",确认钢筋的类型为"钢筋 10 HPB300",如图4.100所示,设置左侧"属性"对话框"钢筋集"项下"布局规则"为"单根"。

>> STEP 32 将光标置于楼板LB1顶部偏下位置,系统会自动显示绿色虚线,即保护层位置线,则钢筋会自动放置到保护层的位置,如图4.101所示。

>> STEP 33 绘制参照平面;借助Tab键选中刚刚放置的钢筋,向右拖拽左侧的造型操纵柄至绘制的参照平面上,如图4.102所示。

>> STEP 34 设置钢筋的形状为"02","布局规则"为"最大间距","间距"为"250.0mm",尺寸标注项下"A"为"1180.0mm",则创建了右侧支座负筋,如图4.103所示。切换到"西"立面视图,同理创建下侧支座负筋。

>> STEP 35 切换到三维视图,框选所有对象,系统自动切换到"修改 | 选择多个"上下文选项卡,单击"选择"面板"过滤器"按钮,在弹出的"过滤器"对话框中勾选"结构区域钢筋""结构路径钢筋""结构钢筋",如图4.104所示,单击"确定"按钮退出"过滤器"对话框,则选中了"结构区域钢筋""结构路径钢筋""结构钢筋"。

■ 图4.99 设置"放置平面"和"放置方向"

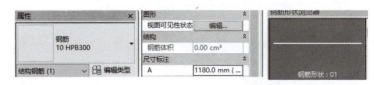

■ 图4.100 钢筋类型

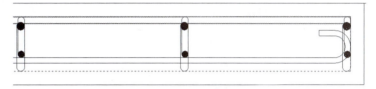

■ 图4.101 创建支座负筋

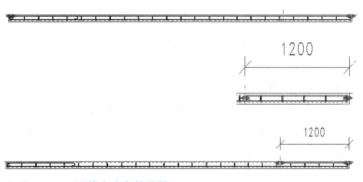

■ 图4.102 调整支座负筋位置

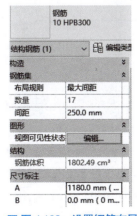

■ 图4.103 设置钢筋布局

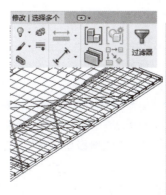

■ 图4.104 选择钢筋

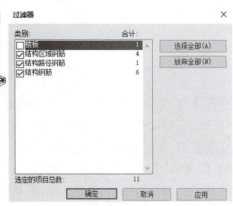

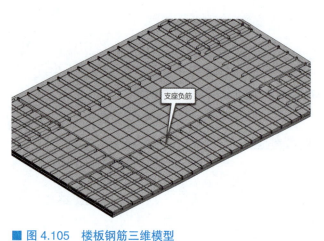

■ 图 4.105　楼板钢筋三维模型

STEP 36 单击左侧"属性"对话框"图形"项下"视图可见性状态"右侧"编辑"按钮,在弹出的"钢筋图元视图可见性状态"对话框中勾选"三维视图→{三维}→清晰的视图""三维视图→{三维}→作为实体查看"复选框,单击"确定"按钮退出"钢筋图元视图可见性状态"对话框。

STEP 37 设置视图控制栏下"详细程度"为"精细","视觉样式"为"着色",则创建的楼板钢筋三维模型如图 4.105 所示。

STEP 38 单击快速访问工具栏"保存"按钮,在弹出的"另存为"对话框中将建立的模型以"楼板钢筋模型"为文件名保存至考生文件夹中。

第五节　基础配筋

下面通过案例讲述基础配筋模型的创建方法。

【案例 6】根据图 4.106 创建基础配筋模型并按要求进行标注。钢筋混凝土柱、基础的混凝土强度等级均为 C35,混凝土保护层厚度均为 30mm;钢筋混凝土柱截面尺寸为 600mm×600mm,主筋为 12 根直径 25mm 的 HRB400 级钢筋,主筋均伸入到基础底部,基础内的三道箍筋为直径 10mm 的 HRB335 级钢筋。未标明尺寸可自行定义。在"北立面图"及"场地"视图中依据图 4.106 添加尺寸标注。请将模型以"基础配筋模型"为文件名保存到考生文件夹。

【基础插筋】

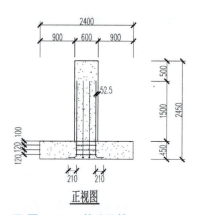
正视图

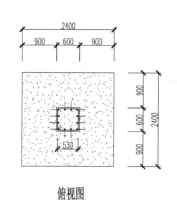
俯视图

■ 图 4.106　基础配筋

STEP 01 打开软件 Revit。单击"项目→结构样板"按钮,系统自动进入"标高 2"结构平面视图;切换到"标高 1"结构平面视图;同时选中"标高 1- 分析"和"标高 2- 分析"结构平面视图,删除。

STEP 02 单击"结构"选项卡"模型"面板"内建模型"按钮,在弹出的"族类别和族参数"对话框中选择"族类别"为"结构基础",单击"确定"按钮退出"族类别和族参数"对话框,在系统弹出的"名称"对话框中输入"基础和柱",单击"确定"按钮退出"名称"对话框,系统自动进入族编辑器界面。

STEP 03 设置左侧"属性"对话框中"结构"项下"用于模型行为的材质"为"混凝土"。

STEP 04 单击"创建"选项卡"形状"面板"放样"按钮,系统切换到"修改 | 放样"上下文选项卡。

STEP 05 单击"放样"面板"绘制路径"按钮,系统切换到"修改 | 放样 > 绘制路径"上下文选项卡,选择"矩形"按钮绘制"2400mm×2400mm"矩形放样路径,如图 4.107 所示,单击"模式"面板"完成编辑模式"按钮"√",完成放样路径的绘制。

STEP 06 单击"修改 | 放样"上下文选项卡"放样"面板"编辑轮廓"按钮,在系统弹出的"转到视图"对话框中单击"立面:东→打开视图"按钮,退出"转到视图"对话框后系统自动切换到"修改 | 放样 > 编辑轮廓"上下文选项卡且打开了"东"立面视图。

STEP 07 选择"线"绘制方式绘制放样轮廓,如图 4.108 所示,设置左侧"属性"对话框中"材质和装饰"项下"材质"为"C35"。

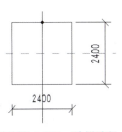 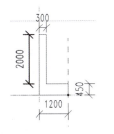

■ 图 4.107　放样路径　　■ 图 4.108　放样轮廓

STEP 08 单击"模式"面板"完成编辑模式"按钮"√",完成放样轮廓的绘制,再次单击"修改 | 放样"上下文选项卡"模式"面板"完成编辑模式"按钮"√",完成"基础和柱"的创建。

STEP 09 再次单击"在位编辑器"面板"完成模型"按钮"√",完成内建模型"基础和柱"的创建。

STEP 10 切换到三维视图。

STEP 11 单击"结构"选项卡"钢筋"面板"保护层"按钮,单击选项栏"编辑保护层设置"按钮,在弹出的"钢筋保护层设置"对话框中单击"添加"按钮,创建一个新的保护层,名称为"保护层厚度",设置保护层厚度为"30mm",单击"确定"按钮退出"钢筋保护层设置"对话框。

STEP 12 激活选项栏中"拾取图元"按钮,拾取内建模型"基础和柱",确认选项栏中"保护层设置"为"保护层厚度<30mm>",则对内建模型"基础和柱"进行了保护层厚度的设置。

STEP 13 选中内建模型"基础和柱",则观察到左侧"属性"对话框中"结构"项下钢筋保护层厚度为 30mm。

STEP 14 切换到"南"立面视图,将"标高 2"高程值修改为"1.000m"。

STEP 15 切换到"标高 2"结构平面视图。

STEP 16 单击"结构"选项卡"钢筋"面板"钢筋"按钮,系统弹出"'钢筋形状'定义将不包含弯钩或末端处理方式。这些选项可在'钢筋设置'中更改,且应在向项目中添加钢筋图元之前进行设置。"的提示框,直接单击"确定"按钮,系统切换到"修改 | 放置钢筋"上下文选项卡。

STEP 17 设置钢筋形状为"33",设置钢筋的类型为"钢筋 10 HRB335",设置左侧"属性"对话框"钢筋集"项下"布局规则"为"单根"。

STEP 18 激活"修改 | 放置钢筋"上下文选项卡"放置平面"面板"当前工作平面"按钮、"放置方向"面板"平行于工作平面"按钮。

STEP 19 将光标置于内建模型"基础和柱"上预显箍筋,单击,完成箍筋创建,如图 4.109 所示。

STEP 20 选中创建的结构钢筋(箍筋),单击左侧"属性"对话框"图形"项下

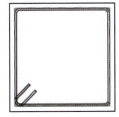

■ 图 4.109　箍筋创建

"视图可见性状态"右侧"编辑"按钮,在弹出的"钢筋图元视图可见性状态"对话框中勾选"三维视图→{三维}→清晰的视图""三维视图→{三维}→作为实体查看""立面→南→清晰的视图""结构平面→标高 2→清晰的视图"复选框,单击"确定"按钮退出"钢筋图元视图可见性状态"对话框。

STEP 21 切换到"南"立面视图,绘制参照平面 A、B 和 C,选中刚刚创建的结构钢筋(箍筋),单击"修改"面板中的"复制"按钮,勾选选项栏中的"约束""多个"按钮,单击一点作为复制基点,垂直往下移动到绘制的三个水平参照平面上分别单击,则复制创建完成了基础内三道箍筋,如图 4.110 所示,删除基础上柱内的箍筋;绘制参照平面 D,为创建竖向钢筋做好准备工作。

STEP 22 单击"结构"选项卡"钢筋"面板"钢筋"按钮,系统切换到"修改 | 放置钢筋"上下文选项卡。

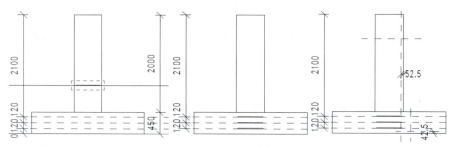

■ 图 4.110　基础内三道箍筋的创建

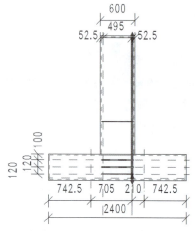

■ 图 4.111　侧面纵向钢筋创建

> **STEP 23**　设置钢筋形状为"01",设置钢筋的类型为"钢筋 25 HRB400";设置左侧"属性"对话框"钢筋集"项下"布局规则"为"单根";激活"修改|放置钢筋"上下文选项卡"放置平面"面板"近保护层参照"按钮和"放置方向"面板"平行于工作平面"按钮。

> **STEP 24**　将光标置于内建模型"基础和柱"上预显纵向钢筋(钢筋形状为"01"),单击,则结构钢筋创建好了,如图 4.111 所示。

> **STEP 25**　单击"修改|结构钢筋"上下文选项卡"模式"面板"编辑草图"按钮,如图 4.112 所示,系统切换到"修改|结构钢筋 > 编辑钢筋草图"上下文选项卡。

> **STEP 26**　单击"绘制"面板"线"按钮,编辑结构钢筋草图,如图 4.113 所示,单击"模式"面板"完成编辑模式"按钮"√",则完成了侧面中部纵向结构钢筋的创建,如图 4.114 所示。

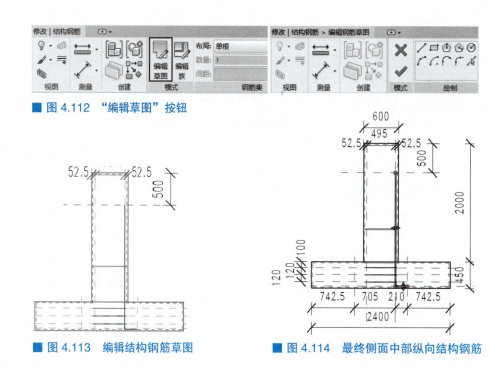

■ 图 4.112　"编辑草图"按钮

■ 图 4.113　编辑结构钢筋草图　　　　■ 图 4.114　最终侧面中部纵向结构钢筋

> **STEP 27**　选中创建的结构钢筋,单击左侧"属性"对话框"图形"项下"视图可见性状态"右侧"编辑"按钮,在弹出的"钢筋图元视图可见性状态"对话框中勾选"三维视图→{三维}→清晰的视图""三维视图→{三维}→作为实体查看""立面→南→清晰的视图""结构平面→标高 2→清晰的视图"复选框,单击"确定"按钮退出"钢筋图元视图可见性状态"对话框。

STEP 28 切换到"标高2"结构平面视图;绘制参照平面;选中创建的结构钢筋,分别单击"修改"面板"移动""复制"按钮,通过移动和复制工具创建右侧中间纵向钢筋A,如图4.115所示。

STEP 29 创建"剖面1"视图,如图4.116所示。

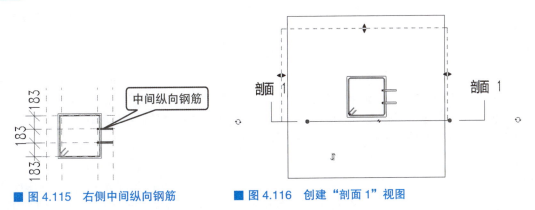

■ 图4.115 右侧中间纵向钢筋   ■ 图4.116 创建"剖面1"视图

STEP 30 切换到"标高2"结构平面视图。

STEP 31 单击"结构"选项卡"钢筋"面板"钢筋"按钮,系统切换到"修改|放置钢筋"上下文选项卡。

STEP 32 设置钢筋形状为"01",设置钢筋的类型为"钢筋25 HRB400",设置左侧"属性"对话框"钢筋集"项下"布局规则"为"单根"。

STEP 33 激活"修改|放置钢筋"上下文选项卡"放置平面"面板"近保护层参照"按钮和"放置方向"面板"垂直于保护层"按钮。

STEP 34 将光标置于内建模型"基础和柱"上预显纵向钢筋(钢筋形状为"01"),单击,创建角部纵向钢筋,如图4.117所示。

STEP 35 切换到"剖面1"视图,选中刚刚创建的结构钢筋,单击"修改|结构钢筋"上下文选项卡"模式"面板"编辑草图"按钮,系统切换到"修改|结构钢筋>编辑钢筋草图"上下文选项卡,单击"绘制"面板"线"按钮,编辑结构钢筋草图,如图4.118所示,单击"模式"面板"完成编辑模式"按钮"√",则完成了角部纵向钢筋的创建。

STEP 36 选中刚刚创建的角部纵向钢筋,单击左侧"属性"对话框"图形"项下"视图可见性状态"右侧"编辑"按钮,在弹出的"钢筋图元视图可见性状态"对话框中勾选"三维视图→{三维}→清晰的视图""三维视图→{三维}→作为实体查看""立面→南→清晰的视图""结构平面→标高2→清晰的视图""剖面→剖面1→清晰的视图"复选框,单击"确定"按钮退出"钢筋图元视图可见性状态"对话框。

STEP 37 选中"剖面1"视图中的刚刚创建的角部纵向钢筋,切换到"标高2"结构平面视图。

STEP 38 通过"修改"面板"镜像-绘制轴""旋转"工具复制创建其余3个角部纵向钢筋;同理,通过"修改"面板"镜像-绘制轴""旋转"工具复制创建另外3个侧面中间纵向钢筋,如图4.119所示。

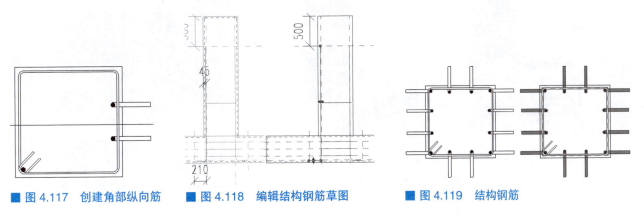

■ 图4.117 创建角部纵向筋   ■ 图4.118 编辑结构钢筋草图   ■ 图4.119 结构钢筋

>> STEP 39 框选创建的所有结构钢筋,单击左侧"属性"对话框"图形"项下"视图可见性状态"右侧"编辑"按钮,在弹出的"钢筋图元视图可见性状态"对话框中勾选"三维视图→{三维}→清晰的视图""三维视图→{三维}→作为实体查看""立面→南→清晰的视图""结构平面→标高2→清晰的视图""剖面→剖面1→清晰的视图""结构平面→场地→清晰的视图"复选框,单击"确定"按钮退出"钢筋图元视图可见性状态"对话框。

>> STEP 40 切换到"南"立面视图,视图比例设置为"1∶50"。

>> STEP 41 单击左侧"属性"对话框"图形"项下"可见性/图形替换→编辑"按钮,在弹出的"立面:南的可见性/图形替换"对话框中,切换到"注释类别"选项卡,不勾选"参照平面""剖面"等。

>> STEP 42 单击"注释"选项卡"尺寸标注"面板"对齐"按钮,系统自动切换到"修改|放置尺寸标注"上下文选项卡,确认对齐尺寸标注的类型为"线性尺寸标注样式 线性",按照题目提供的正视图来标注尺寸,结果如图4.120所示。

>> STEP 43 同理,切换到"场地"结构平面视图,永久隐藏"参照平面""立面符号"等对象,单击"注释"选项卡"尺寸标注"面板"对齐"按钮,系统自动切换到"修改|放置尺寸标注"上下文选项卡,确认对齐尺寸标注的类型为"线性尺寸标注样式 线性",按照题目提供的俯视图来标注尺寸,结果如图4.121所示。

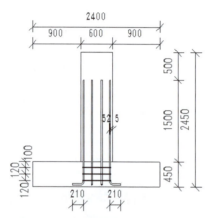

■ 图4.120 创建的正视图

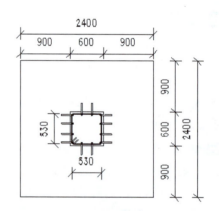

■ 图4.121 创建的俯视图

>> STEP 44 切换到三维视图,设置视图控制栏下"详细程度"为"精细","视觉样式"为"着色",如图4.122所示,查看创建的基础配筋模型三维显示效果,如图4.123所示。

>> STEP 45 单击快速访问工具栏"保存"按钮,在弹出的"另存为"对话框中将建立的模型以"基础配筋模型"为文件名保存至考生文件夹中。

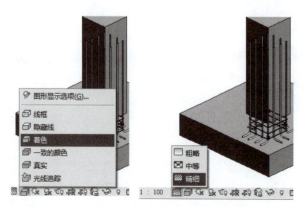

■ 图4.122 设置"详细程度"和"视觉样式"

■ 图4.123 基础配筋模型三维显示效果

第六节 钢筋混凝土梁配筋

下面通过案例讲述梁及钢筋模型的创建方法。

【案例 7】根据图 4.124 中的平法标注,创建钢筋混凝土梁模型。混凝土强度等级为 C30,混凝土保护层厚度为 25mm,梁两端箍筋加密区长度为 1200mm。未标明尺寸可自行定义。请将模型以"钢筋混凝土梁"为文件名保存到相应题号文件夹。

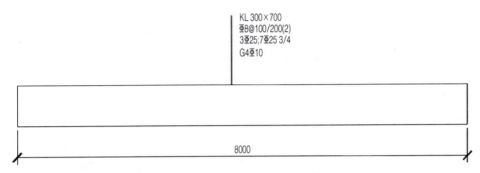

【钢筋混凝土梁】

■ 图 4.124　平法标注的梁

>> STEP 01　学习平法图集 22G101—1 中"4 梁平法施工图制图规则"P26～P37 相关内容。

>> STEP 02　打开软件 Revit,选择"结构样板",新建一个项目文件;系统自动进入建立结构模型的建模界面,切换到"项目浏览器 - 项目 1 →视图(全部)→结构平面"下的"标高 1"结构平面视图。

>> STEP 03　切换到"标高 1"结构平面视图。

>> STEP 04　单击"结构"选项卡"梁"按钮,进入"修改 | 放置 梁"上下文选项卡;确认梁的类型为"混凝土 - 矩形梁 300×600mm",单击"编辑类型"按钮,在弹出的"类型属性"对话框中复制创建一个新的梁类型"KL",设置"尺寸标注"项下"b"为"300","h"为"700"。

>> STEP 05　确认梁的类型为"混凝土 - 矩形梁 KL",设置左侧"属性"对话框"材质和装饰"项下"结构材质"为"C30",不勾选"结构"项下"启用分析模型"复选框。

>> STEP 06　设置左侧"属性"对话框"几何图形位置"项下"YZ 轴对正"为"统一","Y 轴对正"为"原点","Y 轴偏移值"为"0.0","Z 轴对正"为"顶","Z 轴偏移值"为"0.0"。

>> STEP 07　设置选项栏参数,如图 4.125 所示。

■ 图 4.125　选项栏参数

>> STEP 08　单击"修改 | 放置 梁"上下文选项卡"绘制"面板"线"按钮,在四个立面符号范围内合适位置单击一点作为绘制梁 KL 的起点,水平往右,单击另一点作为终点,则梁 KL 创建完成了,如图 4.126 所示。

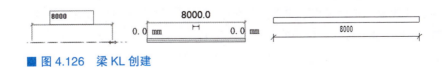

■ 图 4.126　梁 KL 创建

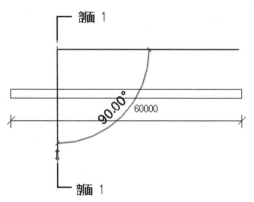

■ 图 4.127　创建剖面

» STEP 09 单击"视图"选项卡"创建"面板"剖面"按钮，系统切换到"修改|剖面"上下文选项卡，在类型选择器下拉列表中选择"剖面 剖面 1"类型，光标变成笔的图标，移动光标至梁 KL 上，在梁上方单击确定剖面线上端点，光标向下移动超过梁后单击确定剖面线下端点，绘制剖面线，系统自动形成剖切范围框，如图 4.127 所示。

» STEP 10 此时项目浏览器中增加了"剖面（剖面 1）"项，展开刚刚创建的"剖面 1"；在项目浏览器"剖面（剖面 1）→剖面 1"上右击，在弹出的快捷菜单中单击"重命名"，在弹出的"重命名视图"对话框中输入新的名称"1—1 剖面图"，确定后即可重命名剖面视图为"1—1 剖面图"。

» STEP 11 单击"结构"选项卡"钢筋"面板"钢筋"按钮，系统切换到"修改|放置钢筋"上下文选项卡，系统弹出图 4.128 所示的对话框，直接单击"确定"按钮即可。

» STEP 12 设置钢筋形状为"33"，设置钢筋的类型为"钢筋 8 HRB400"，设置左侧"属性"对话框"钢筋集"项下"布局规则"为"最大间距"，"间距"为"100mm"。

» STEP 13 激活"修改|放置钢筋"上下文选项卡"放置平面"面板"当前工作平面"按钮和"放置方向"面板"平行于工作平面"按钮。

» STEP 14 将光标置于框架梁上预显箍筋（钢筋形状为"33"），单击，则箍筋创建好了，如图 4.129 所示。

■ 图 4.128　"Revit"对话框　　■ 图 4.129　箍筋的创建

» STEP 15 切换到三维视图，单击"结构"选项卡"钢筋"面板"保护层"按钮，单击选项栏"编辑保护层设置"按钮，在弹出的"钢筋保护层设置"对话框中单击"添加"按钮，创建一个新的保护层，名称为"保护层厚度"，设置保护层厚度为"25mm"，单击"确定"按钮退出"钢筋保护层设置"对话框。

» STEP 16 激活选项栏中"拾取图元"按钮，拾取梁 KL，确认选项栏中"保护层设置"为"保护层厚度<25mm>"，则对梁进行了保护层厚度的设置。

» STEP 17 选中梁 KL，则观察到左侧"属性"对话框中"结构"项下钢筋保护层（顶面、底面和其他面）厚度均为 25mm。

» STEP 18 切换到"标高 1"结构平面视图。

» STEP 19 选中"1—1 剖面图"符号右击，选中"在视图中隐藏→图元"按钮，永久隐藏"1—1 剖面图"符号，如图 4.130 所示。

» STEP 20 单击"建筑"选项卡"工作平面"面板"参照平面"按钮，单击"修改|放置 参照平面"上下文选项卡"绘制"面板"线"按钮，绘制参照平面 A 和 B，如图 4.131 所示。

» STEP 21 框选全部对象，单击"修改|选择多个"上下文选项卡"选择"面板"过滤器"按钮，在弹出的"过滤器"对话框中勾选"结构钢筋"复选框，则结构钢筋被全部选中。

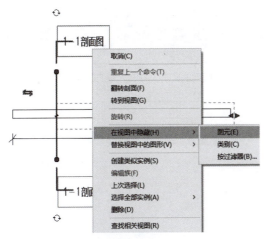

■ 图 4.130 永久隐藏剖面符号

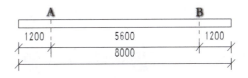

■ 图 4.131 绘制参照平面 A 和 B

>> STEP 22 单击左侧"属性"对话框"图形"项下"视图可见性状态"右侧"编辑"按钮,在弹出的"钢筋图元视图可见性状态"对话框中勾选"三维视图→{三维}→清晰的视图""三维视图→{三维}→作为实体查看""结构平面→标高1→清晰的视图"复选框,则结构钢筋在"标高1"结构平面视图中以清晰的视图显示出来了。

>> STEP 23 选中创建的结构钢筋(箍筋),按住右侧造型操纵柄水平往左拖拽至参照平面 A 上,如图 4.132 所示。

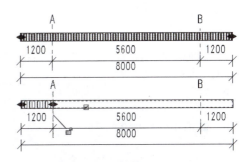

■ 图 4.132 加密区箍筋

>> STEP 24 在左端结构钢筋(箍筋)处于选中状态情况下,单击"修改|结构钢筋"上下文选项卡"修改"面板"镜像-绘制轴"按钮,如图 4.133 所示;沿梁的中点绘制镜像轴,如图 4.134 所示,则右端的结构钢筋(箍筋)创建完成了,如图 4.135 所示。

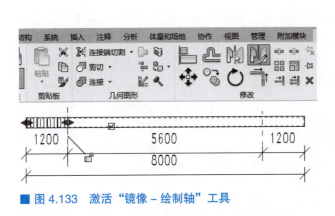

■ 图 4.133 激活"镜像-绘制轴"工具

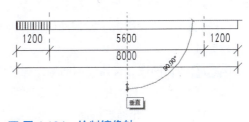

■ 图 4.134 绘制镜像轴

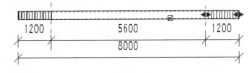

■ 图 4.135 右侧加密区箍筋

>> STEP 25 选中右端结构钢筋(箍筋),单击"修改|结构钢筋"上下文选项卡"修改"面板"复制"按钮,创建参照平面 A 和 B 之间的梁跨度中间的结构钢筋(箍筋),如图 4.136 所示。

>> STEP 26 梁跨度中间的结构钢筋(箍筋)处于选中状态,设置"钢筋集"面板中的"布局"为"最大间距","间距"为"200",如图 4.137 所示;隐藏第一栏和隐藏最后一栏,如图 4.138 所示;分别拖动左右造型操纵柄至参照平面 A 和 B 位置,结果如图 4.139 所示。

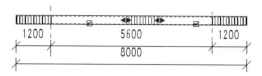

■ 图 4.136　创建非加密区箍筋

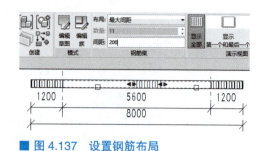

■ 图 4.137　设置钢筋布局

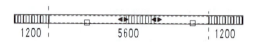

■ 图 4.138　隐藏第一栏和隐藏最后一栏

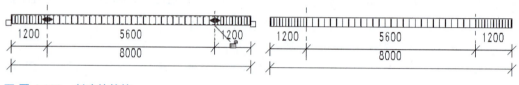

■ 图 4.139　创建的箍筋

STEP 27 切换到"1—1 剖面图"。

STEP 28 单击"结构"选项卡"钢筋"面板"钢筋"按钮,系统切换到"修改|放置钢筋"上下文选项卡。

STEP 29 选择钢筋形状为"01",设置钢筋的类型为"钢筋 25 HRB400",激活"修改|放置钢筋"上下文选项卡"放置方法"面板"钢筋"按钮、"放置平面"面板"近保护层参照"按钮及"放置方向"面板"垂直于保护层"按钮,设置"钢筋集"面板"布局"为"固定数量","数量"为"3"。

STEP 30 将光标置于梁顶部位置,预显 3 根顶部通长钢筋,如图 4.140 所示,单击则顶部 3 根通长钢筋创建完成了。

STEP 31 同理,设置"钢筋集"面板"布局"为"固定数量","数量"为"4",将光标置于梁底部位置,预显 4 根底部通长钢筋,单击则底部第一排 4 根通长钢筋创建完成了,如图 4.141 所示;绘制参照平面,同理,创建底部第二排通长钢筋。

STEP 32 选择钢筋形状为"01",设置钢筋的类型为"钢筋 10 HRB400";激活"修改|放置钢筋"上下文选项卡"放置方法"面板"钢筋"按钮、"放置平面"面板"近保护层参照"按钮和"放置方向"面板"垂直于保护层"按钮,设置"钢筋集"面板"布局"为"固定数量","数量"为"1"。

STEP 33 将光标置于梁中部位置,创建梁中部纵向构造钢筋,如图 4.142 所示。

STEP 34 选中所有结构钢筋(箍筋和通长钢筋),单击左侧"属性"对话框"图形"项下"视图可见性状态"右侧"编辑"按钮,在弹出的"钢筋图元视图可见性状态"对话框中勾选"三维视图→{三维}→清晰的视图""三维视图→{三维}→作为实体查看""结构平面→标高 1→清晰的视图"复选框。

STEP 35 切换到三维视图,设置视图控制栏下"详细程度"为"精细","视觉样式"为"着色",则结构钢筋在三维视图中清晰地以实体样式显示出来了,如图 4.143 所示。

STEP 36 单击快速访问工具栏"保存"按钮,在弹出的"另存为"对话框中将建立的模型以"钢筋混凝土梁"为文件名保存至本题"01"文件夹中。

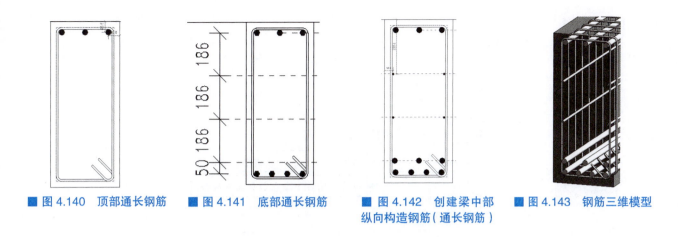

■ 图 4.140　顶部通长钢筋　　■ 图 4.141　底部通长钢筋　　■ 图 4.142　创建梁中部纵向构造钢筋（通长钢筋）　　■ 图 4.143　钢筋三维模型

第七节　经典试题解析和考试试题实战演练

一、经典试题解析

【第八期第一题】

使用钢筋创建功能，分两部分创建图 4.144 所示的马凳筋，并通过成组操作形成一个完整的马凳筋，钢筋直径取 10mm，弯折半径选择合理值即可。最后保存为项目文件，结果以"马凳筋.×××"为文件名保存在考试文件夹中。（注意：不允许两部分以上组合）（10 分）

【马凳筋】

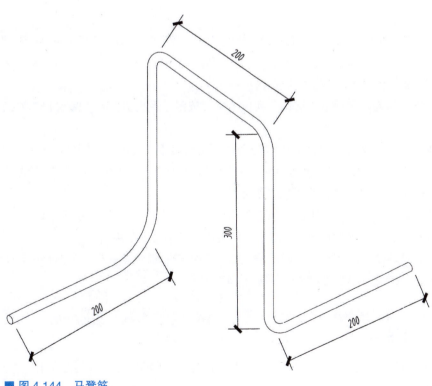

■ 图 4.144　马凳筋

【建模思路】

本题建模思路如图 4.145 所示。

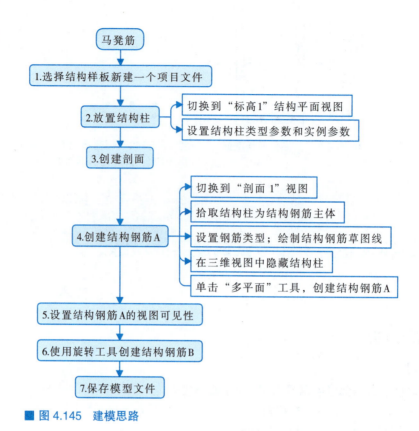

图 4.145　建模思路

【建模步骤】

STEP 01　打开软件 Revit。单击"项目→结构样板"按钮，新建一个项目文件，系统自动切换到"标高 2"结构平面视图；同时选中"项目浏览器→视图（全部）→结构平面"项下的"标高 1- 分析"和"标高 2- 分析"，删除。

STEP 02　切换到"标高 1"结构平面视图。

STEP 03　单击"结构"选项卡"结构"面板"柱"按钮，系统切换到"修改 | 放置 结构柱"上下文选项卡。

STEP 04　确认左侧"属性"对话框类型选择器下拉列表中"混凝土 - 矩形 - 柱 → 300×450mm"，接着单击"编辑类型"按钮，在弹出的"类型属性"对话框中设置"尺寸标注"项下"b"为"800.0"，"h"为"800.0"，单击"确定"按钮关闭"类型属性"对话框。

STEP 05　不勾选左侧"属性"对话框"结构"项下"启用分析模型"复选框；设置"结构材质"为"混凝土，现场浇注灰色"（为和软件保持一致，这里使用浇注，实际应该是浇筑）。

STEP 06　设置选项栏参数（图 4.146）；根据左下侧状态栏提示"单击以放置自由实例。按空格键循环放置基点。"在绘图区域单击，放置结构柱，如图 4.147 所示。

图 4.146　选项栏参数

STEP 07　单击快速访问工具栏中"剖面"按钮，系统自动切换到"修改 | 剖面"上下文选项卡，创建"剖面 1"视图，如图 4.148 所示。

STEP 08 切换到"剖面 1"视图;单击"结构"选项卡"钢筋"面板"钢筋"按钮,如图 4.149 所示,在系统弹出的"'钢筋形状'定义将不包含弯钩或末端处理方式。这些选项可在'钢筋设置'中更改,且应在向项目中添加钢筋图元之前进行设置。"提示框中单击"确定"按钮后,系统自动切换到"修改 | 放置钢筋"上下文选项卡,如图 4.150 所示。

STEP 09 单击"修改 | 放置钢筋"上下文选项卡"放置方法"面板"绘制钢筋"按钮,系统自动切换到"修改 | 在当前工作平面中绘制钢筋"上下文选项卡,如图 4.151 所示。

■ 图 4.147　放置结构柱

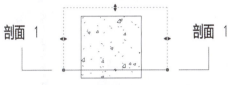

■ 图 4.148　创建剖面 1

■ 图 4.149　"钢筋"按钮

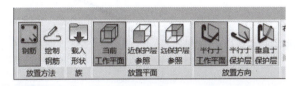

■ 图 4.150　"修改 | 放置钢筋"上下文选项卡

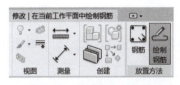

■ 图 4.151　"修改 | 在当前工作平面中绘制钢筋"上下文选项卡

STEP 10 拾取放置的结构柱为钢筋的主体,系统自动切换到"修改 | 创建钢筋草图"上下文选项卡,如图 4.152 所示。

STEP 11 设置钢筋的类型为"钢筋 10 HRB500",选择"修改 | 创建钢筋草图"上下文选项卡"绘制"面板"线"绘制方式绘制草图线,如图 4.153 所示,单击"修改 | 创建钢筋草图"上下文选项卡"模式"面板"完成编辑模式"按钮"√",完成钢筋的创建。

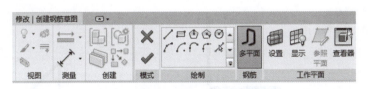

■ 图 4.152　"修改 | 创建钢筋草图"上下文选项卡

■ 图 4.153　绘制草图线

STEP 12 切换到三维视图,永久隐藏结构柱。

STEP 13 双击结构钢筋,系统切换到"修改 | 编辑钢筋草图"上下文选项卡,单击"修改 | 编辑钢筋草图"上下文选项卡"钢筋"面板"多平面"按钮,勾选图 4.154 所示的复选框,单击"模式"面板"完成编辑模式"按钮"√",完成钢筋的编辑。

STEP 14 选中结构钢筋,如图 4.155 所示,设置左侧"属性"对话框"尺寸标注"项下"C"为"200.0mm",如图 4.156 所示,则创建了结构钢筋 A,调整后的钢筋(选中状态)如图 4.157 所示,调整后的钢筋(非选中状态)如图 4.158 所示。

STEP 15 选中结构钢筋 A,单击左侧"属性"对话框"图形"项下"视图可见性状态"右侧的"编辑"按钮,在弹出的"钢筋图元视图可见性状态"对话框中勾选"三维视图→{三维}→清晰的视图"以及"三维视图→{三维}→作为实体查看"复选框,单击"确定"按钮关闭"钢筋图元视图可见性状态"对话框;设置

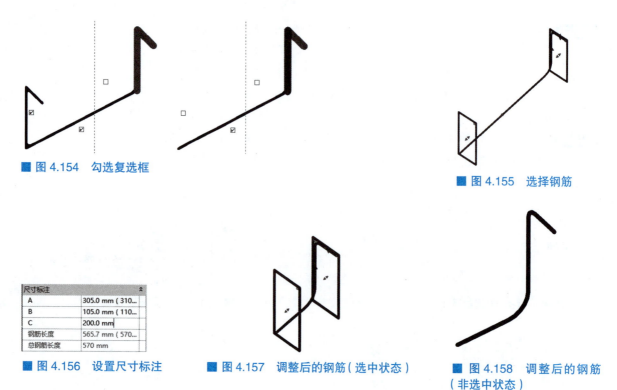

■ 图 4.154 勾选复选框　　■ 图 4.155 选择钢筋

■ 图 4.156 设置尺寸标注　　■ 图 4.157 调整后的钢筋（选中状态）　　■ 图 4.158 调整后的钢筋（非选中状态）

"详细程度"为"精细","视觉样式"为"真实",激活快速访问工具栏中"细线"按钮。

》STEP 16 调整 View Cube 为"上";选中结构钢筋,单击"修改"面板"旋转"按钮,勾选选项栏中"复制"复选框,设置 A 点为旋转中心,水平方向为旋转起始方向,如图 4.159 所示,顺时针旋转 180°,则创建了另外一部分结构钢筋 B,如图 4.160 所示;同理,设置结构钢筋 B 的视图可见性。

》STEP 17 查看创建完毕的结构钢筋三维显示效果,如图 4.161 所示。

》STEP 18 单击快速访问工具栏中"保存"按钮,以"马凳筋.×××"为文件名保存在考试文件夹中。

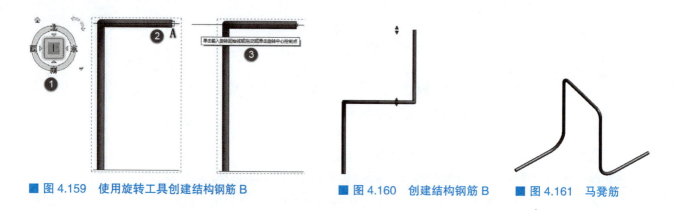

■ 图 4.159 使用旋转工具创建结构钢筋 B　　■ 图 4.160 创建结构钢筋 B　　■ 图 4.161 马凳筋

【第八期第三题】

按照图 4.162 所示的投影图和配筋图,创建牛腿柱模型。模型应包含混凝土材质信息和钢筋信息,其中箍筋间距为 100mm,直径为 8mm,强度等级为 HRB335,其他纵筋和弯起筋直径为 14mm,强度为 HRB400。结果以"牛腿柱.×××"为文件名保存到考生文件夹中。(15 分)

【建模思路】

本题建模思路如图 4.163 所示。

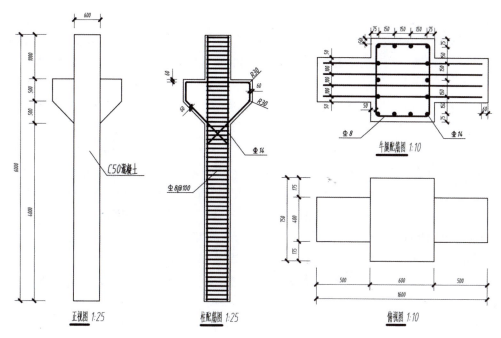

■ 图 4.162 牛腿柱

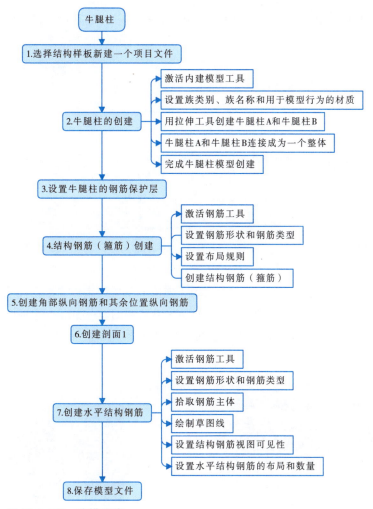

■ 图 4.163 建模思路

【建模步骤】

>> STEP 01 打开软件 Revit。单击"项目→结构样板"按钮，新建一个项目文件，系统自动切换到"标高2"结构平面视图；同时选中"项目浏览器→视图（全部）→结构平面"项下的"标高 1- 分析"和"标高 2- 分析"，删除。

>> STEP 02 切换到"标高 1"结构平面视图；单击"结构"选项卡"模型"面板"构件"项下"内建模型"按钮，在弹出的"族类别和族参数"对话框中选择"族类别"为"结构柱"，单击"确定"按钮退出"族类别和族参数"对话框；在系统弹出的"名称"对话框中输入"牛腿柱"，单击"确定"按钮退出"名称"对话框，系统自动进入族编辑器界面；设置左侧"属性"对话框中"结构"项下"用于模型行为的材质"为"混凝土"。

>> STEP 03 单击"创建"选项卡"形状"面板"拉伸"按钮，系统切换到"修改 | 创建拉伸"上下文选项卡；设置左侧"属性"对话框中"约束"项下"拉伸起点"为"0.0"，"拉伸终点"为"6000.0"；设置左侧"属性"对话框中"材质和装饰"项下"材质"为"混凝土，现场浇筑 -C50"；选择"线"绘制方式，绘制拉伸草图线，如图 4.164 所示，单击"模式"面板"完成编辑模式"按钮"√"，完成牛腿柱 A 的创建。

>> STEP 04 单击"创建"选项卡"形状"面板"拉伸"按钮，系统切换到"修改 | 创建拉伸"上下文选项卡。

>> STEP 05 单击"工作平面"面板"设置"按钮，在弹出的"工作平面"对话框中勾选"指定新的工作平面→拾取一个平面"选项，拾取牛腿柱的一个边，如图 4.165 所示，在打开的"转到视图"对话框中选择"立面：南"，单击"打开视图"对话框，系统自动切换到"南"立面视图；设置左侧"属性"对话框中"约束"项下"拉伸起点"为"-175.0"，"拉伸终点"为"-575.0"。

>> STEP 06 设置左侧"属性"对话框中"材质和装饰"项下"材质"为"混凝土，现场浇筑 -C50"；选择"线"绘制方式，绘制拉伸草图线，如图 4.166 所示；单击"模式"面板"完成编辑模式"按钮"√"，完成牛腿柱 B 的创建。

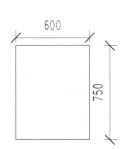

■ 图 4.164　牛腿柱 A 拉伸草图线

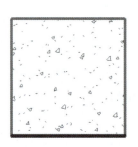

■ 图 4.165　拾取牛腿柱的一个边

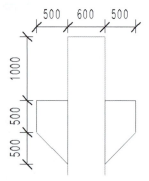

■ 图 4.166　牛腿柱 B 拉伸草图线

>> STEP 07 切换到三维视图，单击"修改"面板"连接"下拉列表"连接几何图形"按钮，如图 4.167 所示；首先选中牛腿柱 A，再选中牛腿柱 B，则牛腿柱 A 和牛腿柱 B 连接成了一个整体，如图 4.168 所示。单击"在位编辑器"面板"完成模型"按钮"√"，完成内建模型"牛腿柱"的创建。

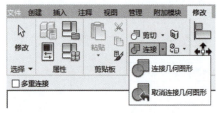

■ 图 4.167　"连接几何图形"按钮

■ 图 4.168　牛腿柱 A 和牛腿柱 B 连接

>> STEP 08 单击"结构"选项卡"钢筋"面板"保护层"按钮,单击选项栏"编辑保护层设置"按钮,在弹出的"钢筋保护层设置"对话框中单击"添加"按钮,创建一个新的保护层,名称为"牛腿柱保护层",设置保护层厚度为"60mm"。

>> STEP 09 单击"确定"按钮退出"钢筋保护层设置"对话框,激活选项栏中"拾取图元"按钮,拾取内建模型"牛腿柱",确认选项栏中"保护层设置"为"牛腿柱保护层 <60mm>",则对内建模型"牛腿柱"进行了保护层厚度的设置。

>> STEP 10 选中内建模型"牛腿柱",则观察到左侧"属性"对话框中"结构"项下"钢筋保护层"为"牛腿柱保护层 <60mm>"。

>> STEP 11 切换到"西"立面视图,将"标高2"高程值修改为"4.600m"。

>> STEP 12 切换到"标高2"结构平面视图;单击"结构"选项卡"钢筋"面板"钢筋"按钮,系统弹出"'钢筋形状'定义将不包含弯钩或末端处理方式。这些选项可在'钢筋设置'中更改,且应在向项目中添加钢筋图元之前进行设置。"的提示框,直接单击"确定"按钮即可,系统切换到"修改 | 放置钢筋"上下文选项卡。

>> STEP 13 设置钢筋形状为"33",设置钢筋的类型为"钢筋 8 HRB335"。

>> STEP 14 设置左侧"属性"对话框"钢筋集"项下"布局规则"为"最大间距","间距"为"100.0mm"。

>> STEP 15 激活"修改 | 放置钢筋"上下文选项卡"放置平面"面板"当前工作平面"按钮,"放置方向"面板"平行于工作平面"按钮。

>> STEP 16 将光标置于内建模型"牛腿柱"上预显箍筋,单击,则结构钢筋(箍筋)创建好了,如图4.169所示。

>> STEP 17 单击"结构"选项卡"钢筋"面板"钢筋"按钮,系统切换到"修改 | 放置钢筋"上下文选项卡;设置钢筋形状为"01"。

>> STEP 18 设置钢筋的类型为"钢筋 14 HRB400",设置左侧"属性"对话框"钢筋集"项下"布局规则"为"固定数量","数量"为"2"。

>> STEP 19 激活"修改 | 放置钢筋"上下文选项卡"放置平面"面板"当前工作平面"按钮,"放置方向"面板"垂直于保护层"按钮。

>> STEP 20 将光标置于上部箍筋内侧预显2根纵向钢筋(钢筋形状为"01"),单击,则上侧2根角部纵向钢筋创建好了,如图4.170所示。

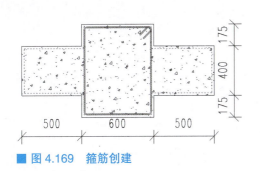

■ 图4.169 箍筋创建

■ 图4.170 上侧2根角部纵向钢筋

>> STEP 21 将光标置于底部箍筋内侧预显2根纵向钢筋(钢筋形状为"01"),单击,则下侧2根角部纵向钢筋创建好了,如图4.171所示;同理创建其余的纵向钢筋,结果如图4.172所示。

>> STEP 22 单击快速访问工具栏中"剖面"按钮,系统自动切换到"修改 | 剖面"上下文选项卡,创建"剖面1"视图,如图4.173所示。

>> STEP 23 切换到"剖面1"视图;单击"结构"选项卡"钢筋"面板"钢筋"按钮,系统自动切换到

"修改|放置钢筋"上下文选项卡；单击"放置方法"面板"绘制钢筋"按钮，系统自动切换到"修改|在当前工作平面中绘制钢筋"上下文选项卡；拾取牛腿柱为钢筋的主体，系统自动切换到"修改|创建钢筋草图"上下文选项卡；设置钢筋的类型为"钢筋 14 HRB400"，选择"绘制"面板"线"绘制方式绘制草图线，如图 4.174 所示，单击"模式"面板"完成编辑模式"按钮"√"，完成一根水平结构钢筋的创建。

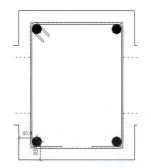

■ 图 4.171　下侧 2 根角部纵向钢筋

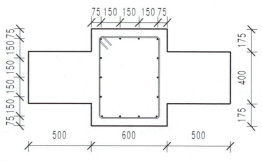

■ 图 4.172　纵向钢筋

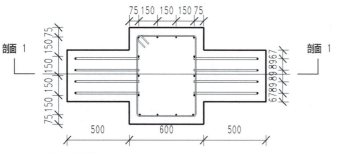

■ 图 4.173　剖面 1

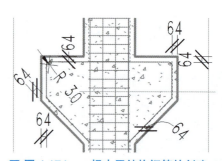

■ 图 4.174　一根水平结构钢筋的创建

STEP 24 切换到三维视图，选中创建的结构钢筋，单击左侧"属性"对话框"图形"项下"视图可见性状态"右侧"编辑"按钮，在弹出的"钢筋图元视图可见性状态"对话框中勾选"三维视图→{三维}→清晰的视图""三维视图→{三维}→作为实体查看""立面→南→清晰的视图""结构平面→标高 2→清晰的视图"复选框，单击"确定"按钮退出"钢筋图元视图可见性状态"对话框；设置"详细程度"为"精细"，"视觉样式"为"真实"，则结构钢筋在三维视图中清晰地以实体样式显示出来了，如图 4.175 所示。

STEP 25 选中刚刚创建的一根水平结构钢筋，设置"修改|结构钢筋"上下文选项卡"钢筋集"面板"布局"为"固定数量"，"数量"为"4"，如图 4.176 所示。

STEP 26 单击快速访问工具栏中"保存"按钮，将模型以"牛腿柱.×××"为文件名保存在考试文件夹中。

【梁柱】

【第九期第二题】
请根据图 4.177 标注的尺寸创建柱及变截面梁模型，混凝土强度等级为 C30，并对悬挑梁部分进行配筋，保护层厚度取 25mm，弯钩尺寸及箍筋起始位置自行选择合理值，请将模型以"梁柱"为文件名保存到考生文件夹中。（15 分）

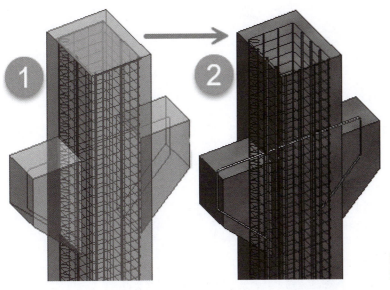

图 4.175 选中结构钢筋和进行视图可见性设置

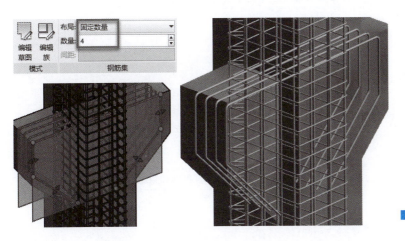

图 4.176 设置钢筋布局

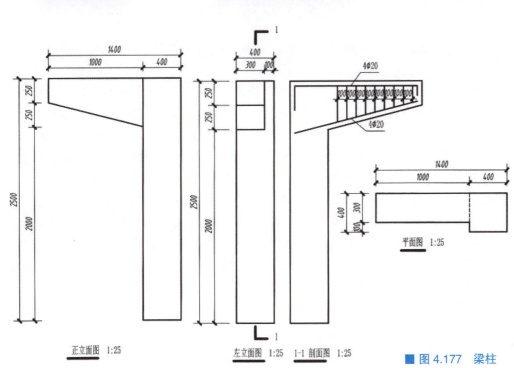

图 4.177 梁柱

【建模思路】

本题建模思路如图 4.178 所示。

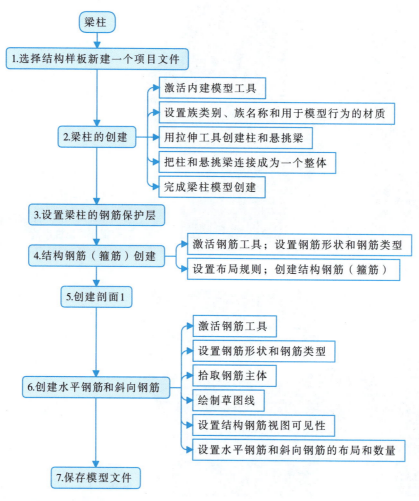

图 4.178　建模思路

【建模步骤】

> **STEP 01**　打开软件 Revit。单击"项目→结构样板"按钮，新建一个项目文件，系统自动切换到"标高 2"结构平面视图。

> **STEP 02**　切换到"标高 1"结构平面视图；单击"结构"选项卡"模型"面板"构件"项下"内建模型"按钮，在弹出的"族类别和族参数"对话框中选择"族类别"为"结构柱"，单击"确定"按钮退出"族类别和族参数"对话框；在系统弹出的"名称"对话框中输入"梁柱"，单击"确定"按钮退出"名称"对话框，系统自动进入族编辑器界面；设置左侧"属性"对话框中"结构"项下"用于模型行为的材质"为"混凝土"。

> **STEP 03**　单击"创建"选项卡"形状"面板"拉伸"按钮，系统切换到"修改|创建拉伸"上下文选项卡；设置左侧"属性"对话框中"约束"项下"拉伸起点"为"0.0"，"拉伸终点"为"2500.0"；设置左侧"属性"对话框中"材质和装饰"项下"材质"为"混凝土，现场浇筑-C30"；选择"矩形"绘制方式，绘制 400mm×400mm 拉伸草图线，单击"模式"面板"完成编辑模式"按钮"√"，完成柱的创建。

> **STEP 04**　单击"创建"选项卡"形状"面板"拉伸"按钮，系统切换到"修改|创建拉伸"上下文选项卡；单击"工作平面"面板"设置"按钮，在弹出的"工作平面"对话框中勾选"指定新的工作平面→拾取一个平面"选项，拾取柱的一条边，如图 4.179 所示，在打开的"转到视图"对话框中选择"立面：南"，单击"打开视图"对话框，系统自动切换到"南"立面视图。

> **STEP 05**　设置左侧"属性"对话框中"约束"项下"拉伸起点"为"0.0"，"拉伸终点"为"-300.0"；

设置左侧"属性"对话框中"材质和装饰"项下"材质"为"混凝土，现场浇筑-C30"；选择"线"绘制方式，绘制拉伸草图线，如图4.180所示；单击"模式"面板"完成编辑模式"按钮"√"，完成悬挑梁的创建。

■ 图4.179 拾取柱的一条边

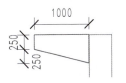

■ 图4.180 拉伸草图线

》STEP 06 切换到三维视图，单击"修改"面板"连接"下拉列表"连接几何图形"按钮，首先选中柱，再选中悬挑梁，则柱和悬挑梁连接成了一个整体；单击"在位编辑器"面板"完成模型"按钮"√"，完成内建模型"梁柱"的创建。

》STEP 07 切换到三维视图；单击"结构"选项卡"钢筋"面板"保护层"按钮，单击选项栏"编辑保护层设置"按钮，在弹出的"钢筋保护层设置"对话框中单击"添加"按钮，创建一个新的保护层，名称为"梁柱保护层"，设置保护层厚度为"25mm"，单击"确定"按钮退出"钢筋保护层设置"对话框；激活选项栏中"拾取图元"按钮，拾取内建模型"梁柱"，确认选项栏中"保护层设置"为"梁柱保护层<25mm>"，则对内建模型"梁柱"进行了保护层厚度的设置。

》STEP 08 选中内建模型"梁柱"，则观察到左侧"属性"对话框中"结构"项下钢筋保护层为"梁柱保护层<25mm>"。

》STEP 09 切换到"标高1"结构平面视图；单击快速访问工具栏中"剖面"按钮，系统自动切换到"修改|剖面"上下文选项卡，创建"剖面1"视图，如图4.181所示。

》STEP 10 切换到"剖面1"视图；单击"注释"选项卡"详图"面板"详图线"按钮，绘制详图线，如图4.182所示。

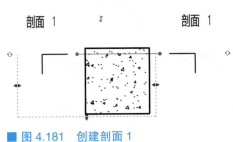

■ 图4.181 创建剖面1

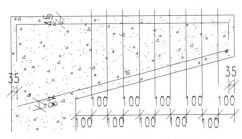

■ 图4.182 绘制详图线

》STEP 11 单击"结构"选项卡"钢筋"面板"钢筋"按钮，系统弹出"'钢筋形状'定义将不包含弯钩或末端处理方式。这些选项可在'钢筋设置'中更改，且应在向项目中添加钢筋图元之前进行设置。"的提示框，直接单击"确定"按钮，系统即可切换到"修改|放置钢筋"上下文选项卡。

》STEP 12 设置钢筋形状为"33"，设置钢筋的类型为"钢筋 10 HRB335"；设置左侧"属性"对话框"钢筋集"项下"布局规则"为"单根"；激活"修改|放置钢筋"上下文选项卡"放置平面"面板"当前工作平面"按钮和"放置方向"面板"垂直于保护层"按钮，如图4.183所示。

》STEP 13 将光标置于内建模型"梁柱"上预显箍筋，单击，则一根箍筋创建好了；同理，创建其余的箍筋；设置"详细程度"为"精细"；创建的箍筋如图4.184所示。

》STEP 14 单击"结构"选项卡"钢筋"面板"钢筋"按钮，系统自动切换到"修改|放置钢筋"上下文

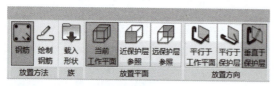

图 4.183　放置平面和放置方向

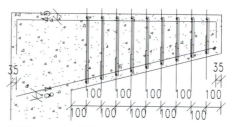

图 4.184　箍筋

选项卡；单击"放置方法"面板"绘制钢筋"按钮，系统自动切换到"修改 | 在当前工作平面中绘制钢筋"上下文选项卡；拾取梁柱为钢筋的主体，系统自动切换到"修改 | 创建钢筋草图"上下文选项卡；设置钢筋的类型为"钢筋 20 HPB300"，选择"绘制"面板"线"绘制方式绘制草图线，如图 4.185 所示，单击"模式"面板"完成编辑模式"按钮"√"，完成一根水平钢筋的创建，如图 4.186 所示。

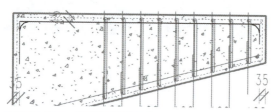

图 4.185　水平钢筋草图线

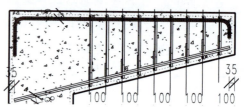

图 4.186　水平钢筋

» STEP 15　同理，绘制斜向钢筋草图线，如图 4.187 所示，单击"模式"面板"完成编辑模式"按钮"√"，完成一根斜向钢筋的创建，如图 4.188 所示。

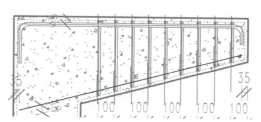

图 4.187　斜向钢筋草图线

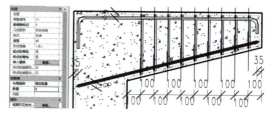

图 4.188　斜向钢筋

» STEP 16　选中刚刚创建的一根水平钢筋，设置"钢筋集"面板"布局"为"固定数量"，"数量"为"4"；选中刚刚创建的一根斜向钢筋，设置"修改 | 结构钢筋"上下文选项卡"钢筋集"面板"布局"为"固定数量"，"数量"为"4"。

» STEP 17　切换到三维视图；选中创建的结构钢筋，单击左侧"属性"对话框"图形"项下"视图可见性状态"右侧"编辑"按钮，在弹出的"钢筋图元视图可见性状态"对话框中勾选"三维视图→{三维}→清晰的视图""三维视图→{三维}→作为实体查看"复选框，单击"确定"按钮退出"钢筋图元视图可见性状态"对话框；设置视图控制栏下"详细程度"为"精细"，"视觉样式"为"着色"，则创建的梁柱和结构钢筋三维显示效果，如图 4.189 所示。

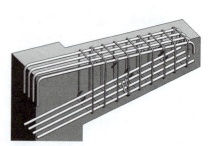

图 4.189　梁柱和结构钢筋三维显示效果

» STEP 18　单击快速访问工具栏中"保存"按钮，将模型以"梁柱"为文件名保存在考试文件夹中。

二、考试试题实战演练

【第十期第三题】

请根据图 4.190 标注的尺寸创建楼梯梯面板模型，混凝土强度等级为 C25，楼梯宽度取 1500mm，保护层厚度及弯钩尺寸等自行选择合理值，请将模型以"楼梯.×××"为文件名保存到考生文件夹中。（20 分）

【楼梯】

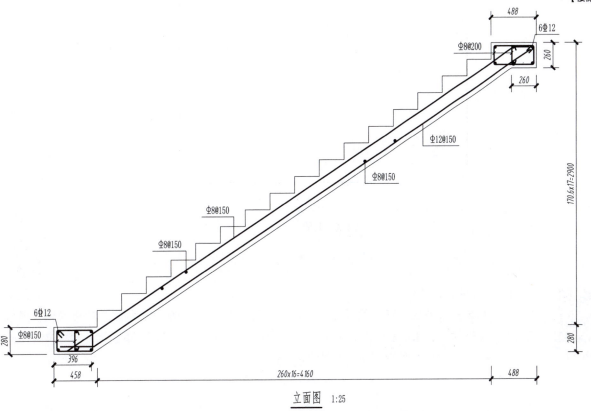

■ 图 4.190　楼梯

【第十期第一题】

根据图 4.191 所示的混凝土梁平法标注，建立混凝土梁模型，混凝土强度等级取 C35，梁两端 900mm 长度内为箍筋加密区，请将模型以"混凝土梁.×××"为文件名保存到考生文件夹中。（15 分）

【混凝土梁】

■ 图 4.191　混凝土梁

【第十一期第一题】

根据图 4.192 混凝土板平面图,建立混凝土板模型并进行配筋,混凝土强度等级取 C25,保护层厚度为 25mm,请将模型以"混凝土板+考生姓名.×××"为文件名保存到考生文件夹中。(15 分)

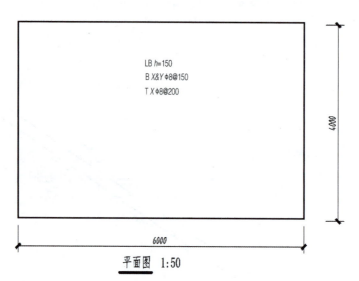

■ 图 4.192 混凝土板平面图(1∶50)

【第十四期第二题】

根据给出的投影图(东立面图和俯视图)和配筋图(图 4.193),创建牛腿柱模型。模型应包含混凝土材质信息和钢筋信息,采用 C25 混凝土并设置合理保护层厚度。请将模型文件以"牛腿柱.×××"为文件名保存到考生文件夹中。(15 分)

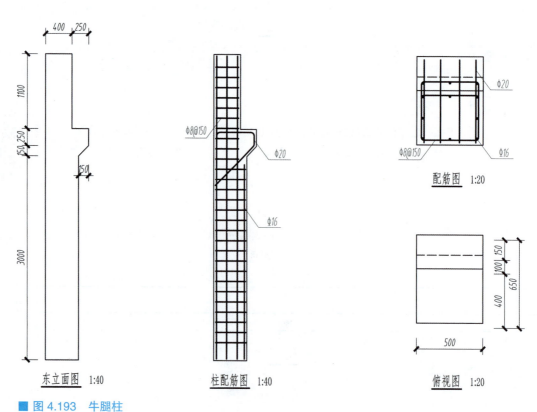

■ 图 4.193 牛腿柱

【第十五期第一题】

根据图 4.194 所示混凝土板，建立混凝土板模型并进行配筋，混凝土强度等级取 C25，保护层厚度自取，要求输出钢筋明细表。请将模型以"混凝土板 + 考生姓名 .×××"为文件名保存到考生文件夹中。（15 分）

【混凝土板】

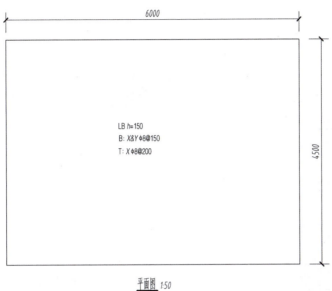

■ 图 4.194　混凝土板

【第十六期第三题】

请根据图 4.195 创建牛腿柱模型，模型应包含混凝土材质信息和钢筋信息，并新建文档输入①号钢筋数量，未标明尺寸不作要求。请将模型与文档以"牛腿柱 + 考生姓名 .×××"为文件名保存到考生文件夹中。（20 分）

【牛腿柱】

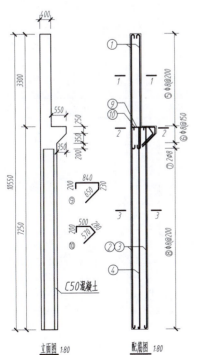

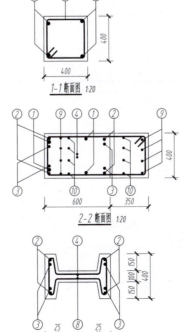

■ 图 4.195　牛腿柱

【第十七期第三题】

请根据图 4.196 给定尺寸创建楼梯模型,对平台和下部楼梯进行配筋,未标明尺寸不作要求。请将模型以"楼梯 + 考生姓名.×××"为文件名保存到考生文件夹中。(20 分)

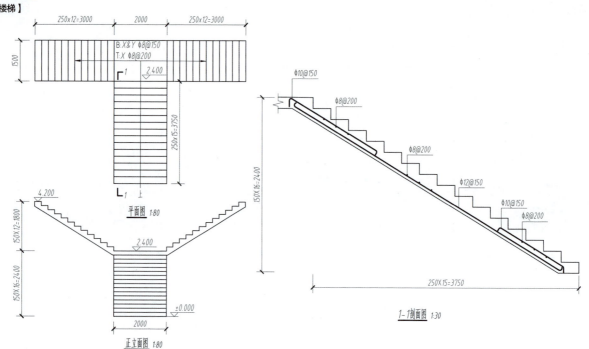

■ 图 4.196　楼梯

【第十八期第三题】

根据图 4.197 给定尺寸创建箱梁模型并绘制图示部分钢筋,未标明尺寸及样式不作要求。请将模型以"箱梁 + 考生姓名.×××"为文件名保存到考生文件夹中。(20 分)

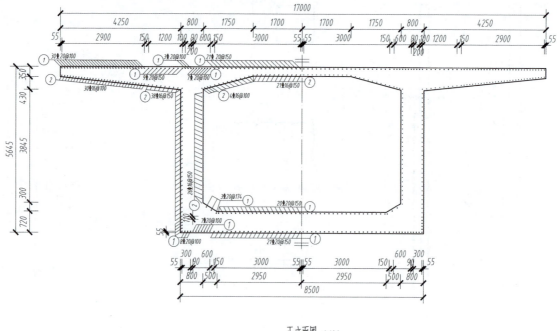

■ 图 4.197　箱梁

【第二十二期第一题】

请根据图 4.198 创建桩与混凝土垫层模型，添加相应材质，并创建桩体钢筋，未标明尺寸不作要求。请将模型以"桩+考生姓名.xxx"为文件名保存到考生文件夹中。（10 分）

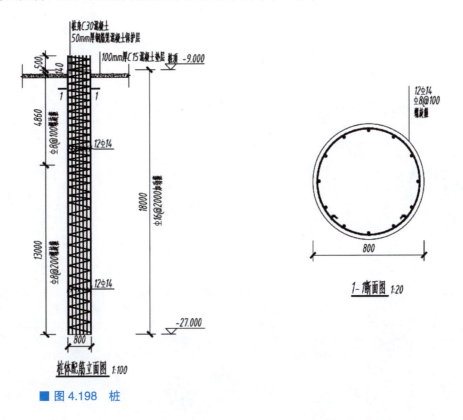

图 4.198　桩

【第二十三期第一题】

请根据图 4.199 创建牛腿柱模型，模型应包含混凝土材质信息和钢筋信息，未标明尺寸不作要求。请将模型以"牛腿柱+考生姓名.xxx"为文件名保存到考生文件夹中。（10 分）

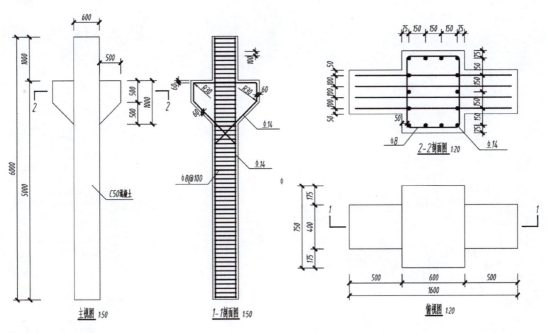

图 4.199　牛腿桩

综合结构模型

【模型文件下载】

本书已经讲述了 Revit 结构设计基础、结构族、内建模型和概念体量、钢筋模型专题,接着本专题运用前面所学的知识点来完成综合结构模型的创建,本专题是对前面知识点的综合应用。结构建模整个过程主要是标高、轴网、基础、柱、梁、板及结构构件钢筋模型等创建。

本专题贯穿项目化教学理念,教学内容编排以框架结构的结构建模训练为主线索,在项目及其子任务的训练过程之中,贯穿 Revit 指令的学习,最终实现运用 Revit 快速精确创建 BIM 结构模型,并能够利用模型导出明细表等。

本专题以某五层框架结构为项目载体进行讲解,尽可能避免单纯讲述一个个独立的软件指令,以完成项目子任务为目标,组织和驱动相关指令的学习。

> **小贴士** ▶▶▶
> 建立结构模型,必须熟悉图纸、看懂图纸,所以必须熟悉 22G101 系列平法图集。

专项考点数据统计

专项考点——综合结构模型创建数据统计见表 5.1。

表 5.1　专项考点——综合结构模型创建数据统计

期数	题目	题目数量	难易程度	备注
第八期	第五题:建立别墅结构模型	1	中等	
第九期	第四题:建立小别墅的结构模型	1	复杂	坡屋顶、斜梁创建;与第十五期第四题基本一样
第十期	第四题:建立小别墅的结构模型	1	中等	
第十一期	第四题:建立三层框架结构模型	1	中等	
第十二期	第四题:建立三层框架结构模型	1	中等	
第十三期	第四题:建立九层框架结构模型	1	中等	曲梁考查
第十四期	第四题:建立五层框架结构模型	1	中等	曲梁考查
第十五期	第四题:建立小别墅的结构模型	1	复杂	坡屋顶、斜梁创建;与第九期第四题基本一样
第十六期	第四题:建立十五层框架结构模型	1	中等	
第十七期	第四题:建立十层框架结构模型	1	中等	曲梁考查
第十八期	第四题:建立三十层框架结构模型	1	中等	
第十九期	第四题:建立十一层框架结构模型	1	中等	
第二十期	第四题:建立六层框架结构模型	1	中等	
第二十一期	第四题:建立污水处理厂结构模型	1	中等	
第二十二期	第四题:建立车间结构模型	1	中等	
第二十三期	第四题:建立某售楼处钢结构模型	1	中等	钢结构模型,不涉及混凝土信息

全国 BIM 技能等级考试(二级结构)试题第八期~第二十三期,每期最后一道题目就是综合结构模型创建,该题目要求建立整体钢筋混凝土结构的模型,并且要求创建明细表和图纸。具体要求如下。

(1)选择"结构样板",新建一个项目文件。

(2)创建标高和轴网。

(3)通过内建模型或"结构"选项卡"基础"面板相关工具创建结构基础。

(4)创建结构柱、结构框架(结构梁)、楼板和屋面板等结构构件;创建结构构件时需要注意混凝土强度等级和保护层厚度的取值。

（5）创建结构钢筋模型。
（6）建立指定的某层结构平面视图（对梁柱编号并用平法标注梁配筋情况）。
（7）创建混凝土用量明细表（统计构件类型、截面尺寸、混凝土用量等信息）。
（8）创建钢筋明细表（统计钢筋的类型、长度、数量）。
（9）创建图纸。
（10）保存项目文件。
通过本专项考点的学习，熟练掌握整体结构模型创建的方法，并能够利用结构模型导出明细表等。

第一节　项目概况

【项目概况】

本项目来自第十四期第四题题目（50分）。
根据图5.1（a）～（d），建立五层框架结构模型，并创建有关明细表及图纸。具体要求如下。
（1）建立模型轴网、标高，层高为3.6m。
（2）建立整体结构模型，包括基础、梁、柱、楼板、屋面板等；其中，基础及柱采用C30混凝土，梁、楼板、屋面板采用C25混凝土。

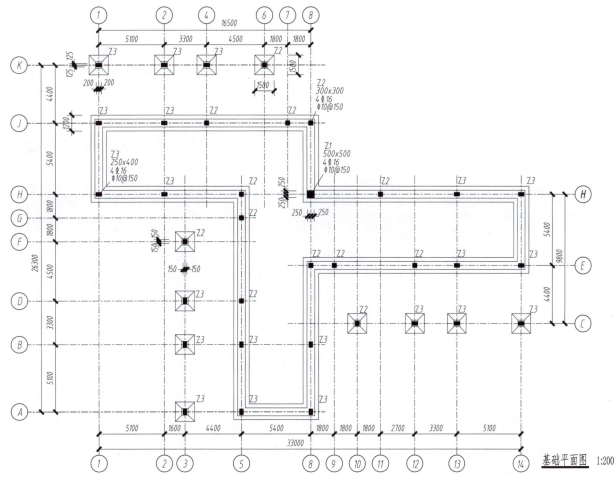

（a）基础平面图

■ 图5.1　框架结构

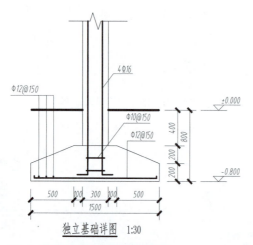
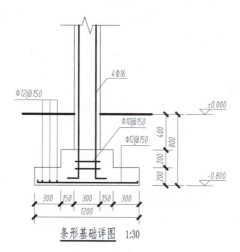

(b) 独立基础和条形基础详图

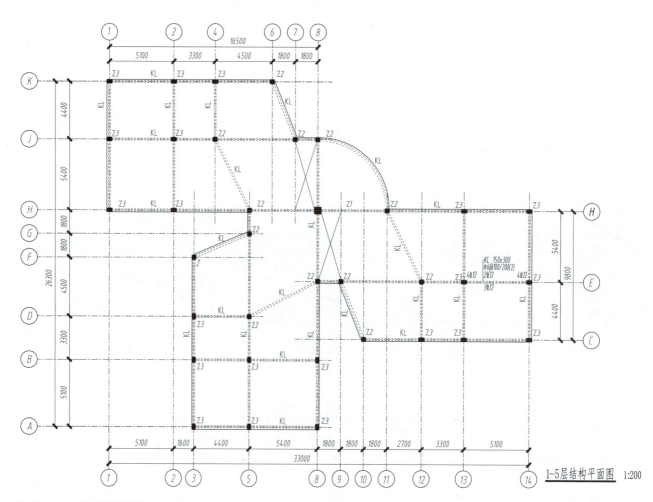

(c) 1~5层结构平面图

■ 图5.1 框架结构（续）

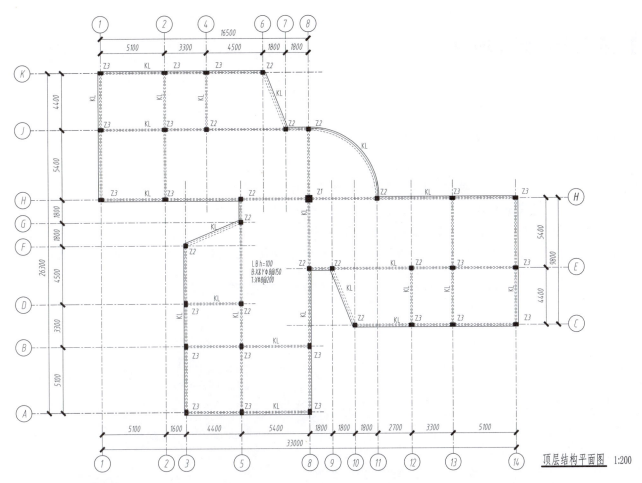

（d）顶层结构平面图

■ 图 5.1　框架结构（续）

（3）根据图纸平法标注，建立基础钢筋模型，保护层厚度统一取 25mm。

（4）根据图纸平法标注，建立二层梁配筋模型，保护层厚度统一取 25mm，加密区长度 1200mm。

（5）根据图纸平法标注，建立二层柱配筋模型，保护层厚度统一取 25mm。

（6）根据图纸平法标注，建立屋面板配筋模型，保护层厚度统一取 20mm。

（7）建立二层结构平面图，并对梁柱进行编号，同时用平法标注梁配筋情况。

（8）创建混凝土用量明细表，统计构件类型、截面尺寸、混凝土用量等信息。

（9）创建钢筋明细表，统计钢筋的类型、长度、数量。

（10）将二层结构平面图、混凝土明细表、钢筋明细表一起放置于一张图纸中。

（11）将结果以"框架结构 + 考生姓名"为文件名保存到考生文件夹中。

第二节　新建项目

【选择"结构样板"】

一、选择"结构样板"

在 Revit 结构设计中,新建一个文件是指新建一个项目文件,有别于传统 AutoCAD 中的新建一个平、立、剖面图等文件的概念。创建新的项目文件是结构设计的第一步。

STEP 01 启动 Revit;选择"项目→结构样板",新建一个项目文件,系统自动进入 Revit 工作界面,且系统将"标高 2"结构平面视图作为默认视图,窗口中将出现带有四个立面标高符号(俗称"小眼睛")的空白区域,如图 5.2 中所示,我们将在这个窗口中创建所需要的五层框架结构 Revit 结构模型。

图 5.2　立面标高符号

STEP 02 选中"项目浏览器 - 项目 1 →视图(全部)→结构平面"项下的"标高 1- 分析"和"标高 2- 分析",删除;切换到"项目浏览器 - 项目 1 →视图(全部)→结构平面"下的"标高 1"结构平面视图。

【设置项目信息】

二、设置项目信息

单击"管理"选项卡"设置"面板"项目信息"按钮,弹出"项目信息"对话框;在"项目信息"对话框中输入项目信息,如当前项目的名称、编号、地址、发布日期等,这些信息可以被后续图纸视图调用,如图 5.3 所示。

【设置项目单位】

三、设置项目单位

单击"管理"选项卡"设置"面板"项目单位"按钮,弹出"项目单位"对话框;单击"长度"选项组中的"格式"列按钮,将长度单位设置为毫米(mm);单击"面积"选项组中"格式"列按钮,将面积单位设置为平方米(m^2);单击"体积"选项组中"格式"列按钮,将体积单位设置为立方米(m^3),如图 5.4 所示。如果默认单位与上述一致,则直接单击"确定"按钮,关闭"项目单位"对话框。

【保存模型文件】

四、保存模型文件

单击"文件"按钮,在弹出的下拉列表中单击"另存为→项目"按钮,在弹出的"另存为"对话框中,设置保存路径,输入文件名"框架结构张三",文件类型默认为".rvt",单击"保存"按钮,即可关闭"另存为"对话框,则该案例的模型文件保存好了。

■ 图 5.3 "项目信息"对话框

■ 图 5.4 "项目单位"对话框

第三节　标高和轴网的创建

在结构建模过程中，标高和轴网是立面、剖面和平面视图的重要定位标识信息，二者的关系密切。其中，标高用来定义楼层高度及生成平面视图，而轴网则用来对构件进行定位。一般情况下应先创建标高，再创建轴网。

本节主要介绍标高和轴网的创建与编辑方法。

一、创建标高

在 Revit 中，需要先创建标高再创建轴网；创建标高时必须处于剖面视图或立面视图中（一般在立面视图中创建标高），创建标高的同时会创建一个关联的平面视图。

【创建标高】

1. 标高的组成

标高由标高线和标头两部分组成，各部分名称和作用，如图 5.5 所示。

> **小贴士** ▶▶▶
> 标高的属性可以通过实例参数和类型参数来进行修改。

2. 修改结构样板自带标高

修改结构样板自带标高的方法主要介绍以下两种。

（1）切换到"南"立面视图，通常结构样板中会有预设标高，如需修改现有标高数值，可双击标高数值，如"标高 3"标高数值"4.200"，双击后该数字变为可输入，将原有数值修改为"2.500"，即可更改标高数值。标高单位为"m"，输入时小数点后的零可省略。

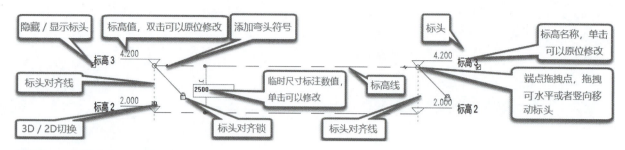

■ 图5.5　标高各部分名称和作用

（2）标高数值也可以通过修改标高间的距离来修改。选择要修改的标高线，会在标高线间显示临时尺寸标注；单击临时尺寸标注数值，进入编辑模式即可修改标高数值，如选择"标高3"，单击临时尺寸标注数值"2200"，改为"2500"，即可修改"标高3"数值，如图5.6所示。距离单位为"mm"。

■ 图5.6　通过修改临时尺寸标注数值来调整标高数值

3. 新建标高

新建标高按以下步骤进行。

STEP 01 切换到"南"立面视图，单击"结构"选项卡"基准"面板"标高"按钮，软件自动切换到"修改 | 放置 标高"上下文选项卡；单击左侧"属性"对话框中类型选择器下拉列表"上标头"作为标头类型；选项栏默认勾选"创建平面视图"；单击"绘制"面板"线"按钮。

> **小贴士** ▶▶▶
> 　　选项栏默认勾选"创建平面视图"，平面视图类型有天花板平面视图、楼层平面视图和结构平面视图，根据需求选择相应的视图，创建完成时会在项目浏览器自动添加相应的视图。若不勾选"创建平面视图"，则绘制的标高为参照标高，不会在项目浏览器里自动添加天花板平面视图、楼层平面视图和结构平面视图。

STEP 02 移动光标到标高3左端上方，会有蓝色虚线与已有标高对齐并且有临时尺寸标注显示距离，此时通过上下移动光标确定新建标高与标高3的距离并单击确定，或者直接输入距离；移动光标到右端时，也会有蓝色虚线对齐提示，再次单击确认即可。也可不输入距离，在完成标高绘制后修改标高数值。

4. 复制、阵列标高

选择任意标高，自动激活"修改 | 标高"上下文选项卡，单击"修改"面板"复制"或"阵列"按钮，可以快速生成所需标高。

使用"复制"的方式创建标高的方法如下。选择一个标高，如选择"标高4"，单击"修改"面板"复制"按钮，选项栏勾选"多个""约束"复选框，光标回到绘图区域，在"标高4"上单击作为复制基点，并垂直向上移动，此时可直接在键盘输入新标高与"标高4"的间距数值，如"2000"，单位为"mm"，输入后按Enter键，完成一个标高的复制（图5.7）；由于勾选了选项栏"多个"，可继续输入下一标高间距，而无须再次选择标高并激活"复制"按钮。完成标高的复制，按Esc键两次结束复制命令。

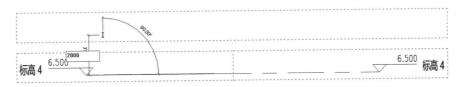

■ 图 5.7　修改临时尺寸数值

使用"阵列"的方式创建标高时，可一次创建多个间距相等的标高，这种方法适用于高层建筑。使用"阵列"的方式创建标高的方法如下：选择一个标高，如选择"标高 5"，光标移动至"修改"面板，单击"阵列"按钮，取消勾选"成组并关联"，激活"线性阵列"按钮，输入项目数为"3"，勾选"约束"复选框，"移动到"为"第二个"。

回到绘图区域，在"标高 5"上单击确定基点，并向上移动，此时可直接在键盘输入新标高与"标高 5"间距数值，如"1500"，单位为"mm"，如图 5.8 所示，输入后按 Enter 键，完成"标高 6"到"标高 7"的绘制。应该注意的是，阵列项目数包含被阵列标高本身。

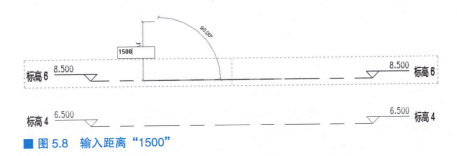

■ 图 5.8　输入距离"1500"

二、创建项目案例的标高

在 Revi 中，标高命令必须在立面或者剖面视图中才能使用，因此在创建标高前，必须事先打开一个立面视图。

【项目案例的标高】

打开素材中"框架结构张三.rvt"文件，开始创建标高。

STEP 01　在项目浏览器中展开"立面（建筑立面）"项，双击视图名称"南"，进入"南"立面视图。

STEP 02　选中"标高 1"标高线，单击左侧"编辑类型"按钮，在弹出的"类型属性"对话框中设置"图形"项下"颜色"为"黑色"，"线型图案"为"划线"。

STEP 03　勾选"类型属性"对话框中"图形"项下"端点 1 处的默认符号"和"端点 2 处的默认符号"复选框，单击"确定"按钮退出"类型属性"对话框，则对"正负零标高"标头类型进行了类型参数设置。

STEP 04　同理，选中"标高 2"标高线，设置"上标头"类型参数。

> **小贴士**
> 标高的属性通过"编辑类型"进行更改，一般正负零以下的标高应更改为"下标头"；标高作为重要参照，应避免其在建模的过程中发生移动，即选中标高，进行锁定操作。如需解锁，应用解锁命令。

STEP 05　单击选择"标高 2"标高线，这时在"标高 1"标高线与"标高 2"标高线之间会显示一条蓝色临时尺寸标注，同时标高标头名称及标高值也都变成蓝色显示。

> **小贴士**
> 蓝色显示的文字、标注等，单击即可在位编辑修改。

>> STEP 06　在蓝色临时尺寸标注上单击激活文本框，输入新的临时尺寸数值为"3600"后按 Enter 键确认，将"标高 2"标高值修改为 3.6m。

>> STEP 07　选中"标高 2"标高线，切换到"修改 | 标高"上下文选项卡。

>> STEP 08　单击"修改 | 标高"上下文选项卡"创建"面板"创建类似"按钮，系统自动切换到"修改 | 放置 标高"上下文选项卡。在左侧"属性"对话框类型选择器下拉列表中选择"上标头"作为标头类型；选项栏默认勾选"创建平面视图"；单击"绘制"面板"线"按钮。

>> STEP 09　移动光标到视图中"标高 2"标高线左侧标头上方，会有蓝色虚线与已有标高对齐，并且有临时尺寸标注显示距离，此时通过上下移动光标确定新建标高与标高 2 的距离，并单击确定，或者直接输入距离 3600mm，单击捕捉标高起点；从左向右移动光标到"标高 2"标高线右侧标头上方，当出现蓝色标头对齐虚线时，再次单击捕捉标高终点，创建了"标高 3"。

>> STEP 10　选中"标高 3"标高线，系统进入"修改 | 标高"上下文选项卡。

>> STEP 11　单击"修改 | 标高"上下文选项卡"修改"面板"复制"按钮，勾选选项栏"约束"复选框，移动光标，在"标高 3"线上单击捕捉一点作为复制基点，然后垂直向上移动光标，输入间距值"3600"后按 Enter 键，则复制创建了新的标高"标高 4"，按 Esc 键两次结束复制命令的操作。

>> STEP 12　同理，创建"标高 5"～"标高 7"："标高 5"的高程值为 14.400m，"标高 6"的高程值为 18.000m，"标高 7"的高程值为 -0.800m。

> 小贴士 ▶▶▶
> 　　在 Revit 中复制的标高是参照标高，因此新复制的标高标头都是黑色显示，而且在项目浏览器中的"结构平面"项下也没有创建新的结构平面视图。

>> STEP 13　单击"视图"选项卡"创建"面板"平面视图"下拉列表"结构平面"按钮，打开"新建结构平面"对话框。

>> STEP 14　从"新建结构平面"对话框的下面列表中同时按住 Shift 键和 Ctrl 键选中"标高 4"～"标高 7"，单击"确定"按钮退出"新建结构平面"对话框后，在项目浏览器中创建了新的"标高 4"～"标高 7"结构平面视图，并自动打开"标高 7"结构平面视图作为当前视图。

> 小贴士 ▶▶▶
> 　　以复制方式创建的标高，系统不会自动生成相应的结构平面视图；若是单击"结构"选项卡"基准"面板"标高"按钮创建标高，则系统会自动创建相应的结构平面视图。

>> STEP 15　双击"标高 7"名称文本框，输入"-0.800"后按 Enter 键，在系统弹出的"是否希望重命名相应视图？"对话框中单击"是"，则"标高 7"的名称修改为"-0.800"，且相应的结构平面视图名称修改为"-0.800"了。

>> STEP 16　在项目浏览器中双击"立面（建筑立面）"项下的"南"，回到"南"立面视图，发现所有标高标头均变成蓝色显示。

至此，项目案例的各个标高就创建完成了。

>> STEP 17　单击"文件"按钮，在弹出的下拉列表中单击"另存为→项目"按钮，在弹出的"另存为"对话框中，输入文件名"01 标高 - 框架结构张三"，单击"保存"按钮，即可保存项目案例模型文件。

三、创建轴网

【创建轴网】

轴网在平面视图中起定位作用，由轴线、符号和编号组成。轴网在平面视图、立面视图和剖面视图中均可创建，一般在平面视图中创建。

1. 绘制轴网

在 Revit 中，轴网只需要在任意一个平面视图中绘制一次，在其他平面视图和立面、剖面视图中轴网都将自动显示。在 Revit 中，读者可以通过绘制轴网的方法来创建轴网。

>> STEP 01 打开项目文件，在项目浏览器中双击"视图（全部）→结构平面→标高 1"选项，进入"标高 1"结构平面视图。

>> STEP 02 结构样板文件的结构平面视图默认有四个"小眼睛"，且默认为正东、正西、正南、正北观察方向。轴网创建应确保位于四个"小眼睛"观察范围之内，也可以框选四个"小眼睛"，根据项目平面的尺寸大小，在正交方向分别移动四个"小眼睛"至适当的位置。

>> STEP 03 单击"结构"选项卡"基准"面板"轴网"按钮，软件自动打开"修改 | 放置 轴网"上下文选项卡。

>> STEP 04 单击"绘制"面板"线"按钮，在左侧"属性"对话框类型选择器下拉列表选择轴网类型为"6.5mm 编号"。

>> STEP 05 单击"编辑类型"按钮，设置轴网类型参数（图 5.9）。

>> STEP 06 在绘图区域左下角的适当位置单击，按住 Shift 键向上移动光标，在适当位置再次单击，创建完第一条垂直轴线；按类似的方法绘制第二条轴线：读者将光标指向轴线的一侧端点，光标与现有轴线之间会显示一个临时尺寸标注，且有对齐捕捉标记，输入数值"2700"后按 Enter 键确定第一个端点，再按住 Shift 键向上移动光标，当捕捉到对齐捕捉标记时，单击该点，即可确定所绘制轴线的另外一个端点，完成该轴线的绘制。

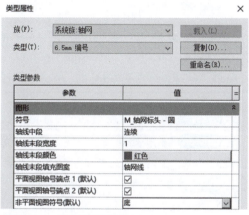
■ 图 5.9 轴网类型参数

小贴士 ▶▶▶

创建轴网时，后续轴号按①、②、③…自动排序，且删除轴线后轴号不会自动更新，如删除轴号为"③"的轴线，继续绘制时轴号"③"不会再次出现，需要单击轴号"④"修改为"③"，之后会在"③"的基础上继续自动排序。横向轴网轴号应为字母，但软件不会自动调整，需绘制第一条横向轴线后，双击轴线轴号，把数字改为字母"Ⓐ"（图 5.10），后续编号将按照Ⓐ、Ⓑ、Ⓒ…自动排序，软件不能自动排除"Ⅰ""О""Z"字母，需删除后手动顺序编号。

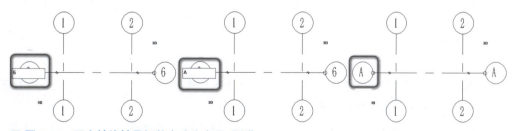
■ 图 5.10 双击轴线轴号把数字改为字母"Ⓐ"

2. 复制轴网

轴网的复制方法与标高的复制方法极为相似。

四、创建项目案例的轴网

【项目案例的轴网】

我们将在结构平面视图中创建轴网。

打开素材中"01 标高 - 框架结构张三 .rvt"文件,开始创建轴网。

>> STEP 01 在项目浏览器中双击"结构平面"项下的"标高1",打开"标高1"结构平面视图。

>> STEP 02 单击"结构"选项卡"基准"面板"轴网"按钮,系统切换到"修改|放置 轴网"上下文选项卡。

>> STEP 03 确认左侧类型选择器中轴网的类型为"轴网 6.5mm 编号";单击"编辑类型"按钮,在弹出的"类型属性"对话框中设置"图形"项下"轴线末段颜色"为"红色","轴线末段填充图案"为"轴网线",勾选"平面视图轴号端点1(默认)"和"平面视图轴号端点2(默认)"复选框,"非平面视图符号(默认)"为"底";单击"确定"按钮,退出"类型属性"对话框。

>> STEP 04 单击"绘制"面板中默认的"线"按钮,开始创建轴网。

> **小 贴 士** ▶▶▶
> 本项目案例在结构平面视图中创建轴网;在 Revit 中,只需要在任意一个结构平面视图中创建一次轴网,它就会自动在其他结构平面视图和立面、剖面视图中显示出来。

>> STEP 05 移动光标至四个"小眼睛"围成的矩形范围偏左下角的适当位置。

>> STEP 06 单击捕捉一点作为轴线的起点,而后垂直向上移动光标至适当位置,再次单击捕捉一点作为轴线的终点,按两次 Esc 键,完成第一条垂直轴线创建,即①轴就创建完成了。

>> STEP 07 先单击选择①轴,再单击"修改"面板上的"复制"按钮,同时勾选选项栏中的"约束"和"多个"复选框。

>> STEP 08 移动光标在①轴上单击捕捉一点作为复制基点,然后水平向右移动光标,移动的距离尽可能大一些,输入间距值"5100"后按 Enter 键确认,则通过复制工具创建了②轴。

>> STEP 09 保持光标位于②轴右侧,分别输入"1600""1700""2700""1800""1800""1800""1800""1800""1800""2700""3300""5100"后按 Enter 键确认,便通过复制工具一次性创建了12条新的垂直轴线;此时在①轴编号的基础上,轴线编号自动递进为②~⑭。创建的垂直轴线如图 5.11 所示。

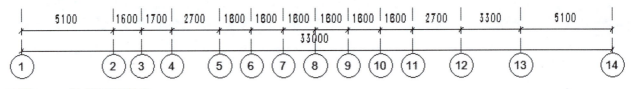

■ 图 5.11 创建的垂直轴线

>> STEP 10 选中⑭轴,切换到"修改|轴网"上下文选项卡;单击"创建"面板"创建类似"按钮,系统自动切换到"修改|放置 轴网"上下文选项卡。

>> STEP 11 单击"绘制"面板"线"按钮,移动光标到"标高1"结构平面视图中①轴标头左上方位置,单击捕捉一点作为轴线起点,然后从左向右水平移动光标到⑭轴右侧一段距离后,再次单击捕捉一点作为轴线终点,创建第一条水平轴线。

>> STEP 12 选中刚创建的水平轴线,修改轴线编号为"Ⓐ",则创建完成了Ⓐ轴。

> **小贴士** ▶▶▶
> 若要修改轴线编号，则双击编号，输入新值，然后按 Enter 键即可；可以使用字母作为轴线的编号，若将第一个轴线编号修改为字母，则所有后续的轴线将进行相应的更新。

STEP 13 移动光标在Ⓐ轴上单击捕捉一点作为复制基点，然后垂直向上移动光标，分别输入"5100""1600""1700""2700""1800""18000""1800""5400"后按 Enter 键确认，完成Ⓑ~Ⓘ号轴线的创建。

STEP 14 选择Ⓘ号轴线，修改轴线编号为"Ⓙ"。

STEP 15 移动光标，在Ⓙ轴上单击捕捉一点作为复制基点，然后垂直向上移动光标，输入"4400"后按 Enter 键确认，完成Ⓚ轴的创建。

> **小贴士** ▶▶▶
> 为了校对轴网尺寸是否正确，单击"注释"选项卡"尺寸标注"面板上的"对齐"按钮，从左到右单击垂直轴线，最后在⑭轴右侧空白之处单击，便可连续标注出开间方向的尺寸；重复单击"尺寸标注"面板上的"对齐"按钮，标注进深方向的尺寸。

STEP 16 创建的水平轴线结果，如图 5.12 所示。

> **小贴士** ▶▶▶
> 创建完轴网后，需要在结构平面视图和立面视图中手动调整轴线标头位置，以满足出图需求。选中任意一条轴线，会显示临时尺寸标注、一些控制符号和复选框。在模型端点控制符号上按住鼠标左键拖拽，可整体调整所有标头的位置；如果先单击打开标头对齐锁，然后再拖拽，即可单独移动一条轴线标头的位置。

STEP 17 根据图 5.1（a）基础平面图，调整轴线标头，保证轴线相交，以及出头长度适中，同时保证整个轴网都位于四个"小眼睛"的观察范围之内，调整完的轴网，如图 5.13 所示。

STEP 18 在项目浏览器中双击"立面（建筑立面）"项下的"南"，进入"南"立面视图，调整轴网标头位置，确保标高线和轴网线相交，以及左右出头长度适中。

STEP 19 框选所有标高线和轴网线（所有对象变成蓝色），如图 5.14 所示；单击"修改|选择多个"上下文选项卡"基准"面板"影响范围"按钮，在弹出的"影响基准范围"对话框中勾选"立面：北"，单击"确定"按钮退出"影响基准范围"对话框，则将"南"立面视图所有效果传递到"北"立面视图。重复上述方法，调整"东"立面视图的标高和轴网，最终效果与图 5.14 相似，然后通过"影响范围"工具，将效果传递到"西"立面视图。

STEP 20 在项目浏览器中双击"结构平面"项下的"标高 1"，系统切换到"标高 1"结构平面视图；框选所有轴网，单击"修改|轴网"上下文选项卡"修改"面板中"锁定"按钮，将所有轴网锁定；在所有轴网依然处于被选中状态下，单击"影响范围"按钮，在弹出的"影响基准范围"对话框中勾选所有结构平面视图，将"标高 1"结构平面视图中的所有效果传递到其他结构平面视图中。

STEP 21 选择对齐尺寸标注，然后右击，从右键下拉列表中单击"选择全部实例→在视图中可见（或在整个项目中）"按钮，软件会自动选中当前视图（或整个项目中）所有相同类型的对齐尺寸标注。

STEP 22 单击"剪贴板"面板"复制到剪贴板"按钮。

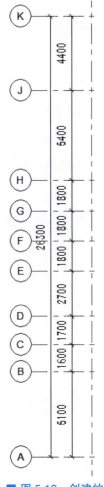

■ 图 5.12 创建的水平轴线

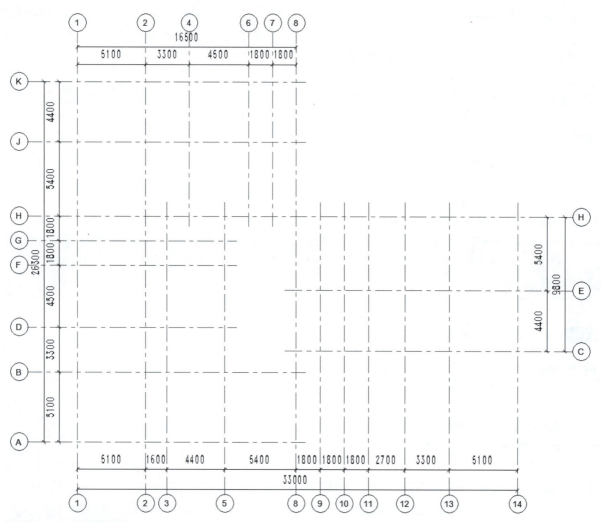

图 5.13 创建的轴网

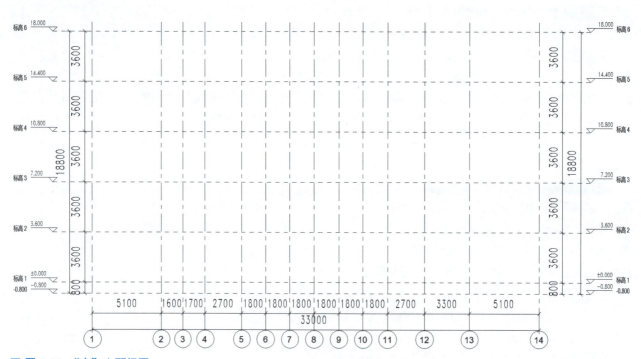

图 5.14 "南"立面视图

>> STEP 23 单击"剪贴板"面板"粘贴"下拉列表"与选定的视图对齐"按钮,在弹出的"选择视图"对话框中选中所有的结构平面,则"标高1"结构平面视图中的对齐尺寸标注复制粘贴到了其余的结构平面视图中。

至此,项目案例的轴网就创建完成了。

>> STEP 24 单击"文件"按钮,在弹出的下拉列表中单击"另存为→项目"按钮,在弹出的"另存为"对话框中,输入文件名"02 轴网 - 框架结构张三 .rvt",单击"保存"按钮,即可保存项目案例模型文件。

第四节　结构基础的创建

一、结构基础

在 Revit 中,通过"结构"选项卡"基础"面板相关工具或"内建模型"创建结构基础。

【结构基础】

Revit 提供了三种基础形式,分别为独立基础、条形基础(墙基础)和基础底板,用于生成建筑不同类型的基础形式。独立基础是将基脚或桩帽添加到建筑模型中,独立基础自动附着到柱底部;条形基础的用法为沿墙底部生成带状基础模型;基础底板可以用于创建建筑筏板基础,用法和楼板一致。

建立基础模型前,先根据结构施工图,查阅基础的尺寸、定位、属性等信息,保证基础模型布置的正确性。

1. 创建独立基础

>> STEP 01 切换到"基础顶"结构平面视图,在"结构"选项卡的"基础"面板中单击"独立"按钮,如图 5.15 所示,系统切换到"修改 | 放置 独立基础"上下文选项卡;单击"模式"面板"载入族"按钮,如图 5.16 所示,在"China→结构→基础"中打开"独立基础 - 三阶",如图 5.17 所示;则族"独立基础 - 三阶"载入到当前项目中了。

■ 图 5.15　"独立"按钮

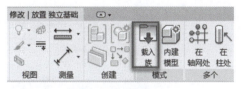

■ 图 5.16　"载入族"按钮

>> STEP 02 软件自动切换至"修改 | 放置 独立基础"上下文选项卡;单击"属性"对话框中的"编辑类型"按钮,打开"类型属性"对话框,单击"复制"按钮创建"DJ-1",如图 5.18 所示。

>> STEP 03 确认"属性"对话框中独立基础的类型为"DJ-1",设置"标高"为"基础顶","自标高的高度偏移"为"0.0";将光标移动到轴线交点位置处,单击,布置"DJ-1",则轴线交点位置"DJ-1"布置完成,如图 5.19 所示。

>> STEP 04 根据图纸中独立基础的位置标注,用"对齐"工具或"移动"工具精确调整基础位置。

>> STEP 05 可以用"复制"工具继续创建其他的独立基础"DJ-1"。

>> STEP 06 桩基也属于独立基础,可以从族库载入,包括多根桩桩帽、矩形桩帽和单根桩桩帽等。

图 5.17 载入族"独立基础 – 三阶"

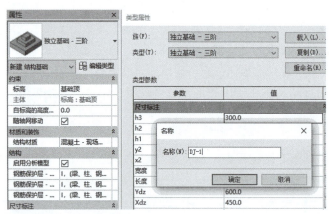

图 5.18 创建"DJ–1"

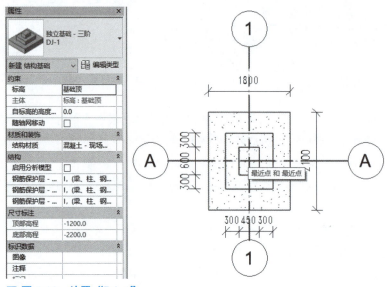

图 5.19 放置"DJ–1"

> **小贴士** ▶▶▶
> 启动"修改|放置 独立基础"命令后，在"属性"对话框类型选择器下拉菜单中选择合适的独立基础类型，如果没有合适的尺寸类型，可以单击"属性"对话框中"编辑类型"按钮，在弹出的"类型属性"对话框中通过复制的方法进行创建新类型；如果没有合适的族，可以载入外部族文件。

STEP 07 独立基础的放置有三种方法。

方法1：在绘图区域单击直接放置，如果需要旋转基础，可在放置前勾选选项栏中的"放置后旋转"复选框，或者在单击放置前按空格键进行旋转。

方法2：单击"修改|放置 独立基础"上下文选项卡"多个"面板"在轴网处"按钮，选择需要放置基础的相交轴网，按住Ctrl键可以多个选择，也可以通过从右下往左上框选的方式来选中轴网。

方法3：单击"修改|放置 独立基础"上下文选项卡"多个"面板"在柱处"按钮，选择需要放置基础的结构柱，系统会将基础放置在柱底端，并且自动生成预览效果，单击"修改|放置 独立基础＞在结构柱处"上下文选项卡"多个"面板"完成编辑模式"按钮"√"，完成独立基础的放置。

> **小贴士** ▶▶▶
> 通过方法2和方法3放置多个基础时，在系统生成基础的预览时，按空格键可以对基础进行统一旋转；采用方法3放置基础时，建议在柱底端所在标高平面进行放置。若在柱顶端所在标高平面或其他较高的标高平面放置，基础生成后，在当前标高平面不可见，系统会发出警告。

STEP 08 在Revit中放置基础时，基础的上表面与标高平齐，如需将基础底面移动至标高位置，使用对齐命令即可。

STEP 09 Revit中基础有体积重合时，会自动连接，但是无法放置多柱独立基础，只能按照单柱独立基础输入。

STEP 10 独立基础是将自定义的基础族放置在项目中，并作为基础参与结构计算。使用"公制结构基础.rte"样板可以自定义任意形式的结构基础。参数可通过"编辑类型"进行修改。

2. 创建条形基础

条形基础是结构基础的一种。条形基础是依附于墙体的，所以只有在有墙体存在的情况下才能添加条形基础，并且条形基础会随着墙体的移动而移动，如果删除条形基础所依附的墙体，则条形基础也会被删除。

STEP 01 切换到"基础顶"结构平面视图；单击"结构"选项卡"结构"面板"墙"下拉列表"墙：结构"按钮，绘制一段结构墙体。

STEP 02 切换到三维视图；单击"结构"选项卡"基础"面板"墙"按钮，如图5.20所示，并从类型选择器下拉列表中选择"条形基础 承重基础-900×300"，如图5.21所示；激活"修改|放置 条形基础"上下文选项卡"多个"面板"选择多个"按钮，如图5.22所示，框选结构墙，如图5.23所示，单击"完成"按钮"√"，则在结构墙下创建完成了条形基础，如图5.24所示。

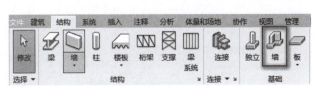

■ 图5.20 "基础"面板"墙"按钮

■ 图5.21 基础类型

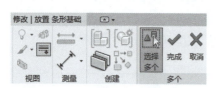

图 5.22 "选择多个"按钮

图 5.23 选中墙体

图 5.24 创建条形基础

> **小贴士** ▶▶▶
> ① 在"属性"对话框类型选择器下拉列表中选择合适的条形基础类型,条形基础类型主要有承重基础和挡土墙基础两种;默认结构样板文件中包含"承重基础 −900×300"和"挡土墙基础 −300×600×300",用户可根据实际工程情况进行选择。
> ② 不同于独立基础,条形基础是系统族,用户只能在系统自带的条形基础类型下通过复制的方法添加新类型,不能将外部的族文件加载到项目中;单击"属性"对话框中的"编辑类型"按钮,打开"类型属性"对话框,单击"复制"按钮,输入新类型名称,单击"确定"完成类型创建,然后在"编辑类型"对话框中修改参数,注意选择基础的结构用途。

STEP 03 在结构平面视图中,条形基础的放置有以下两种方法。

方法 1:在绘图区域直接依次单击需要使用条形基础的墙体。

方法 2:单击"修改|放置 条形基础"上下文选项卡"多个"面板"选择多个"按钮,按住 Ctrl 键依次单击需要使用条形基础的墙体,或者直接框选,然后单击"完成"按钮。

STEP 04 单击选中条形基础,可对放置好的条形基础进行修改。对于承重基础,可在"属性"对话框修改"偏心",即基础相对于墙的偏移距离,正值为向外侧偏移,负值为向内侧偏移。

STEP 05 对于挡土墙基础,可在绘图区域单击翻转符号,对调基础的坡脚和根部。

STEP 06 在放置结构图元时,关闭"属性"对话框中的"结构"项下的"启用分析模型"选项,可以减少软件的计算时间,从而快速显示图元效果。

> **小贴士** ▶▶▶
> 条形基础的用法类似于墙饰条,与墙饰条不同的是,条形基础属于系统族,无法为其指定轮廓,且条形基础具备诸多结构计算属性,而墙饰条则无法参与结构承载力计算。

3. 创建基础底板

基础底板可以用"结构基础:楼板"工具来绘制。基础底板可以创建建筑筏板基础,其用法与楼板完全一致。将基础底板与楼板命令进行区分是为了算量,基础底板的工程量会划分到结构基础类别。和条形基础一样,"结构基础:楼板"也是系统族文件,用户只能使用复制的方法添加新的类型,不能从外部加载自己创建的族文件。

STEP 01 切换到"基础顶"结构平面视图;单击"结构"选项卡"基础"面板"板"下拉列表"结构基础:楼板"按钮,如图 5.25 所示,系统自动切换到"修改|创建楼层边界"上下文选项卡,如图 5.26 所示。

图 5.25 "结构基础:楼板"按钮

图 5.26 "修改|创建楼层边界"上下文选项卡

>> STEP 02 确认楼板的类型为"基础底板 300mm 基础底板",单击左侧"属性"对话框中类型选择器下拉列表右下侧"编辑类型"按钮,在弹出的"类型属性"对话框中复制创建一个新的基础底板类型"DB-1",如图 5.27 所示;设置"DB-1"的"厚度"为"200.0","材质"为"混凝土,现场浇注-C35"(为和软件保持一致,这里使用浇注,实际应该是浇筑),如图 5.28 所示。

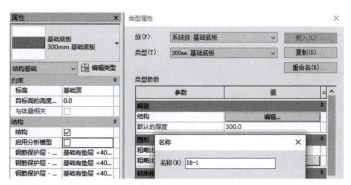

■ 图 5.27 基础底板类型"DB-1"

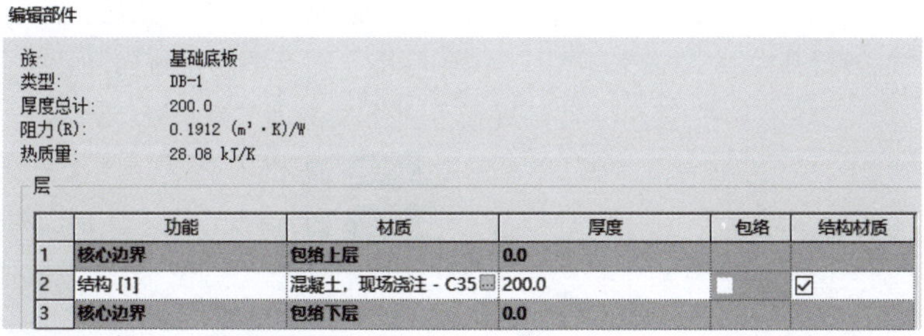

■ 图 5.28 设置厚度和材质

>> STEP 03 确认基础底板的类型为"DB-1",设置左侧"属性"对话框"约束"项下"标高"为"基础顶","自标高的高度偏移"为"0.0";勾选左侧"属性"对话框"结构"项下"结构"复选框,不勾选左侧"属性"对话框"结构"项下"启用分析模型"复选框,如图 5.29 所示。

>> STEP 04 激活"修改|创建楼层边界"上下文选项卡"绘制"面板"边界线"按钮,如图 5.30 所示,选择"矩形"的绘制方式绘制楼层边界线,如图 5.31 所示,单击"模式"面板"完成编辑模式"按钮"√",完成基础底板"DB-1"的创建。

■ 图 5.29 设置实例参数

■ 图 5.30 矩形绘制方式

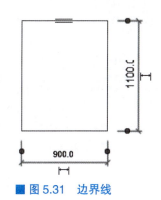

■ 图 5.31 边界线

> **小贴士**
> "结构"选项卡"基础"面板"板"下拉列表包含"结构基础：楼板"和"楼板：楼板边"两个命令，其中"楼板：楼板边"命令的用法和"建筑"选项卡"楼板"下拉列表中的"楼板：楼板边"相同。

4. 内建模型

STEP 01 单击"结构"选项卡"模型"面板"构件"下拉列表"内建模型"按钮。

STEP 02 在弹出的"族类别和族参数"中选择"族类别"为"结构基础"，单击"确定"按钮退出"族类别和族参数"对话框。

STEP 03 在系统弹出的"名称"对话框中输入"基础和柱"，单击"确定"按钮退出"名称"对话框，系统自动进入族编辑器界面。

STEP 04 设置左侧"属性"对话框中"结构"项下"用于模型行为的材质"为"混凝土"。

STEP 05 单击"创建"选项卡"形状"面板"放样"按钮，系统切换到"修改|放样"上下文选项卡。

STEP 06 单击"放样"面板"绘制路径"按钮，系统切换到"修改|放样 > 绘制路径"上下文选项卡，选择"矩形"绘制方式绘制 2400mm×2400mm 矩形，如图 5.32 所示；单击"模式"面板"完成编辑模式"按钮"√"，完成放样路径的绘制。

STEP 07 单击"修改|放样"上下文选项卡"放样"面板"编辑轮廓"按钮，在系统弹出的"转到视图"对话框中单击"立面：东→打开视图"按钮，退出"转到视图"对话框后系统自动切换到"修改|放样 > 编辑轮廓"上下文选项卡且打开了"东"立面视图。

STEP 08 选择"线"绘制方式绘制放样轮廓（图 5.33）。

STEP 09 设置左侧"属性"对话框中"材质和装饰"项下"材质"为"C35"；单击"模式"面板"完成编辑模式"按钮"√"，完成放样轮廓的绘制，再次单击"修改|放样"上下文选项卡"模式"面板"完成编辑模式"按钮"√"，完成"基础和柱"的创建；再次单击"在位编辑器"面板"完成模型"按钮"√"，完成内建模型"基础和柱"的创建。

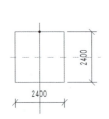

■ 图 5.32 放样路径

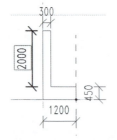

■ 图 5.33 放样轮廓

二、创建项目案例的结构基础

【项目案例的结构基础】

打开素材中"02 轴网 - 框架结构张三 .rvt"文件，开始创建结构基础。

STEP 01 单击"建筑"选项卡"构建"面板"构件"下拉列表"内建模型"按钮；在弹出的"族类别和族参数"对话框中选择"族类别"为"结构基础"；单击"确定"按钮退出"族类别和族参数"对话框；在系统弹出的"名称"对话框中输入"内建模型 - 独立基础"；单击"确定"按钮退出"名称"对话框，系统自动进入族编辑器界面。

STEP 02 设置左侧"属性"对话框中"结构"项下"用于模型行为的材质"为"混凝土"。

STEP 03 切换到"-0.800"结构平面视图；选中四个立面符号，系统切换至"修改|选择多个"上下文选项卡，单击"视图"选项卡"视图"面板"在视图中隐藏"下拉列表"隐藏图元"按钮，永久隐藏四个立面符号；同理，切换到各个结构平面视图，永久隐藏四个立面符号。

STEP 04 切换到"标高 1"结构平面视图；单击"创建"选项卡"形状"面板"放样"按钮，系统切换到"修改|放样"上下文选项卡；单击"放样"面板"绘制路径"按钮，系统切换到"修改|放样 > 绘制路径"上下文选项卡，选择"线"绘制方式绘制放样路径（图 5.34）；单击"模式"面板"完成编辑模式"按钮"√"，完成放样路径的绘制。

>> STEP 05 单击"修改|放样"上下文选项卡"放样"面板"编辑轮廓"按钮,在系统弹出的"转到视图"对话框中单击"立面:西→打开视图"按钮,退出"转到视图"对话框后系统自动切换到"修改 | 放样 > 编辑轮廓"上下文选项卡且打开了"西"立面视图。

>> STEP 06 选择"线"绘制方式绘制放样轮廓(图 5.35)。

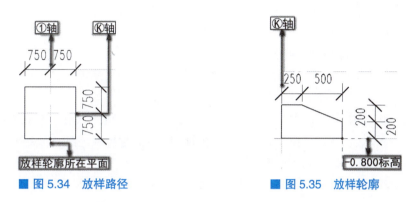

■ 图 5.34 放样路径　　■ 图 5.35 放样轮廓

>> STEP 07 设置左侧"属性"对话框中"材质和装饰"项下"材质"为"C30 混凝土";单击"模式"面板"完成编辑模式"按钮"√",完成放样轮廓的绘制;再次单击"修改 | 放样"上下文选项卡"模式"面板"完成编辑模式"按钮"√",完成放样模型的创建;单击"在位编辑器"面板"完成模型"按钮"√",完成"内建模型 - 独立基础"的创建;同理,创建其余位置的"内建模型 - 独立基础",如图 5.36 所示。

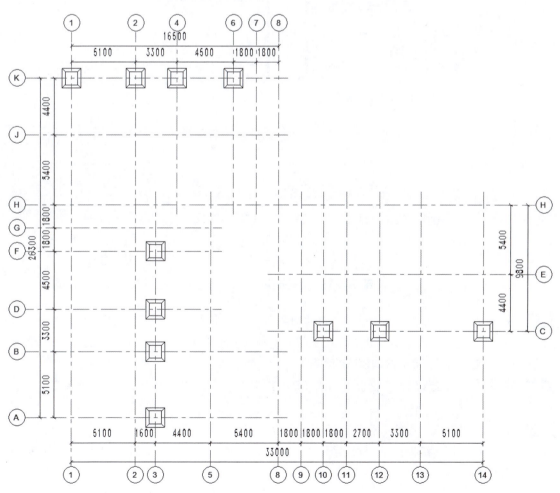

■ 图 5.36 "内建模型 – 独立基础"布置图

» STEP 08 单击"建筑"选项卡"构建"面板"构件"下拉列表"内建模型"按钮,在弹出的"族类别和族参数"对话框中选择"族类别"为"结构基础",单击"确定"按钮退出"族类别和族参数"对话框,在系统弹出的"名称"对话框中输入"内建模型-条形基础",单击"确定"按钮退出"名称"对话框,系统自动进入族编辑器界面。

» STEP 09 设置左侧"属性"对话框中"结构"项下"用于模型行为的材质"为"混凝土"。

» STEP 10 单击"创建"选项卡"形状"面板"放样"按钮,系统切换到"修改 | 放样"上下文选项卡。

» STEP 11 单击"放样"面板"绘制路径"按钮,系统切换到"修改 | 放样 > 绘制路径"上下文选项卡,选择"线"绘制方式绘制放样路径(图 5.37);单击"模式"面板"完成编辑模式"按钮"√",完成放样路径的绘制。

» STEP 12 单击"修改 | 放样"上下文选项卡"放样"面板"编辑轮廓"按钮;在系统弹出的"转到视图"对话框中单击"立面:南→打开视图"按钮,退出"转到视图"对话框后系统自动切换到"修改 | 放样 > 编辑轮廓"上下文选项卡且打开了"南"立面视图。

» STEP 13 选择"线"绘制方式绘制放样轮廓,如图 5.38 所示。

图 5.37 放样路径

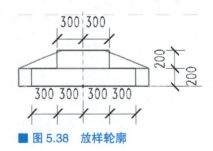

图 5.38 放样轮廓

» STEP 14 设置左侧"属性"对话框中"材质和装饰"项下"材质"为"C30 混凝土";单击"模式"面板"完成编辑模式"按钮"√",完成放样轮廓的绘制;再次单击"修改 | 放样"上下文选项卡"模式"面板"完成编辑模式"按钮"√",完成放样模型的创建。

» STEP 15 单击"在位编辑器"面板"完成模型"按钮"√",完成"内建模型-条形基础"的创建,如图 5.39 所示。

» STEP 16 单击"文件"按钮,在弹出的下拉列表中单击"另存为→项目"按钮,在弹出的"另存为"对话框中,输入文件名"03 结构基础-框架结构张三 .rvt",单击"保存"按钮,即可保存项目案例模型文件。

至此,项目案例的结构基础就创建完成了。

5 CHAPTER
综合结构模型

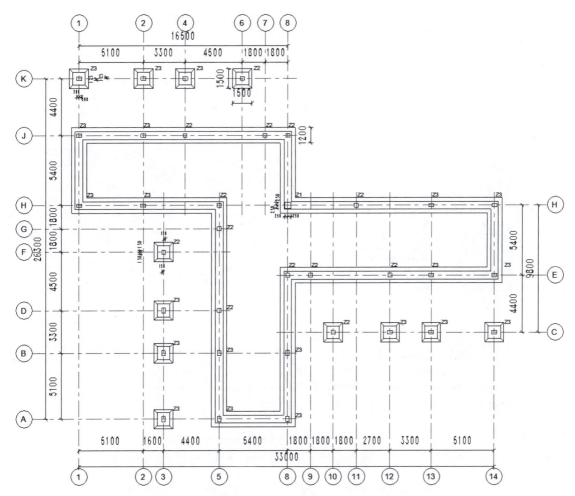

■ 图 5.39 "内建模型 – 条形基础"布置图

第五节 结构柱和结构墙的创建

一、结构柱

Revit 提供了两种不同功能和作用的柱:建筑柱和结构柱。建筑柱主要起装饰和围护作用,而结构柱则主要用于支撑和承受荷载。当把结构柱创建好后,结构工程师可以继续对结构柱进行受力分析和配置钢筋。

【结构柱】

> **小贴士** ▶▶▶
> 建立结构柱模型前,先根据题目提供的结构施工图查阅结构柱构件的尺寸、定位、属性等信息,保证结构柱模型布置的正确性。

1. 载入结构柱族

要创建结构柱,首先必须载入"结构柱"族文件,载入"结构柱"族文件的过程如下。

》STEP 01 在项目浏览器中展开"结构平面"视图类别,双击"标高 1",切换至"标高 1"结构平面视图。

>> STEP 02 单击"结构"选项卡"结构"面板"柱"按钮,系统切换到"修改|放置 结构柱"上下文选项卡。

>> STEP 03 单击"属性"对话框中的"编辑类型"按钮,打开"类型属性"对话框;单击"类型属性"对话框中的"载入"按钮,弹出"打开"窗口,默认进入 Revit 族库文件夹,单击"China→结构→柱→混凝土→混凝土 - 矩形 - 柱 .rfa",选择"打开"命令,载入到项目中,如图 5.40 所示。

■ 图 5.40 载入族"混凝土 – 矩形 – 柱 .rfa"

> 再学一招 ▶▶▶
>
> 单击"修改|放置 结构柱"上下文选项卡"模式"面板"载入族"按钮,也可以进行载入族操作,如图 5.41 所示。
>
>
>
> ■ 图 5.41 "载入族"按钮

2. 新建结构柱类型

根据结构柱施工图,若发现导入的柱子不是图中所需类型,则需要建立新的结构柱构件类型。

>> STEP 01 单击"类型属性"对话框"复制"按钮,弹出"名称"对话框,输入"KZ1",单击"确定"按钮,如图 5.42 所示,关闭"名称"对话框回到"类型属性"对话框。

>> STEP 02 在"类型属性"对话框中设置"尺寸标注"项下"b"为"600.0","h"为"600.0",如图 5.43 所示,单击"确定"按钮,退出"类型属性"对话框,则"KZ1"这个新的结构柱类型创建完成了。

■ 图 5.42 输入"KZ1"

■ 图 5.43 输入"KZ1"的尺寸标注

> **STEP 03** 单击"属性"对话框中的"材质和装饰"项下的"结构材质"靠后空白位置，会出现隐藏材质按钮，单击隐藏材质按钮，弹出"材质浏览器"对话框，选择材质为"混凝土，现场浇注-C30"（为和软件保持一致，这里使用浇注，实际应该是浇筑），则"KZ1"的结构材质也设置好了，如图5.44所示。

■ 图5.44　设置"KZ1"的结构材质

> **STEP 04** 采用同样的方法，根据结构柱布置图，创建其他结构柱构件类型并进行相应尺寸及结构材质设置；在左侧"属性"对话框类型选择器下拉列表中可以看到已经创建好的结构柱类型；结构柱类型创建完成后，开始布置结构柱。

3. 布置垂直结构柱

> **STEP 01** 单击"修改|放置 结构柱"上下文选项卡"放置"面板"垂直柱"按钮，如图5.45所示，选项栏"深度"改为"高度"，"未连接"改为"标高2"，如图5.46所示，设置结构柱的类型以及实例参数，如图5.47所示，将光标置于轴线交点上，临时尺寸标

■ 图5.45　放置方式为"垂直柱"

■ 图5.46　选项栏

注显示结构柱与相邻轴线的间距，如图5.48所示，单击，可在轴线交点创建结构柱，如图5.49所示。

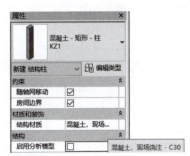

■ 图5.47　实例参数设置

■ 图5.48　光标置于交点上

■ 图5.49　创建结构柱

> **STEP 02** 在"修改|放置 结构柱"上下文选项卡中，单击"多个"面板中的"在轴网处"按钮，进入"修改|放置 结构柱>在轴网交点处"上下文选项卡；在轴网上从右下角至左上角拖出选框，选定要放置结构柱的范围，如图5.50所示，此时轴网与结构柱呈灰色显示，读者可预览结构柱的创建结果，如图5.51所示；单击"多个"面板"完成"按钮"√"，退出命令，在轴网交点处创建结构柱，如图5.52所示。

> **STEP 03** 选择结构柱，进入"修改|结构柱"上下文选项卡，单击"修改柱"面板上的"附着顶部/底部""分离顶部/底部"按钮，可将柱子附着到屋顶、楼板或者天花板上。

> **STEP 04** 单击布置的结构柱，左侧"属性"对话框中的"约束"项可以对结构柱的底部和顶部位置进行二次修改（图5.53），"底部标高"与"底部偏移"修改结构柱的底部位置，"顶部标高"与"顶部偏移"修改结构柱的顶部位置，偏移值为正数时向上偏移，为负数时向下偏移。

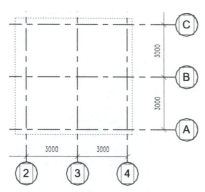

■ 图 5.50 框选轴网

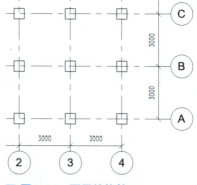

■ 图 5.51 预显结构柱

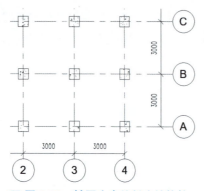

■ 图 5.52 轴网交点处创建结构柱

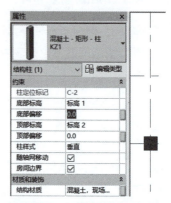

■ 图 5.53 设置结构柱的底部和顶部位置

STEP 05 Revit 提供了两种确定结构柱高度的方式：高度和深度。高度方式是指以从当前标高到达指定标高的方式确定结构柱高度；深度方式是指以从设置的标高到达当前标高的方式确定结构柱高度。

STEP 06 结构柱布置时可以设置一些辅助线和参照平面，以对结构柱进行定位。

STEP 07 结构柱布置完毕需要认真核对和检查，位置不正确的，用"修改"面板中的"对齐"工具进行对齐调整。若方向错误，可以选择结构柱，然后按空格键进行旋转，每按一次空格键会旋转 90°。

STEP 08 布置结构柱时，单击快速访问工具栏中的"细线"按钮，可将图元的线条显示为细线，以方便精确定位。

STEP 09 结构柱建模时，最好每层结构柱分别建模，尽量不要采取一个柱子贯通多层。

二、结构墙

Revit 建模中的结构墙，又称剪力墙或抗震墙、抗风墙，是房屋或构筑物中主要承受风荷载或地震作用引起的水平荷载和竖向荷载（重力）的墙体，主要功能是防止结构发生剪切破坏。结构墙的创建过程如下。

【结构墙】

STEP 01 切换至"标高 1"结构平面视图，单击"结构"选项卡"结构"面板"墙"下拉列表"墙：结构"按钮，系统自动切换到"修改 | 放置 结构墙"上下文选项卡。

STEP 02 确认结构墙的类型为"基本墙 常规 -200mm"；单击左侧"属性"对话框中类型选择器下拉列表右下侧"编辑类型"按钮，在弹出的"类型属性"对话框中单击"复制"按钮创建一个新的结构墙类型"剪力墙 250mm"。

STEP 03 单击"类型属性"对话框"构造"项下"结构"右侧的"编辑"按钮，在弹出的"编辑部件"对话框中设置"结构 [1]"的"材质"为"C35"，"厚度"为"250"。

>> STEP 04 确认结构墙的类型为"基本墙 剪力墙250mm",设置左侧"属性"对话框"约束"项下"定位线"为"墙中心线","底部约束"为"标高1","底部偏移"为"0.0","顶部约束"为"未连接","无连接高度"为"3600.0",不勾选"结构"项下"启用结构分析"复选框。

>> STEP 05 设置绘图区域上方墙的生成方式为"高度",勾选"链"复选框,偏移量为"0.0"。

— 小贴士 ▶▶▶
选择"高度",是指创建的结构墙将以当前视图标高为底部,往上设置顶部;"深度"是指创建的结构墙将以当前视图标高为顶部,往下设置底部。勾选"链"选项,表示在绘制墙体时自动将上一段墙体的终点作为下一段墙体的起点,实现连续绘制。

>> STEP 06 单击"修改|放置 结构墙"上下文选项卡"绘制"面板"线"按钮,在绘图区域绘制结构墙。

三、创建项目案例的结构柱

打开素材中"03 结构基础-框架结构张三.rvt"文件,开始创建结构柱。

>> STEP 01 单击"结构"选项卡"结构"面板"柱"按钮,系统进入"修改|放置 结构柱"上下文选项卡。

【项目案例的结构柱】

>> STEP 02 激活"放置"面板"垂直柱"按钮和"标记"面板"在放置时进行标记"按钮。

>> STEP 03 确认结构柱的类型为"混凝土-矩形-柱 600×750mm",单击"编辑类型"按钮,在弹出的"类型属性"对话框中单击"复制"按钮,复制创建一个新类型,重命名为"Z1",设置"b""h"和"类型标记"分别为"500""500"和"Z1"。

>> STEP 04 同理,复制创建新的结构柱类型"Z2"("b""h"和"类型标记"分别为"300""300"和"Z2")、"Z3"("b""h"和"类型标记"分别为"250""400"和"Z3")。

>> STEP 05 设置左侧"属性"对话框"材质和装饰"项下"结构材质"为"C30混凝土",不勾选"结构"项下"启用分析模型"复选框。

>> STEP 06 设置选项栏参数(图5.54)。

修改|放置 结构柱   □放置后旋转   高度: 标高2:

■ 图 5.54 布置结构柱时的选项栏参数

>> STEP 07 确认结构柱的类型为"混凝土-矩形-柱 Z1";根据图5.1所示"Z1"的平面位置,将光标放置于轴线交点位置,预显Z1时,单击放置Z1;同理放置Z2和Z3;放置的Z1、Z2和Z3,如图5.62所示。

>> STEP 08 单击左侧"属性"对话框"图形"项下"可见性/图形替换"右侧"编辑"按钮,在弹出的"结构平面:标高1的可见性/图形替换"对话框中单击"模型类别→结构柱→截面填充图案"项下的"替换"按钮;在弹出的"填充样式图形"对话框中设置"颜色"为"黑色","填充图案"为"实体填充"。

>> STEP 09 单击左侧"属性"对话框"范围"项"视图范围"右侧编辑按钮,在弹出的"视图范围"对话框中设置"主要范围→剖切面→偏移"为"500.0"。

>> STEP 10 选中结构柱标记"Z1",如图5.55所示,设置选项栏"放置方向"为"水平",不勾选"引线"复选框。

>> STEP 11 单击"修改|结构柱标记"上下文选项卡"模式"面板"编辑族"按钮,如图5.56所示,则系统自动进入了结构柱标记族编辑界面。

>> STEP 12 选中标签,如图5.57所示,单击"修改|标签"上下文选项卡"修改"面板"旋转"按钮,如图5.58所示,将标签顺时针旋转45°,如图5.59所示。

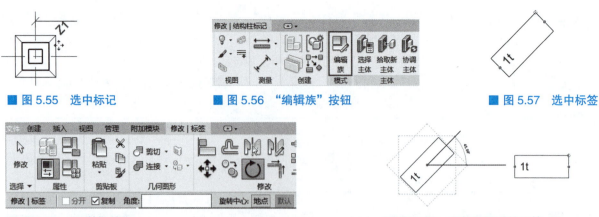

图 5.55 选中标记　　　图 5.56 "编辑族"按钮　　　图 5.57 选中标签

图 5.58 "旋转"按钮　　　图 5.59 将标签顺时针旋转 45°

> **STEP 13** 单击"族编辑器"面板"载入到项目"按钮，如图 5.60 所示，在系统弹出的"族已存在"对话框中选择"→覆盖现有版本及其参数值"选项，如图 5.61 所示，软件重新切换到"-0.800"结构平面视图，且编辑后的结构柱标记如图 5.62 所示。

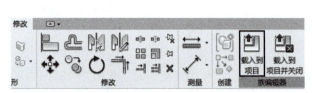

图 5.60 "载入到项目"按钮　　　图 5.61 "族已存在"对话框

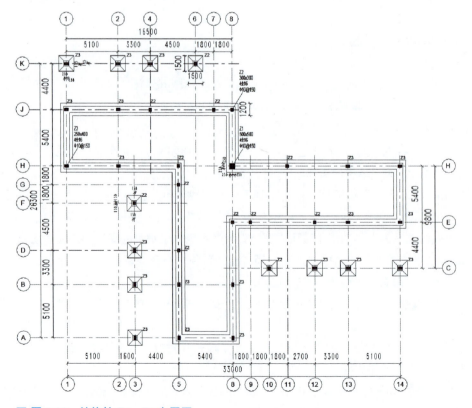

图 5.62 结构柱 Z1～Z3 布置图

四、项目案例的结构柱编号以及平法标注

STEP 01 单击"注释"选项卡→"文字"面板→"文字"按钮，选择文字类型为"文字3.5mm 常规仿宋"。

STEP 02 单击"编辑类型"按钮，在弹出的"类型属性"对话框中设置"文字"项下"文字字体"为"宋体"；在"引线"面板中设置为"无引线"；在"段落"面板上设置为"左对齐"。

STEP 03 在视图中单击进入文字输入状态，输入文字。

STEP 04 单击"注释"选项卡"详图"面板"详图线"按钮，绘制详图线作为引线，则结构柱编号及平法标注创建完成（图5.62）。

【结构柱的编号及平法标注】

五、设置项目案例的结构柱和结构基础保护层

STEP 01 在项目浏览器中选中结构平面"-0.800"，右击，在菜单中选择"复制视图→带细节复制"选项，将新生成的"-0.800 副本1"重命名为"基础平面图"。

STEP 02 单击"结构"选项卡"钢筋"面板"保护层"按钮，如图5.63所示；单击选项栏"编辑保护层设置"按钮，如图5.64所示。

【项目案例的结构柱和结构基础保护层】

■ 图5.63 "保护层"按钮

■ 图5.64 "编辑保护层设置"按钮

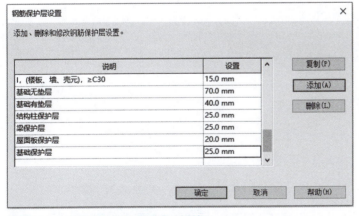

■ 图5.65 "钢筋保护层设置"对话框

STEP 03 在弹出的"钢筋保护层设置"对话框中单击"添加"按钮，创建新的保护层，名称分别为"结构柱保护层"（设置保护层厚度为"25.0mm"）、"梁保护层"（设置保护层厚度为"25.0mm"）、"屋面板保护层"（设置保护层厚度为"20.0mm"）、"基础保护层"（设置保护层厚度为"25.0mm"）；单击"确定"按钮退出"钢筋保护层设置"对话框，如图5.65所示。

STEP 04 在选项栏中设置"结构柱保护层<25mm>"，如图5.66所示，拾取结构柱Z1，则对选定的一个结构柱进行了保护层的设置。

■ 图5.66 激活选项栏中"结构柱保护层<25mm>"

STEP 05 切换到三维视图；在三维视图状态，单击View Cube的"前"按钮，将视图定格在"前"立面，光标自右往左水平框选所创建的所有结构柱，则所有结构柱将蓝色亮显，如图5.67所示，系统自动切换到"修改 | 结构柱"上下文选项卡。

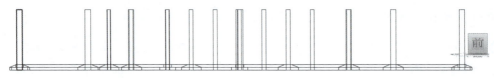

图 5.67 选中结构柱

>> STEP 06 设置左侧"属性"对话框"结构"项下"钢筋保护层"为"结构柱保护层 <25mm>",设置左侧"属性"对话框"约束"项下"底部标高"为"-0.800","底部偏移"为"400.0","顶部标高"为"标高2","顶部偏移"为"0.0";设置左侧"属性"对话框"材质和装饰"项下"结构材质"为"C30 混凝土";不勾选"结构"项下"启用分析模型"复选框(图 5.68)。

>> STEP 07 框选所有的结构基础("内建模型-独立基础"和"内建模型-条形基础"),设置"钢筋保护层"为"基础保护层 <25mm>",如图 5.69 所示。

>> STEP 08 单击"文件"按钮,在弹出的下拉列表中单击"另存为→项目"按钮,在弹出的"另存为"对话框中,输入文件名"04 结构柱-框架结构张三.rvt",单击"保存"按钮,即可保存项目案例模型文件。

图 5.68 "属性"对话框

图 5.69 结构基础的钢筋保护层设置

第六节 结构梁

【创建结构梁】

一、创建结构梁

结构梁在 Revit 中称作结构框架,结构梁分为主梁和次梁两种形式,将其上荷载通过两端支座直接传递给柱或墙的梁称为主梁;而将其上荷载通过两端支座传递给主梁的梁称为次梁。简单地说就是:主梁直接搁置在框架柱或结构墙上,次梁搁置在主梁上,主梁经常是框架梁,次梁绝不是框架梁。

在建立结构梁模型前,先根据图纸查阅结构梁构件的尺寸、定位、属性等信息,保证结构梁模型布置的正确性。

1. 建立结构梁构件类型

>> STEP 01 切换到"标高1"结构平面视图,单击"结构"选项卡"梁"按钮,进入"修改|放置 梁"上下文选项卡。

>> STEP 02 单击左侧"属性"对话框"编辑类型"按钮,打开"类型属性"对话框,单击"载入"按钮,在打开的文件夹中双击"结构→框架→混凝土",打开"混凝土 - 矩形梁",单击"确定"按钮后,则"混凝土 - 矩形梁"载入到了当前项目中。

>> STEP 03 确认梁的类型为"混凝土 - 矩形梁 300×600mm"。

>> STEP 04 单击"编辑类型"按钮,在弹出的"类型属性"对话框中复制创建一个新的梁类型"KL",设置"尺寸标注"项下"b"为"300.0","h"为"700.0"。

>> STEP 05 单击"确定"按钮,退出"类型属性"对话框,则"KL"这个新的"混凝土 - 矩形梁"类型创建完成了;单击"确定"按钮,退出"类型属性"对话框。

>> STEP 06 按照上述方式创建其他结构梁构件类型。

2. 结构梁放置

结构梁定义完成后,开始布置结构梁。

>> STEP 01 确认梁的类型为"混凝土 - 矩形梁 KL",设置左侧"属性"对话框"材质和装饰"项下"结构材质"为"C30",不勾选"结构"项下"启用分析模型"复选框;设置左侧"属性"对话框"几何图形位置"项下"YZ轴对正"为"统一","Y轴对正"为"原点","Y轴偏移值"为"0.0","Z轴对正"为"顶","Z轴偏移值"为"0.0"。

>> STEP 02 选项栏中的"放置平面"选择"标高:标高1","结构用途"选择"<自动>",不勾选"三维捕捉"和"链"复选框。

> **小贴士** ▶▶▶
> 在启用了"三维捕捉"之后,不论高程如何,梁都将捕捉到柱的顶部;当梁的两端高度不一致时,可以修改梁的"起点标高偏移"和"终点标高偏移";在选项栏中勾选"三维捕捉"复选框后,可以在三维视图中绘制梁,若不勾选,则无法在三维视图中绘制梁;在选项栏中勾选"链"复选框后,Revit 可以将上一根梁的端点作为下一根梁的起点,实现梁的不间断连续绘制。

>> STEP 03 在结构平面视图的绘图区域,单击"修改 | 放置 梁"上下文选项卡"绘制"面板"线"按钮,在四个立面符号范围内,选择合适位置单击,确定一点 A 作为绘制梁 KL 的起点,水平往右,单击 B 点作为终点,完成一根梁 KL 的绘制,如图 5.70 所示。

■ 图 5.70 梁 KL 创建

>> STEP 04 为了能够显示结构梁,必须修改视图范围。

>> STEP 05 布置完毕结构梁后需要认真核对和检查,位置不正确的,用"修改"面板中的"对齐"工具进行对齐调整。

>> STEP 06 一般使用线(即直线)方式绘制梁。

二、创建项目案例的梁

打开素材中"04 结构柱 - 框架结构张三 .rvt"文件,开始创建梁。

>> STEP 01 切换到"标高 2"结构平面视图,单击"结构"选项卡"梁"按钮,进入"修改 | 放置 梁"上下文选项卡。

>> STEP 02 确认梁的类型为"混凝土 - 矩形梁 300×600mm"。

【项目案例的结构梁】

>> STEP 03 单击"编辑类型"按钮,在弹出的"类型属性"对话框中复制创建一个新的梁类型"KL",设置"尺寸标注"项下"b"为"150","h"为"300",设置"标识数据"项下"类型标记"为"KL"。

>> STEP 04 确认梁的类型为"混凝土-矩形梁 KL",设置左侧"属性"对话框"材质和装饰"项下"结构材质"为"C25 混凝土",不勾选"结构"项下"启用分析模型"复选框。

>> STEP 05 设置左侧"属性"对话框"几何图形位置"项下"YZ 轴对正"为"统一","Y 轴对正"为"原点","Y 轴偏移值"为"0.0","Z 轴对正"为"顶","Z 轴偏移值"为"0.0"。

>> STEP 06 激活"修改|放置 梁"上下文选项卡"标记"面板"在放置时进行标记"按钮。

>> STEP 07 设置选项栏中"放置平面"为"标高2",不勾选"三维捕捉"复选框,勾选"链"复选框。

>> STEP 08 单击"修改|放置 梁"上下文选项卡"绘制"面板"线"按钮,单击K轴与①轴的交点作为绘制梁 KL 的起点,水平往右,单击K轴与⑥轴的交点作为终点,则K轴上的梁 KL 创建完成了,如图 5.71 中①所示。

>> STEP 09 同理,创建其余位置的梁 KL,如图 5.71 所示。

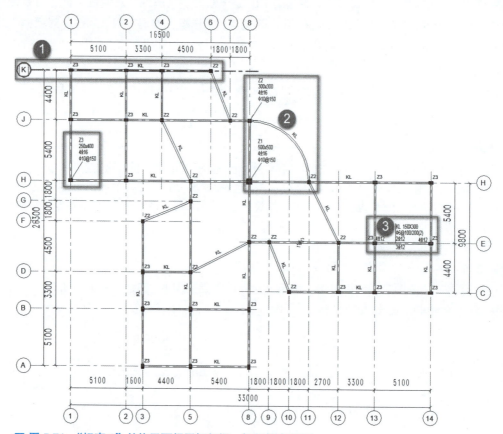

■ 图 5.71 "标高2"结构平面视图框架梁、框架柱布置图

── 小 贴 士 ▶▶▶ ──────────────────────────

(1) 直梁布置方法。由于梁中心线均为轴线,直接单击轴线交点,即可布置直梁。

(2) 弧形框架梁的布置方法。单击"绘制"面板"圆心-端点弧"按钮,先单击⑧轴与H轴的交点作为圆心,再单击⑧轴与J轴的交点作为圆弧的起点,最后单击⑪轴与H轴的交点作为圆弧终点,即可创建弧形框架梁,如图 5.71 中②所示。

>> STEP 10 单击左侧"属性"对话框"图形"项下"可见性/图形替换"右侧"编辑"按钮,在弹出的"结构平面:标高2的可见性/图形替换"对话框中单击"模型类别→结构柱→截面→填充图案"项下的"替换"按钮。

>> STEP 11 在弹出的"填充样式图形"对话框中设置"颜色"为"黑色","填充图案"为"实体填充"。

>> STEP 12 单击"注释"选项卡→"文字"面板→"文字"按钮,选择文字类型为"文字 3.5mm 常规仿宋",单击"编辑类型"按钮,在弹出的"类型属性"对话框中设置"文字"项下"文字字体"为"宋体";在"引线"面板中设置为"无引线",在"段落"面板上设置为"左对齐",在视图中单击进入文字输入状态,输入文字。

>> STEP 13 单击"注释"选项卡"详图"面板"详图线"按钮,绘制详图线作为引线,则结构柱编号、框架梁编号以及平法标注创建完成,结果如图 5.71 中③所示。

>> STEP 14 在项目浏览器中选中结构平面"标高 2",右击,在菜单中选择"复制视图→带细节复制"选项,将新生成的"标高 2 副本 1"重命名为"2 层结构平面图"。

>> STEP 15 切换到三维视图。

>> STEP 16 在三维视图状态,单击 View Cube 的"前"按钮,将视图定格在"前"立面。

>> STEP 17 光标自右往左水平框选所创建的所有框架梁,系统自动切换到"修改 | 选择多个"上下文选项卡。

>> STEP 18 单击"选择"面板"过滤器"按钮,在弹出的"过滤器"对话框中勾选"结构框架(其他)"复选框和"结构框架(大梁)"复选框,则选中了在标高 2 中创建的所有框架梁 KL,如图 5.72 所示;此时所有框架梁将蓝色亮显且系统切换到了"修改 | 结构框架"上下文选项卡。

■ 图 5.72　选中框架梁

>> STEP 19 确认左侧"属性"对话框中"结构"项下钢筋保护层为"梁保护层 <25mm>";设置"材质和装饰"项下"结构材质"为"C25 混凝土";不勾选"结构"项下"启用分析模型"复选框。

三、搭建项目案例整体结构模型

>> STEP 01 在三维视图状态,单击 View Cube 的"前"按钮,将视图定格在"前"立面。

>> STEP 02 光标自右往左水平框选创建的所有结构柱,如图 5.73 所示。

>> STEP 03 确认左侧"属性"对话框"约束"项下"底部标高"为"-0.800","底部偏移"为"400.0","顶部标高"为"标高 2","顶部偏移"为"0.0","材质和装饰"项下"结构材质"为"C30 混凝土",不勾选"结构"项下"启用分析模型"复选框,设置"钢筋保护层"为"结构柱保护层 <25mm>"。

【搭建项目案例整体结构模型】

■ 图 5.73　选中结构柱

>> STEP 04 结构柱处于选中状态,单击"剪贴板"面板"复制到剪贴板"按钮,将所有选中的结构柱复制到剪贴板中备用。

>> STEP 05 单击"剪贴板"面板"粘贴"下拉列表"与选定的标高对齐"按钮,打开"选择标高"对话框,在"选择标高"对话框中选择"标高 3",如图 5.74 所示,单击"确定"按钮退出"选择标高"对话框,则结构柱复制到"标高 2~标高 3",如图 5.75 所示。

>> STEP 06 使结构柱处于选中状态,确认左侧"属性"对话框"约束"项下"底部标高"为"标高 2","底部偏移"为"0.0","顶部标高"为"标高 3","顶部偏移"为"0.0";确认"材质和装饰"项下"结构

图 5.74 选中"标高 3"

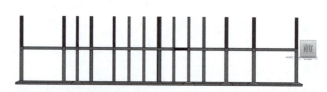

图 5.75 结构柱复制到"标高 2～标高 3"

材质"为"C30 混凝土";不勾选"结构"项下"启用分析模型"复选框;设置"钢筋保护层"为"结构柱保护层 <25mm>"。

STEP 07 单击"剪贴板"面板"复制到剪贴板"按钮,将所有选中的结构柱复制到剪贴板中备用。

STEP 08 单击"剪贴板"面板"粘贴"下拉列表"与选定的标高对齐"按钮,打开"选择标高"对话框,在"选择标高"对话框中选择"标高 4～标高 6",如图 5.76 所示,单击"确定"按钮退出"选择标高"对话框,则结构柱复制到"标高 3～标高 6",如图 5.77 所示。

图 5.76 选择"标高 4～标高 6"

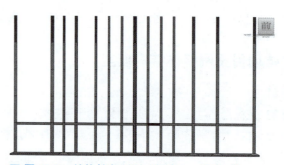

图 5.77 结构柱复制到"标高 3～标高 6"

STEP 09 使结构柱处于选中状态,确认左侧"属性"对话框"约束"项下"底部标高"为"标高 5","底部偏移"为"0.0","顶部标高"为"标高 6","顶部偏移"为"0.0";确认"材质和装饰"项下"结构材质"为"C30 混凝土";不勾选"结构"项下"启用分析模型"复选框;设置钢筋保护层为"结构柱保护层 <25mm>"。

图 5.78 选中框架梁

STEP 10 在三维视图状态,单击 View Cube 的"前"按钮,将视图定格在"前"立面。

STEP 11 光标自右往左水平框选在标高 2 中创建的所有框架梁 KL,此时所有框架梁将蓝色亮显,如图 5.78 所示;单击"剪贴板"面板"复制到剪贴板"按钮,将所有选中的框架梁复制到剪贴板中备用。

STEP 12 单击"剪贴板"面板"粘贴"下拉列表"与选定的标高对齐"按钮,打开"选择标高"对话框,在"选择标高"对话框中选择"标高 3～标高 6",单击

"确定"按钮退出"选择标高"对话框，则框架梁复制到了"标高3～标高6"，如图5.79所示。

>> STEP 13 创建的结构基础、结构柱和框架梁三维显示效果如图5.80所示。

>> STEP 14 单击"文件"按钮，在弹出的下拉列表中单击"另存为→项目"按钮，在弹出的"另存为"对话框中，输入文件名"05结构梁-框架结构张三.rvt"，单击"保存"按钮，即可保存项目案例模型文件。

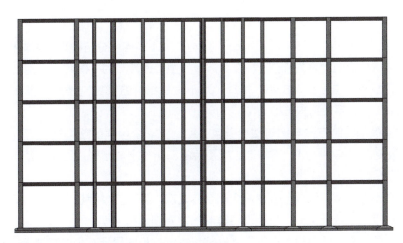

■ 图5.79 使用复制粘贴工具创建的框架梁

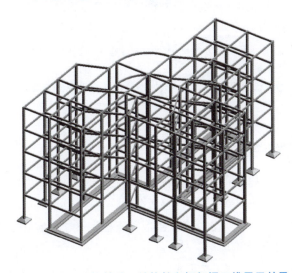

■ 图5.80 结构基础、结构柱和框架梁三维显示效果

第七节 结构楼板

一、创建结构楼板

Revit提供了灵活的楼板工具，可以在项目中创建常见形式的楼板。与墙类似，楼板属于系统族，可以根据草图轮廓及类型属性生成不同类型的楼板。

在创建BIM模型楼板前，先仔细查看楼板的相关图纸，主要关注楼板厚度、位置和开洞的情况。

【创建结构楼板】

STEP 01 切换到"标高1"结构平面视图;单击"结构"选项卡"结构"面板"楼板"下拉列表"楼板:结构"按钮,系统自动切换到"修改|创建楼层边界"上下文选项卡。

STEP 02 确认楼板的类型为"楼板 常规-300mm",单击左侧"属性"对话框中类型选择器下拉列表右下侧"编辑类型"按钮,在弹出的"类型属性"对话框中复制创建一个新的结构楼板类型"LB";设置"LB"的"厚度"为"200","材质"为"混凝土,现场浇筑-C35"。

STEP 03 设置左侧"属性"对话框"约束"项下"标高"为"标高1","自标高的高度偏移"为"0.0";勾选"结构"项下"结构"复选框,不勾选"结构"项下"启用分析模型"复选框。

STEP 04 确认结构楼板的类型为"LB";设置选项栏中"偏移"为"0.0";激活"修改|创建楼层边界"上下文选项卡"绘制"面板"边界线"按钮,选择"矩形"的绘制方式绘制楼层边界线,单击"模式"面板"完成编辑模式"按钮"√",完成结构楼板"LB"的创建。

STEP 05 结构楼板的绘制方法与建筑楼板一致,绘制完一个楼层的结构楼板后,可采用复制、粘贴的方式,将本层结构楼板复制至其他楼层;不勾选结构楼板的"属性"对话框"结构"项下"结构"复选框,创建的楼板就会成为建筑板。

STEP 06 绘制楼板时,楼层边界可以是多个闭合的轮廓,但一定要保证轮廓都是闭合的。

STEP 07 结构楼板是系统族文件,只能通过复制的方式创建新类型。

STEP 08 添加完楼板后,被楼板遮挡的墙和梁将以虚线的形式显示;删除和楼板一起生成的跨方向符。

STEP 09 双击楼板,通过编辑楼层边界线的方式创建结构楼板洞口。

> (1)结构楼板可在楼板中布置钢筋,进行受力分析等结构专业应用,提供了钢筋保护层厚度等参数;建筑楼板包含建筑面层,不参与受力分析,不能布置钢筋等。
>
> (2)通常情况下,结构楼板只包含核心层,而建筑楼板包含建筑面层等其他装饰层。

二、创建项目案例的结构楼板

【项目案例的结构楼板】

打开素材中"05 结构梁-框架结构张三.rvt"文件,开始创建结构楼板。

STEP 01 切换到"标高2"结构平面视图。

STEP 02 单击"结构"选项卡"楼板"下拉列表"楼板:结构"按钮,系统切换到"修改|创建楼层边界"上下文选项卡。

STEP 03 在类型选择器下拉列表中选择默认的楼板类型"楼板 常规-300mm";单击"编辑类型"按钮,在弹出的"类型属性"对话框中,复制创建新的楼板类型"楼板 LB 100mm"。

STEP 04 单击"类型属性"对话框"构造"项下"结构"右侧的"编辑"按钮,在弹出的"编辑部件"对话框中设置功能层"结构[1]"材质为"C25 混凝土","厚度"为"100.0"。

STEP 05 在左侧"属性"对话框中,确认楼板的类型为"楼板 LB 100mm";不勾选"结构"项下"启用分析模型"复选框;设置"约束"项下"标高"为"标高2","自标高的高度偏移"为"0.0";设置"结构"项下"钢筋保护层"为"屋面板保护层 <20mm>"。

STEP 06 激活"绘制"面板中的"边界线"按钮,使用"线"的绘制方式绘制楼层边界线,楼层边界线如图5.81所示;激活"修改|创建楼层边界"上下文选项卡"绘制"面板"跨方向"按钮,选择"拾取线"绘制方式,拾取楼层边界线的上侧边界线作为跨方向,单击"模式"面板中的"完成编辑模式"按钮"√",完成"标高2"楼板的创建。

STEP 07 单击"注释"选项卡"详图"面板"详图线"按钮,绘制楼梯间洞口符号线。

STEP 08 切换到三维视图。

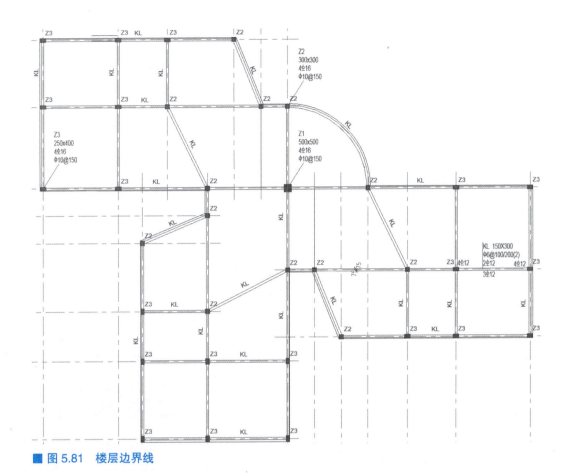

■ 图 5.81　楼层边界线

>> STEP 09　框选选中"标高 2"楼板，单击"剪贴板"面板"复制到剪贴板"按钮，将选中的楼板复制到剪贴板中备用。

>> STEP 10　单击"剪贴板"面板"粘贴"下拉列表"与选定的标高对齐"按钮，打开"选择标高"对话框，在"选择标高"对话框中选择"标高 3～标高 6"，单击"确定"按钮退出"选择标高"对话框，则选中的楼板被复制到"标高 3～标高 6"结构平面视图上。

>> STEP 11　切换到"标高 6"结构平面视图。

>> STEP 12　双击楼板，系统切换到"修改|编辑边界"上下文选项卡。

>> STEP 13　编辑楼层边界线，结果如图 5.82 所示；单击"模式"面板中的"完成编辑模式"按钮"√"，完成"标高 6"楼板的编辑。

>> STEP 14　使"标高 6"结构平面视图楼板处于选中状态，单击"编辑类型"按钮，在弹出的"类型属性"对话框中，复制创建新的楼板类型"LB"；则"标高 6"结构平面视图上的楼板"LB"创建完毕。

>> STEP 15　选中"跨方向符号：M_跨方向：单向配筋板"，删除。

>> STEP 16　单击左侧"属性"对话框"图形"项下"可见性/图形替换"右侧"编辑"按钮，在弹出的"结构平面：标高 6 的可见性/图形替换"对话框中单击"模型类别→结构柱→截面→填充图案"项下的"替换"按钮。

>> STEP 17　在弹出的"填充样式图形"对话框中设置"颜色"为"黑色"，"填充图案"为"实体填充"。

>> STEP 18　单击"注释"选项卡→"文字"面板→"文字"按钮，选择文字类型为"文字 3.5mm 常规仿宋"，单击"编辑类型"按钮，在弹出的"类型属性"对话框中设置"文字"项下"文字字体"为"宋体"。

>> STEP 19　在"引线"面板中设置为"无引线"，在"段落"面板上设置为"左对齐"，在视图中单击进入文字输入状态，输入文字。

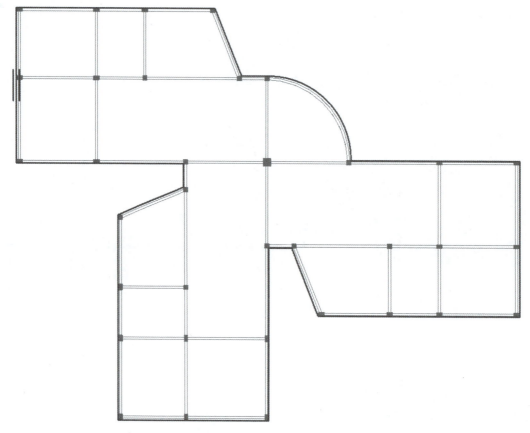

■ 图 5.82 楼板的楼层边界线

>> STEP 20 单击"注释"选项卡"详图"面板"详图线"按钮,绘制详图线作为引线,则结构柱编号、框架梁编号、楼板编号及平法标注创建完毕。

>> STEP 21 在项目浏览器中选中结构平面"标高 6",右击,在菜单中选择"复制视图→带细节复制"选项,将新生成的"标高 6 副本 1"重命名为"顶层结构平面图"。

>> STEP 22 单击"文件"按钮,在弹出的下拉列表中单击"另存为→项目"按钮,在弹出的"另存为"对话框中,输入文件名"06 结构楼板 - 框架结构张三 .rvt",单击"保存"按钮,即可保存项目案例模型文件。

第八节　钢筋模型

【基础钢筋】

一、创建钢筋模型

钢筋模型具体创建方法参见"专项考点——钢筋模型",在此不再赘述。

二、创建项目案例的钢筋模型

打开素材中"06 结构楼板 - 框架结构张三 .rvt"文件,开始创建钢筋模型。

1. 创建结构基础钢筋模型

STEP 01 切换到"-0.800"结构平面视图。

STEP 02 单击"视图"选项卡"创建"面板"剖面"按钮,系统切换到"修改|剖面"上下文选项卡。

STEP 03 在类型选择器下拉列表中选择剖面类型为"剖面 剖面1";光标变成笔的图标,移动光标至"内建模型-独立基础"上,在左侧单击确定剖面线左端点,光标向右移动超过"内建模型-独立基础"后,单击确定剖面线右端点,绘制剖面线,系统自动形成剖切范围框,如图5.83所示;此时项目浏览器中增加"剖面(剖面1)"项,展开可看到刚刚创建的"剖面1"。

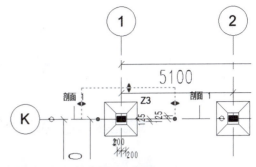

■ 图5.83　创建剖面1视图

STEP 04 切换到"剖面1"视图。

STEP 05 单击"结构"选项卡"钢筋"面板"钢筋"按钮,系统弹出"'钢筋形状'定义将不包含弯钩或末端处理方式。这些选项可在'钢筋设置'中更改,且应在向项目中添加钢筋图元之前进行设置。"的提示框,直接单击"确定"按钮即可,系统切换到"修改|放置钢筋"上下文选项卡。

STEP 06 设置钢筋形状为"05",设置钢筋的类型为"钢筋12 HRB335";设置左侧"属性"对话框"钢筋集"项下"布局规则"为"最大间距","间距"为"150.0mm"。

STEP 07 激活"修改|放置钢筋"上下文选项卡"放置平面"面板"当前工作平面"按钮,"放置方向"面板"平行于工作平面"按钮;将光标置于"剖面1"视图上预显纵向受力钢筋1,单击即可创建纵向受力钢筋1,如图5.84所示。

STEP 08 激活"修改|放置钢筋"上下文选项卡"放置平面"面板"当前工作平面"按钮,"放置方向"面板"垂直于保护层"按钮;将光标置于纵向受力钢筋1上预显纵向受力钢筋2,单击即可创建纵向受力钢筋2,如图5.85所示;通过拖动结构钢筋的造型操纵柄调整纵向受力钢筋2的位置,如图5.86所示。

STEP 09 选中创建的纵向受力钢筋1和纵向受力钢筋2,如图5.87所示。

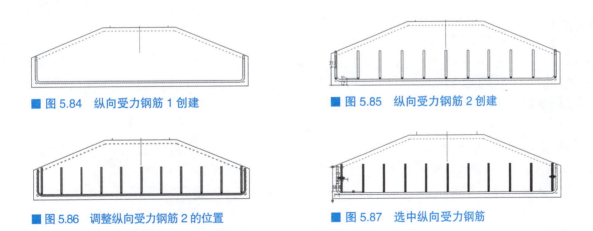

■ 图5.84　纵向受力钢筋1创建　　■ 图5.85　纵向受力钢筋2创建

■ 图5.86　调整纵向受力钢筋2的位置　　■ 图5.87　选中纵向受力钢筋

STEP 10 单击左侧"属性"对话框"图形"项下"视图可见性状态"右侧"编辑"按钮,在弹出的"钢筋图元视图可见性状态"对话框中勾选"三维视图→{三维}→清晰的视图","三维视图→{三维}→作为实体查看","结构平面→-0.800→清晰的视图"复选框;则结构钢筋在"-0.800"结构平面视图中以清晰的视图显示出来了。

STEP 11 同理,创建所有的"内建模型-独立基础"和"内建模型-条形基础"结构钢筋,创建结果如图5.88所示。

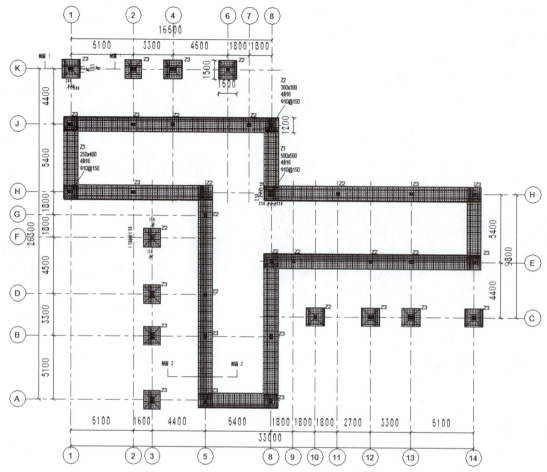

■ 图 5.88 基础钢筋模型

【梁钢筋】

2. 创建梁钢筋模型

>> STEP 01 切换到"标高 3"结构平面视图。

>> STEP 02 创建"剖面 3"视图,如图 5.89 所示。

>> STEP 03 切换到"剖面 3"视图。

>> STEP 04 单击"结构"选项卡"钢筋"面板"钢筋"按钮,系统切换到"修改 | 放置钢筋"上下文选项卡。

>> STEP 05 设置钢筋形状为"33",钢筋类型为"钢筋 6 HPB300";设置左侧"属性"对话框"钢筋集"项下"布局规则"为"最大间距","间距"为"100mm"。

>> STEP 06 激活"修改 | 放置钢筋"上下文选项卡"放置平面"面板"当前工作平面"按钮,"放置方向"面板"平行于工作平面"按钮;将光标置于框架梁上预显箍筋,单击即可创建框架梁箍筋 3,如图 5.90 所示。

>> STEP 07 设置钢筋形状为"01",钢筋类型为"钢筋 12 HRB335";设置左侧"属性"对话框"钢筋集"项下"布局规则"为"固定数量","数量"为"3";激活"修改 | 放置钢筋"上下文选项卡"放置平面"面板"当前工作平面"按钮,"放置方向"面板"垂直于保护层"按钮;将光标置于框架梁上预显框架梁底部通长纵向钢筋 4,单击即可创建 3 根 12 HRB335 的框架梁底部通长纵向钢筋 4,如图 5.91 所示。

>> STEP 08 选中创建的框架梁箍筋 3 和底部通长纵向钢筋 4;单击左侧"属性"对话框"图形"项下"视图可见性状态"右侧"编辑"按钮,在弹出的"钢筋图元视图可见性状态"对话框中勾选"三维视图→{三维}→清晰的视图""三维视图→{三维}→作为实体查看""结构平面→标高 3→清晰的视图"复选框。

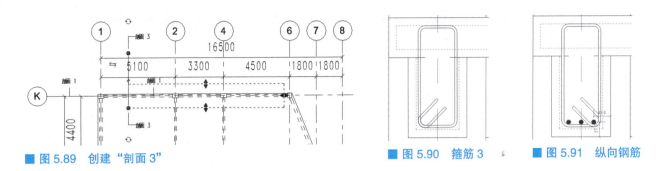

■ 图 5.89 创建"剖面 3"　　■ 图 5.90 箍筋 3　　■ 图 5.91 纵向钢筋

STEP 09 切换到"标高 3"结构平面视图，则结构钢筋在"标高 3"结构平面视图中以清晰的视图显示出来了，如图 5.92 所示。

■ 图 5.92 钢筋的显示

STEP 10 单击"建筑"选项卡"工作平面"面板"参照平面"按钮，系统自动切换到"修改 | 放置 参照平面"上下文选项卡；单击"绘制"面板"线"按钮，绘制参照平面 A、B、C 和 D。

STEP 11 选中创建的框架梁箍筋 3，按住右侧造型操纵柄水平往左拖至参照平面 B 上，按住左侧造型操纵柄水平往右拖至参照平面 A 上，如图 5.93 所示。

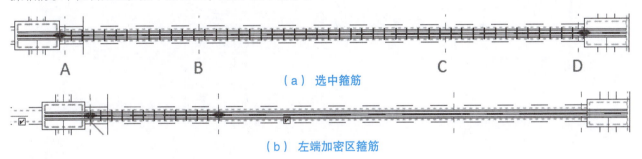

（a）选中箍筋

（b）左端加密区箍筋

■ 图 5.93

STEP 12 在左端框架梁箍筋 3 处于选中状态情况下，单击"修改 | 结构钢筋"上下文选项卡"修改"面板"镜像 - 绘制轴"按钮，沿梁的中点绘制镜像轴，则右端的框架梁箍筋 3 创建完成了，如图 5.94 所示。

■ 图 5.94 右端加密区箍筋

STEP 13 选中右端框架梁箍筋 3，单击"修改 | 结构钢筋"上下文选项卡"修改"面板"复制"按钮，用复制方式创建参照平面 B 和 C 之间的梁跨度中间的框架梁箍筋 3，如图 5.95 所示；使梁跨度中间的框架梁箍筋 3 处于选中状态，隐藏第一栏和最后一栏，设置"钢筋集"面板中的"布局"为"最大间距"，"间距"为"200mm"，分别拖动左右造型操纵柄至参照平面 B 和 C 位置，结果如图 5.96 所示。

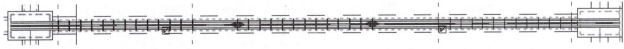

■ 图 5.95 用复制工具创建非加密区箍筋

■ 图 5.96 非加密区箍筋

>> STEP 14 切换到"剖面 3"视图。

>> STEP 15 单击"结构"选项卡"钢筋"面板"钢筋"按钮，系统切换到"修改|放置钢筋"上下文选项卡。

>> STEP 16 选择钢筋形状为"01"，类型为"钢筋 12 HRB335"。

>> STEP 17 激活"修改|放置钢筋"上下文选项卡"放置方法"面板"钢筋"按钮，"放置平面"面板"当前工作平面"按钮，"放置方向"面板"垂直于保护层"按钮，设置"钢筋集"面板"布局"为"固定数量"，"数量"为"2"。

>> STEP 18 将光标置于框架梁顶部位置，预显 2 根顶部通长钢筋 5，单击即可创建 2 根顶部通长钢筋 5。

>> STEP 19 选中刚刚创建的 2 根顶部通长钢筋 5，如图 5.97 所示；单击左侧"属性"对话框"图形"项下"视图可见性状态"右侧"编辑"按钮，在弹出的"钢筋图元视图可见性状态"对话框中勾选"三维视图→{三维}→清晰的视图""三维视图→{三维}→作为实体查看""结构平面→标高 3→清晰的视图"复选框。

>> STEP 20 切换到"标高 3"结构平面视图，则结构钢筋在"标高 3"结构平面视图中以清晰的视图显示出来了，如图 5.98 所示。

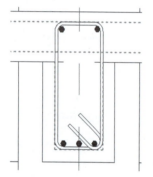

■ 图 5.97 选中顶部通长钢筋

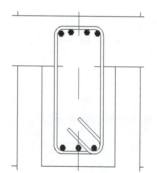

■ 图 5.98 结构钢筋的显示状态

>> STEP 21 切换到"剖面 3"视图。

>> STEP 22 单击"结构"选项卡"钢筋"面板"钢筋"按钮，系统切换到"修改|放置钢筋"上下文选项卡。

>> STEP 23 选择钢筋形状为"01"，类型为"钢筋 12 HRB335"。

>> STEP 24 激活"修改|放置钢筋"上下文选项卡"放置方法"面板"钢筋"按钮，"放置平面"面板"当前工作平面"按钮，"放置方向"面板"垂直于保护层"按钮，设置"钢筋集"面板"布局"为"固定数量"，"数量"为"2"。

>> STEP 25 将光标置于框架梁顶部位置，预显 2 根顶部支座负筋 6，单击即可创建 2 根顶部支座负筋 6。

>> STEP 26 选中刚刚创建的 2 根顶部支座负筋 6，如图 5.99 所示；单击左侧"属性"对话框"图形"项下"视图可见性状态"右侧"编辑"按钮，在弹出的"钢筋图元视图可见性状态"对话框中勾选"三维视图→{三维}→清晰的视图""三维视图→{三维}→作为实体查看""结构平面→标高 3→清晰的视图"复选框。

>> STEP 27 切换到"标高 3"结构平面视图。

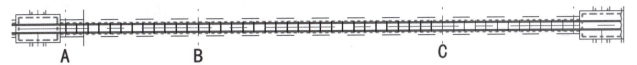

■ 图 5.99 选中顶部支座负筋

>> STEP 28 临时隐藏底部通长纵向钢筋 4 和 2 根顶部通长钢筋 5。

>> STEP 29 选中 2 根顶部支座负筋 6，按住左侧造型操纵柄水平往右拖到参照平面 C 上，如图 5.100 所示。

■ 图 5.100 调整右侧支座负筋的位置

>> STEP 30 在右端 2 根顶部支座负筋 6 处于选中状态情况下，单击"修改|结构钢筋"上下文选项卡"修改"面板"镜像-绘制轴"按钮，沿梁的中点绘制镜像轴，则左端的 2 根顶部支座负筋 6 创建完成了，如图 5.101 所示。

■ 图 5.101 支座负筋

>> STEP 31 单击"视图控制栏→临时隐藏/隔离→重设临时隐藏/隔离"按钮，则创建的框架梁结构钢筋显示出来了，如图 5.102 所示。

■ 图 5.102 框架梁结构钢筋

>> STEP 32 同理，创建"标高 3"结构平面视图中其余框架梁 KL 的结构钢筋模型。

┌─ 小 贴 士 ▶▶▶
│
│   弧形框架梁钢筋创建与直梁钢筋创建不同，弧形框架梁钢筋创建过程应注意以下几点。
│   （1）创建箍筋之前，必须把相应的参照平面创建出来。
│   （2）图 5.103（a）所示的"剖面 2"位置在箍筋的起点，且剖切范围越小越好。
│   （3）加密区箍筋范围需要根据数学知识来确定，加密区箍筋相邻箍筋的角度需要根据间距、所在圆弧半径以及圆心位置来确定。
│   （4）加密区箍筋的数量需要根据加密区范围以及相邻箍筋的角度来确定，本题一端加密区箍筋数量为 13 个。
│   （5）根据"剖面 2"，首先创建起点加密区的箍筋，其余加密区的箍筋通过径向阵列工具来创建；另外一端加密区箍筋通过镜像工具来创建。
│   （6）非加密区箍筋通过径向阵列工具（勾选"成组并关联"复选框）来创建，根据相邻箍筋的角度来调整箍筋的数量，本题非加密区箍筋的数量为 28。
│   （7）通过结构钢筋创建功能在"剖面 2"视图创建一根底部纵向角筋（底部纵向钢筋的一种），在"标高 3"结构平面视图中双击底部纵向角筋，编辑草图线，完成底部纵向角筋的创建；其余的底部纵向钢筋通过复制底部纵向角筋及编辑草图方式来创建；同理，创建顶部纵向钢筋。
│   （8）弧形框架梁钢筋的创建过程，如图 5.103 所示。

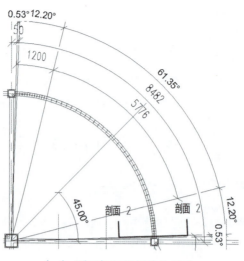

(a) 弧形框架梁箍筋的创建

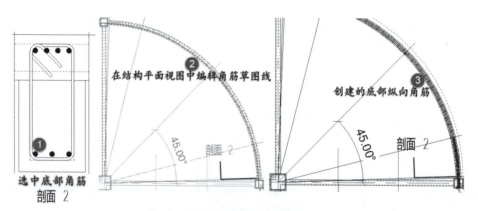

(b) 弧形框架梁纵向钢筋的创建

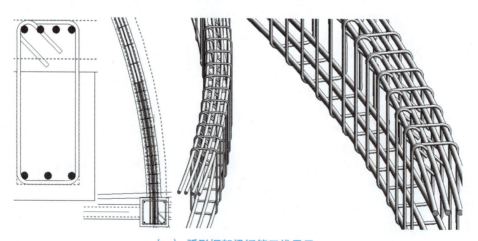

(c) 弧形框架梁钢筋三维显示

■ 图 5.103 弧形框架梁钢筋的创建过程

3. 创建框架柱、结构楼板钢筋模型

【框架柱、结构楼板钢筋】

>> STEP 01 切换到"南"立面视图，创建"标高 5.400"。

>> STEP 02 切换到"标高 5.400"结构平面视图。

>> STEP 03 单击"结构"选项卡"钢筋"面板"钢筋"按钮，系统切换到"修改|放置钢筋"上下文选项卡。

>> STEP 04 设置钢筋形状为"33"，类型为"钢筋 10 HPB300"；设置左侧"属性"对话框"钢筋集"项下"布局规则"为"最大间距"，"间距"为"150mm"。

>> STEP 05 激活"修改|放置钢筋"上下文选项卡"放置平面"面板"当前工作平面"按钮，"放置方向"面板"平行于工作平面"按钮。

>> STEP 06 将光标置于 Z1 上预显箍筋，单击即可创建 Z1 上箍筋，如图 5.104 所示。

>> STEP 07 设置钢筋形状为"01"，类型为"钢筋 16 HRB335"；设置左侧"属性"对话框"钢筋集"项下"布局规则"为"固定数量"，"数量"为"2"。

>> STEP 08 激活"修改|放置钢筋"上下文选项卡"放置平面"面板"当前工作平面"按钮，"放置方向"面板"垂直于保护层"按钮；将光标置于 Z1 上预显，单击即可创建 Z1 上的 2 根纵向钢筋，如图 5.105 所示。

>> STEP 09 同理，创建 Z1 上的另外 2 根纵向钢筋，如图 5.106 所示；同理，创建 Z2、Z3 结构钢筋模型，如图 5.107 所示。

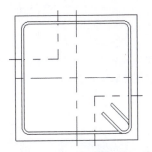
■ 图 5.104 箍筋创建

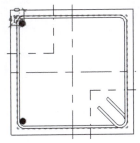
■ 图 5.105 左侧 2 根纵向钢筋创建

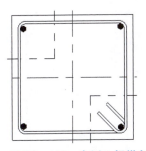
■ 图 5.106 右侧 2 根纵向钢筋创建

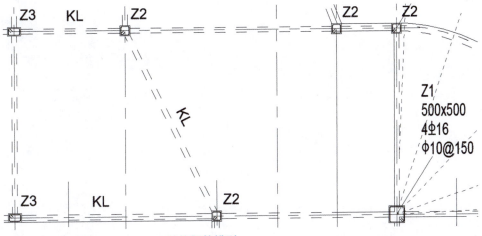
■ 图 5.107 创建 Z1、Z2、Z3 结构钢筋模型

>> STEP 10 切换到"顶层"结构平面视图。

>> STEP 11 单击"结构"选项卡"钢筋"面板"面积"按钮，如图 5.108 所示。

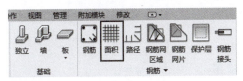
■ 图 5.108 "面积"按钮

>> STEP 12 选中楼板 LB，如图 5.109 所示，系统自动切换到"修改|创建钢筋边界"上下文选项卡，如图 5.110 所示。

>> STEP 13 激活"修改|创建钢筋边界"上下文选项卡"绘制"面板"线形钢筋"按钮，绘制钢筋边界线，如图 5.111 所示。

>> STEP 14 确认结构区域钢筋的类型为"结构区域钢筋 结构区域钢筋 1"；设置左侧"属性"对话框中"图层"项下参数，如图 5.112 所示；单击"修改|创建钢筋边界"上下文选项卡"模式"面板"完成编辑模式"按钮"√"，完成屋面板钢筋模型的创建。

>> STEP 15 单击"文件"按钮，在弹出的下拉列表中单击"另存为→项目"按钮，在弹出的"另存为"对话框中，输入文件名"07 钢筋模型 - 框架结构张三 .rvt"，单击"保存"按钮，即可保存项目案例模型文件。

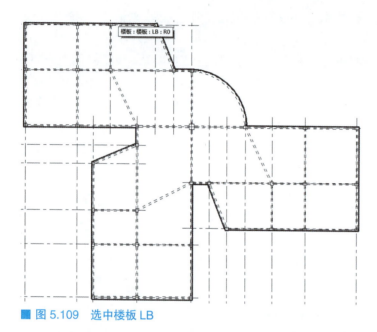

图 5.109 选中楼板 LB

图 5.110 "修改|创建钢筋边界"上下文选项卡

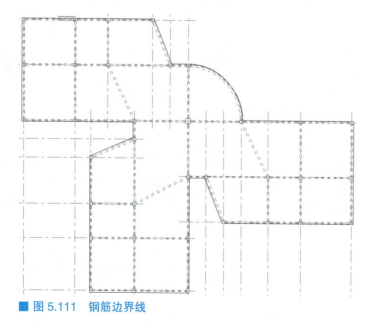

图 5.111 钢筋边界线

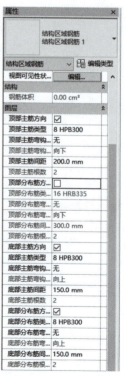

图 5.112 "图层"项下参数

第九节 明细表和图纸的创建

一、明细表

明细表以表格形式显示信息，这些信息是从项目中的图元属性中提取的。要想熟练掌握明细表，需清楚字段、过滤器、排序/成组、格式、外观等命令。

【明细表】

1. 创建明细表

STEP 01 单击"视图"选项卡"创建"面板"明细表"下拉列表"明细表/数量"按钮，选择要统计的构件类别，例如门，设置明细表名称，单击"确定"按钮退出"新建明细表"对话框，进入"明细表属性"对话框。

STEP 02 "字段"选项卡：从"可用的字段"列表中双击要统计的字段，移动到"明细表字段"列表中，通过"上移参数"和"下移参数"调整字段顺序。

STEP 03 "过滤器"选项卡：设置过滤器可以统计其中部分构件，不设置则统计全部构件。

STEP 04 "排序/成组"选项卡：设置排序方式，选择"总计"，取消勾选"逐项列举每个实例"选项。

STEP 05 "格式"选项卡：需要计算总数时勾选"计算总数"选项。

STEP 06 "外观"选项卡：不勾选"数据前的空行"选项。

2. 创建多类别明细表

单击"视图"选项卡"创建"面板"明细表"下拉列表"明细表/数量"按钮，在"新建明细表"对话框的列表中选择"多类别"，单击"确定"按钮退出"新建明细表"对话框，进入"明细表属性"对话框。

二、图纸

图纸是用标明尺寸的图形和文字来说明工程建筑、机械、设备等的结构、形状、尺寸及其他要求的一种技术文件。在完成模型的创建后，可以根据需求，快速地把模型平面图、立面图、剖面图、明细表呈现在图纸上，对参数进行适当的调节后，添加注释，导出 DWG 格式图纸。

【图纸】

1. 图纸的创建

创建图纸，首先需要创建图框及标题栏。

单击"视图"选项卡"图纸组合"面板"图纸"按钮，或者在项目浏览器中选中"图纸（全部）"，右击，单击"新建图纸"选项；在弹出的"新建图纸"对话框中选择对应的图纸，如"A3 公制"，单击"确定"按钮，退出"新建图纸"对话框。

2. 添加剖面

在图纸的创建中，通常需创建剖面图。

单击"视图"选项卡"创建"面板"剖面"按钮，根据需求在楼层平面中添加剖面，通过蓝色虚线适当调整剖切范围，在项目浏览器中会自动添加"剖面"选项。

3. 添加视图到图纸

STEP 01 在项目浏览器中双击已建好的图纸，打开图纸视图。

STEP 02 单击"视图"选项卡"图纸组合"面板"视图"按钮，在弹出的"视图"对话框中选择对应的视图，如"剖面：剖面1"，单击"在图纸中添加视图"选项，移动视图到图纸合适位置后单击确认，则"剖面：剖面1"视图添加到图纸中了。

4. 视口修改

需要对添加完的视口进行适当调整。

选择视口,在左侧"属性"对话框"视图比例"项中对视图比例进行调整;在"标识数据"项后"视图名称"中修改当前视图的名称;同时,可在"属性"对话框中对"剪裁框"进行调整,取消勾选会隐藏"剪裁框"。

5. 图纸导出

图纸调整完成后,需导出为 DWG 文件。

STEP 01 单击左上角"文件→导出→ CAD 格式→ DWG"按钮;在弹出的"DWG 导出"对话框中直接单击"下一步"按钮。

STEP 02 弹出"导出 CAD 格式 - 保存到目标文件夹"对话框,在对话框中对 DWG 文件的文件名和文件类型进行修改。

STEP 03 取消勾选"将图纸上的视图和链接作为外部参照导出"(如图纸明确要求将图纸上的视图和链接作为外部参照导出则勾选)。

STEP 04 单击"确定"按钮,退出"导出 CAD 格式 - 保存到目标文件夹"对话框,完成 DWG 文件的导出。

三、创建项目案例的明细表和图纸

【混凝土用量明细表】

1. 混凝土用量明细表

打开素材中"07 钢筋模型 - 框架结构张三 .rvt"文件,开始创建混凝土用量明细表。

STEP 01 单击"视图"选项卡"创建"面板"明细表"下拉列表"材质提取"按钮,在弹出的"新建材质提取"对话框中,在"类别"列表中选择"<多类别>",在"名称"下面文本框中输入"混凝土用量明细表",设置"阶段"为"新构造",单击"确定"按钮,退出"新建材质提取"对话框。

> **小贴士 ▶▶▶**
> 创建项目结构模型时,每一个结构构件,我们都赋予了混凝土材质。因此,混凝土用量可以从材质提取。

STEP 02 系统自动弹出"材质提取属性"对话框;单击"材质提取属性"对话框"字段"选项卡,在左侧"可用的字段"列表按住 Ctrl 键选择"族与类型""类型标记""材质:名称""材质:体积""合计"字段,单击中间的"添加"按钮将字段添加到右侧"明细表字段(按顺序排列)"列表中。

> **小贴士 ▶▶▶**
> 单击"删除"按钮可将右侧"明细表字段(按顺序排列)"列表中的字段移动到左侧列表中;单击"上移参数"和"下移参数"按钮,将所选字段调整顺序。

STEP 03 单击"材质提取属性"对话框中的"排序/成组"选项卡,从"排序方式"后的下拉列表中选择"族与类型",勾选"升序";否则按"材质:名称",勾选"升序";否则按"材质:体积",勾选"升序";勾选"总计",选择"标题、合计和总数",自动计算总数;不勾选"逐项列举每个实例"。

STEP 04 单击"材质提取属性"对话框中的"格式"选项卡,选中"材质:体积"和"合计"字段,选择"计算总数";逐个选中左边的字段名称,可以在右边对每个字段在明细表中显示的名称(标题)重新命名("族与类型"命名为"类型","类型标记"命名为"截面尺寸","材质:名称"命名为"混凝土强度等级","材质:体积"命名为"混凝土体积")。

> **小贴士 ▶▶▶**
> 也可以在混凝土用量明细表中修改字段名称,单击 A、B、C、D 标题名称,分别将"族与类型""类型标记""材质:名称""材质:体积"更改为"类型""截面尺寸""混凝土强度等级""混凝土体积"。

>> STEP 05 设置"格式"选项卡中的"标题方向"是"水平",文字在表格中的"对齐"方式为"中心线"。

>> STEP 06 在"外观"选项卡中,设置"网格线"(表格内部)和"轮廓"(表格外轮廓);取消勾选"数据前的空行",则在表格标题和正文间不会加一空白行间隔;单击"确定"按钮关闭"材质提取属性"对话框后,得到混凝土用量明细表。

>> STEP 07 将"内建模型-独立基础"的"截面尺寸"注释为"1500×1500×400",系统将会弹出"此修改将应用于类型为内建模型-独立基础的所有图元。"的提示框,直接单击"确定"即可;同理,对其余"类型"的"截面尺寸"进行注释,则更改后的明细表就符合题目要求了。混凝土用量明细表如图5.113所示。

<混凝土用量明细表>

A	B	C	D	E
类型	截面尺寸	混凝土强度等级	混凝土体积	合计
内建模型-条形基础: 内建模型-条形基础	1200X400(宽1200,高度400)	C30混凝土	39.53 m³	1
内建模型-独立基础1: 内建模型-独立基础	1500X1500X400	C30混凝土	0.67 m³	1
内建模型-独立基础2: 内建模型-独立基础	1500X1500X400	C30混凝土	0.67 m³	1
内建模型-独立基础3: 内建模型-独立基础	1500X1500X400	C30混凝土	0.67 m³	1
内建模型-独立基础4: 内建模型-独立基础	1500X1500X400	C30混凝土	0.67 m³	1
内建模型-独立基础5: 内建模型-独立基础	1500X1500X400	C30混凝土	0.67 m³	1
内建模型-独立基础6: 内建模型-独立基础	1500X1500X400	C30混凝土	0.67 m³	1
内建模型-独立基础7: 内建模型-独立基础	1500X1500X400	C30混凝土	0.67 m³	1
内建模型-独立基础8: 内建模型-独立基础	1500X1500X400	C30混凝土	0.67 m³	1
内建模型-独立基础9: 内建模型-独立基础	1500X1500X400	C30混凝土	0.67 m³	1
内建模型-独立基础10: 内建模型-独立基础	1500X1500X400	C30混凝土	0.67 m³	1
内建模型-独立基础11: 内建模型-独立基础	1500X1500X400	C30混凝土	0.67 m³	1
内建模型-独立基础: 内建模型-独立基础	1500X1500X400	C30混凝土	0.67 m³	1
楼板: LB	厚度为100mm	C25混凝土	49.23 m³	1
楼板: 楼板LB 100mm	厚度为100mm	C25混凝土	142.24 m³	3
混凝土-矩形-柱: Z1	500x500	C30混凝土	2.64 m³	3
混凝土-矩形-柱: Z1	500x500	C30混凝土	0.90 m³	1
混凝土-矩形-柱: Z1	500x500	C30混凝土	0.98 m³	1
混凝土-矩形-柱: Z2	300x300	C30混凝土	16.50 m³	52
混凝土-矩形-柱: Z2	300x300	C30混凝土	4.57 m³	13
混凝土-矩形-柱: Z3	250x400	C30混凝土	22.05 m³	63
混凝土-矩形-柱: Z3	250x400	C30混凝土	7.56 m³	21
混凝土-矩形-柱: Z3	250x400	C30混凝土	8.19 m³	21
混凝土-矩形梁: KL	150x300	C25混凝土	1.49 m³	12
混凝土-矩形梁: KL	150x300	C25混凝土	1.59 m³	12
混凝土-矩形梁: KL	150x300	C25混凝土	2.06 m³	12
混凝土-矩形梁: KL	150x300	C25混凝土	0.56 m³	3
混凝土-矩形梁: KL	150x300	C25混凝土	0.60 m³	3
混凝土-矩形梁: KL	150x300	C25混凝土	0.98 m³	4
混凝土-矩形梁: KL	150x300	C25混凝土	0.77 m³	3
混凝土-矩形梁: KL	150x300	C25混凝土	6.70 m³	24
混凝土-矩形梁: KL	150x300	C25混凝土	1.20 m³	4
混凝土-矩形梁: KL	150x300	C25混凝土	1.24 m³	4
混凝土-矩形梁: KL	150x300	C25混凝土	4.23 m³	12
混凝土-矩形梁: KL	150x300	C25混凝土	0.37 m³	1
混凝土-矩形梁: KL	150x300	C25混凝土	2.51 m³	6
混凝土-矩形梁: KL	150x300	C25混凝土	5.90 m³	13
混凝土-矩形梁: KL	150x300	C25混凝土	3.68 m³	8
混凝土-矩形梁: KL	150x300	C25混凝土	0.47 m³	1
混凝土-矩形梁: KL	150x300	C25混凝土	1.59 m³	3
混凝土-矩形梁: KL	150x300	C25混凝土	2.05 m³	3
混凝土-矩形梁: KL	150x300	C25混凝土	1.38 m³	2
总计: 322			341.74 m³	322

■ 图5.113 混凝土用量明细表

2. 钢筋明细表

【钢筋明细表】

STEP 01 单击"视图"选项卡"创建"面板"明细表"下拉列表"明细表/数量"按钮，弹出"新建明细表"对话框，在"类别"列表中选择"结构钢筋"，在"名称"下面文本框中输入"钢筋明细表"，设置"阶段"为"新构造"，单击"确定"按钮，退出"新建明细表"对话框；系统自动弹出"明细表属性"对话框。

STEP 02 单击"明细表属性"对话框"字段"选项卡，在左侧"可用的字段"列表按住 Ctrl 键选择"类型""钢筋长度""数量"字段，单击中间的"添加参数"按钮将字段添加到右侧"明细表字段（按顺序排列）"列表中；单击"排序/成组"选项卡，从"排序方式"后的下拉列表中选择"类型"，勾选"升序"，勾选"总计"，选择"标题、合计和总数"，自动计算总数，不勾选"逐项列举每个实例"。

STEP 03 单击"格式"选项卡，选中"钢筋长度"和"数量"字段，选择"计算总数"；逐个选中左边的字段名称，设置"标题方向"是"水平"，文字在表格中的"对齐"方式为"中心线"；在"外观"选项卡中，设置"网格线"（表格内部）和"轮廓"（表格外轮廓）；取消勾选"数据前的空行"，则在表格标题和正文间不会加一空白行间隔；单击"确定"按钮关闭"明细表属性"对话框后，得到钢筋明细表，如图 5.114 所示。

<钢筋明细表>		
A	B	C
类型	钢筋长度	数量
6 HPB300	47211 mm	177
8 HPB300	4756664 mm	619
10 HPB300	44603 mm	875
12 HPB300	181544 mm	1176
12 HRB335	156654 mm	23
16 HRB335	506730 mm	140
总计: 576	5693407 mm	3010

■ 图 5.114 钢筋明细表

3. 创建图纸

【创建图纸】

STEP 01 单击"视图"选项卡"图纸组合"面板"图纸"按钮，弹出"新建图纸"对话框，选中"选择标题栏→A1 公制"，接着单击"确定"按钮退出"新建图纸"对话框，系统会自动切换至"S.3-未命名"视图；创建图纸后，在项目浏览器中"图纸（全部）"项下自动增加了图纸"S.3-未命名"。

STEP 02 单击"视图"选项卡"图纸组合"面板"视图"按钮，弹出"视图"对话框；在弹出的"视图"对话框中选择"结构平面：2 层结构平面图"，然后单击"在图纸中添加视图"按钮，关闭"视图"对话框；此时光标周围出现矩形视口以代表视图边界，移动光标到图纸中心位置，单击鼠标左键，在图纸上放置"2 层结构平面图"。

STEP 03 同理，在图纸中添加"混凝土用量明细表"和"钢筋明细表"。

STEP 04 单击"文件"按钮，在弹出的下拉列表中单击"另存为→项目"按钮，在弹出的"另存为"对话框中，输入文件名"08 明细表和图纸-框架结构张三.rvt"，单击"保存"按钮，即可保存项目案例模型文件。

至此，完成了项目案例，即五层框架结构模型的创建；切换到三维视图，查看创建的三维模型显示效果。

参考文献

陈文香，2018.Revit 2018 中文版建筑设计实战教程 [M]. 北京：清华大学出版社．
郭进保，2016. 中文版 Revit 2016 建筑模型设计 [M]. 北京：清华大学出版社．
孙仲健，2022.BIM 技术应用：Revit 建模基础 [M].2 版 . 北京：清华大学出版社．
田婧，2018. 中文版 Revit 2015 基础与案例教程 [M]. 北京：清华大学出版社．
王言磊，张祎男，陈炜，2016.BIM 结构：Autodesk Revit Structure 在土木工程中的应用 [M]. 北京：化学工业出版社．
王婷，2015. 全国 BIM 技能培训教程：Revit 初级 [M]. 北京：中国电力出版社．
王鑫，刘鑫，2023. 结构工程 BIM 技术应用 [M]. 2 版 . 北京：中国建筑工业出版社．
叶雯，2016. 建筑信息模型 [M]. 北京：高等教育出版社．
曾浩，马德超，王彪，2024. BIM 建模与应用教程 [M]. 2 版 . 北京：北京大学出版社．
张岩，张建新，2017.BIM 概论：Revit 2014 中文版结构教程 [M]. 北京：清华大学出版社．
中国建设教育协会，2017. 结构工程 BIM 应用 [M]. 北京：中国建筑工业出版社．
筑龙学社，2019. 全国 BIM 技能等级考试教材（二级）建筑设计专业 [M]. 北京：中国建筑工业出版社．
祖庆芝，2020. 全国 BIM 技能等级考试一级试题解析 [M]. 北京：中国建筑工业出版社．
祖庆芝，2021. 全国 BIM 技能等级考试一级考点专项突破及真题解析 [M]. 北京：北京大学出版社．
祖庆芝，2022.Revit 建模与"1+X"(BIM) 实战教程 [M]. 北京：清华大学出版社．
祖庆芝，2022."1+X"建筑信息模型（BIM）职业技能等级考试：初级实操试题解析 [M]. 北京：清华大学出版社．